I0214431

Sebastian Knell · Marcel Weber

Menschliches Leben

W DE G

Grundthemen Philosophie

Herausgegeben von
Dieter Birnbacher
Pirmin Stekeler-Weithofer
Holm Tetens

Walter de Gruyter · Berlin · New York

Sebastian Knell · Marcel Weber

Menschliches Leben

Walter de Gruyter · Berlin · New York

℗ Gedruckt auf säurefreiem Papier,
das die US-ANSI-Norm über Haltbarkeit erfüllt.

ISBN 978-3-11-021983-8

Bibliografische Information der Deutschen Bibliothek
Die Deutsche Bibliothek verzeichnet diese Publikation in der Deutschen
Nationalbibliographie; detaillierte bibliografische Daten sind im Internet über
http://dnb.ddb.de abrufbar

© Copyright 2009 by Walter de Gruyter GmbH & Co. KG, D-10785 Berlin
Dieses Werk einschließlich aller seiner Teile ist urheberrechtlich geschützt. Jede
Verwertung außerhalb der engen Grenzen des Urheberrechtsgesetzes ist ohne
Zustimmung des Verlages unzulässig und strafbar. Das gilt insbesondere für
Vervielfältigungen, Übersetzungen, Mikroverfilmungen und die Einspeicherung
und Verarbeitung in elektronischen Systemen.

Printed in Germany

Umschlaggestaltung: Martin Zech, Bremen
Umschlagkonzept: +malsy, Willich
Satzherstellung: vitaledesign, Berlin | www.vitaledesign.com
Druck und buchbinderische Verarbeitung: AZ Druck und Datentechnik GmbH,
Kempten

Vorwort

Das vorliegende Buch ist aus einem mehrjährigen fachlichen Austausch hervorgegangen, den die Autoren über die hier behandelten Themen geführt haben. Viele weitere Kolleginnen und Kollegen haben durch ihre Kritik und ihre Anregungen zur Klärung der in diesem Buch entwickelten Gedanken und Thesen beigetragen. Ein besonderer Dank gilt hierbei Angelika Krebs, Franziska Martinsen, Kevin Mulligan, Sebastian Rödl, Michael Rose, Barbara Schmitz, Hubert Schnüriger, Thomas Schramme, Daniel Sirtes, Peter Singer und Ken Waters. Trotz des intensiven Austauschs zwischen den Autoren lag der konkreten Abfassung des Textes eine gewisse Arbeitsteilung zugrunde. Während die Inhalte des ersten Kapitels und nahezu des gesamten zweiten Kapitels von Marcel Weber beigesteuert wurden, stammen die Überlegungen des dritten Kapitels von Sebastian Knell.

Inhaltverzeichnis

Einleitung: Leben und Tod des Menschen

Die menschliche Existenz und ihre zeitlichen Grenzen zählen seit den antiken Ursprüngen zu den zentralen Themen der abendländischen Philosophie. Auf der einen Seite gaben und geben sie einige der zugleich schwierigsten und faszinierendsten *metaphysischen* Rätsel auf: Was unterscheidet ein Lebewesen wie den Menschen von toten Dingen? Unter welchen Bedingungen bleibt ein Lebewesen dasselbe Lebewesen? Was ist eine Person und unter welchen Bedingungen bleibt eine Person dieselbe Person? Welches Verhältnis besteht zwischen einer menschlichen Person und einem menschlichen Organismus? Sind sie miteinander identisch? Zu welchem Zeitpunkt fängt das menschliche Leben an, und wann fängt ein menschliches Lebewesen an, eine Person zu sein? Wann genau endet das menschliche Leben? Ist der Tod des menschlichen Organismus dasselbe Ereignis wie der Tod der dazugehörigen Person? Ist ein menschlicher Körper ohne funktionsfähiges Gehirn, der nur noch dank künstlicher Beatmung seinen Herzschlag und andere Organfunktionen aufrechterhalten kann, noch am Leben, oder ist es richtig, ihn für tot zu erklären, wie es die medizinische Praxis heute tut? Anders gefragt: Ist die heute vorherrschende Definition des klinischen Todes adäquat?

Neben diesen *metaphysischen* Fragen werfen unser Dasein und die Ränder der menschlichen Existenz nicht minder komplizierte *ethische* Fragen auf. Diese betreffen zum einen das Ende des Lebens: Unter der Annahme, dass die Existenz eines Menschen zeitlich begrenzt ist, wie sollen wir diese Tatsache bewerten? Wäre es besser, wenn wir oder unsere Seele unsterblich wären? Hat der Tod einen Sinn, oder ist zumindest das Wissen um die zeitliche Begrenztheit unseres Daseins eine Quelle von Sinn? Angenommen, wir könnten unsere vitale und gesunde Existenz mit technischem Mitteln verlängern: Könnte man sich dies vernünftigerweise wünschen? Unter welchen Bedingungen darf die medizinische Behandlung, die einen schwerkranken Menschen am Leben erhält, eingestellt werden? Wann ist es zulässig, seine noch funktionstüchtigen Organe zu entnehmen, um damit anderen Menschen das Leben zu retten? An der entgegengesetzten Grenzlinie des Lebens, an dessen Anfang, haben wir es ebenfalls mit vertrackten ethischen Fragen zu tun: Wie sollen wir mit den Embryonalstadien des menschlichen Lebens umgehen: Sollen bereits ganz frühe Embryonen dem besonderen moralischen und rechtlichen Schutz unterstehen, den wir Personen angedeihen lassen? Falls nicht, wo muss die Grenze gezogen werden, ab der ein entstehendes menschliches Wesen als Person zu behandeln ist?

Wie diese kurzen Aufzählungen zeigen, sind sowohl die Zahl als auch die Komplexität der metaphysischen und ethischen Problemstellungen, die um Leben und Tod eines Menschen kreisen, beträchtlich. Ebenso umfangreich und unübersichtlich ist das philosophische Schrifttum zu diesen Themen. Bereits in der griechischen Antike waren Fragen, die einerseits die Endlichkeit und die Kürze des menschlichen Lebens sowie andererseits dessen zyklische Struktur betrafen, Gegenstand der philosophischen Diskussion. Die Klage über die kurze Dauer des menschlichen Lebens reicht bis zu Hippokrates zurück und wurde sowohl von Galen als auch von dem Aristoteliker Theophrast bekräftigt.[1] Letzterer scheint vor allem den Kontrast beklagt zu haben, der zwischen der Knappheit unserer Lebenszeit und den vielfältigen Potenzialen des gebildeten Menschen besteht, zu deren Realisierung unsere Lebensspanne nicht ausreicht.[2] Unabhängig vom Problem der Kürze unseres Daseins hat sich das antike Denken auch mit dem grundsätzlichen Problem der Endlichkeit des menschlichen Lebens auseinandergesetzt. Besonders bekannt (und im christlichen Mittelalter immer wieder stark verfemt worden) ist etwa die Lehre des Epikur. Dieser hielt in der Nachfolge Demokrits einen Menschen lediglich für eine vorübergehende Ansammlung von Atomen, die sich nach dem Tod wieder vollständig im Universum verlieren. Es bleibt auch keine unsterbliche Seele übrig. Unseren eigenen Tod müssen wir aber nach Epikur dennoch nicht fürchten. Sein Argument lautet, dass für uns nur das gut oder schlecht sein kann, was wir selbst erfahren können. Unseren eigenen Tod können wir aber nicht erfahren; damit hat er für uns keinerlei Bedeutung. Auch die zeitliche Begrenztheit des Lebens hielt Epikur nicht für etwas Beklagenswertes, da eine unbegrenzte Menge von Zeit keine Voraussetzung für den Genuss des Daseins darstelle.[3]

Die Lehren Platons[4] in Bezug auf diese Themen sind denen Epikurs diametral entgegengesetzt. Anders als dieser hielt Platon die menschliche Seele für unzerstörbar. Für ihn stellte sich daher die Frage nach der Bewertung der menschlichen Sterblichkeit allein insofern, als sie die Vergänglichkeit des Körpers betrifft. In Bezug auf diese vertrat Platon eine unmissverständliche Position: Weil der Körper die Seele nur vom Denken ablenken kann, diese aber im (philosophischen) Denken ihre eigentliche Bestimmung findet, ist die Abtrennung des Körpers von der Seele durch den Tod etwas, das jeder Philosoph – dessen Tätigkeit die höchste Daseinsform des Menschen darstellt – vernünftigerweise herbeisehnen muss.

Ganz anders als Platon dachte – wie bei vielen philosophischen Fragen – Aristoteles über Leben und Tod nach. Ihm verdanken wir eines der ersten Beispiele für das, was wir als eine *Theorie des Lebenszyklus* bezeichnen möchten.[5] Für Aristoteles gehörten die Begrenztheit des Lebens sowie seine zyklische Verlaufsform zu seinen entscheidenden Charakteristika, die eine Theorie des Lebens erklären muss.[6] Als das jedem Lebewesen eigentümliche Prinzip der Veränderung[7] ist die *psyche* dafür mitverantwortlich. Die Grundform der *psyche* ist die ernährende *psyche*, die in allen Lebewesen vorkommt. Sie muss eine ständige Balance zwischen Wärme und Kühlung sowie Feuchtigkeit und Trockenheit aufrechterhalten, damit ein Lebewesen das ihm innewohnende Ziel der Entwicklung erreichen kann. Die treibende Kraft des Stoffwechsels ist aber die Wärme. Sie ist auch dafür verantwortlich, dass ein Organismus schließlich stirbt. Der Tod erfolgt nach Aristoteles dann, wenn die kühlenden Organe (bei Säugetieren die Lunge) nicht mehr imstande sind, ihre Funktion auszuüben. Die treibende Kraft der Wärme gerät so außer Kontrolle und führt schließlich zum Verfall. Mit dem Verfall des Körpers können aber nach Aristoteles auch die wahrnehmende und die rationale *psyche* nicht mehr weiter funktionieren. Es gibt also nach Aristoteles keine unsterbliche Seele.

In der Neuzeit schlug das Nachdenken über die sterbliche Verfassung des Menschen zum Teil eine neue Richtung ein. Die Idee, die Natur lasse sich durch ein genaues Studium ihrer Kausalzusammenhänge und deren gezielte Nutzung immer besser beherrschen (*natura parendo vincitur*), trat ihren Siegeszug an. Dieser Gedanke wurde alsbald auch auf natürliche Todesursachen wie Krankheiten und das Altern angewandt. In den technikutopistischen Visionen des Francis Bacon oder des Marquis de Condorcet nimmt zum ersten Mal die Vorstellung konkrete Gestalt an, eine an Kenntnissen reichere Medizin der Zukunft könne uns dazu verhelfen, das Altern und die biologische Sterblichkeit des Menschen – oder zumindest die bisherige Kürze unseres Lebens – zu überwinden.[8] Ähnliche Überlegungen sind zudem in den Schriften von René Descartes zu finden.[9]

Im 19. und 20. Jahrhundert wird die zeitliche Begrenzung des menschlichen Lebens, die wir unserer Sterblichkeit verdanken, zu einem zentralen Topos der Existenzphilosophie. Sören Kierkegaards Philosophie rückt die Endlichkeit des Menschen ins Zentrum ihrer Betrachtungen und sieht im Weckruf des unverdrängten Todes die Bedingung für ein von Ernsthaftigkeit geprägtes Dasein.[10] Martin Heidegger schließt an dieses Motiv mit der These an, das Sein zum Tode zähle zu den wesentlichen ontologischen Strukturmerkmalen der menschlichen Existenz und bilde zugleich die Grundlage für eine entschlossene und authentische Lebensführung.[11]

In der analytisch geprägten Philosophie der zweiten Hälfte des 20. Jahrhunderts wurden viele der klassischen Fragen, die um Leben und Tod des Menschen kreisen, neu gestellt und damit Debatten neu eröffnet, die in der akademischen Philosophie bis heute mit unverminderter Intensität weiter laufen. In der Regel vertreten analytische Philosophinnen und Philosophen in Bezug auf die Seele insofern eine *materialistische* Position, als sie glauben, dass ohne ein funktionierendes Gehirn kein Bewusstsein und keine andere Seelentätigkeit stattfinden kann.[12] Die Ablehnung der Idee einer entkörperlichten postmortalen Fortexistenz der Person wird zusätzlich durch *begriffliche* Analysen nahegelegt, die die Zuschreibbarkeit mentaler Prädikate an die Möglichkeit der Leib- und Verhaltensexpression von Seelenzuständen geknüpft sehen oder die Personen wesentlich als Träger sowohl mentaler als auch körperlicher Eigenschaften betrachten.[13]

Diese Prämissen werden von uns geteilt und den Überlegungen in diesem Buch als Ausgangspunkt zugrunde gelegt. Sie haben offenkundige und entscheidende Auswirkungen darauf, welche philosophischen Fragen im Zusammenhang mit Leben und Tod man sinnvoll findet und wie man diese behandelt. Diese Auswirkungen betreffen einerseits die Metaphysik, die nun gefordert ist, Fragen zur Identität und Persistenz (d.h. zur Identität eines Dings mit sich selbst über die Zeit hinweg) ohne Rückgriff auf eine Seelensubstanz zu beantworten und auch gleich noch zu klären, wie sich die Identitätsbedingungen von menschlichen Personen zu denjenigen des menschlichen Organismus verhalten, ohne den die menschliche Person gemäß unserer Voraussetzung nicht existieren kann.

Doch auch in ethischer Hinsicht bzw. im Bereich von Fragen nach dem guten Leben hat die materialistische Grundannahme Konsequenzen. Zum Beispiel kann, wer die Existenz der Seele wesentlich an die Existenz des Leibes geknüpft sieht, den Tod nicht deshalb positiv bewerten, weil für die Person, die diesen Tod stirbt, danach noch etwas Besseres kommt, wie Platon glaubte. Wer es dennoch begrüßt, dass wir nicht unsterblich sind, muss dies aus anderen Gründen tun.[14] Doch nicht nur für die Bewertung des Todes hat der Materialismus Konsequenzen. Für den Materialisten ist unser irdisches Dasein alles, was wir haben; dies ist für die ethische Orientierung über die richtige Lebensgestaltung von nicht unerheblicher Bedeutung.

Einen mindestens ebenso großen Einfluss auf die klassischen philosophischen Streitfragen bezüglich Leben und Tod wie die Ablehnung des Leib-Seele-Dualismus haben die technologischen Errungenschaften und Erkenntnisse der modernen Medizin und der Biowissenschaften. Neue lebensrettende und therapeutische Maßnahmen bei sonst tödlich verlaufenden Krankheiten wie Krebs, Hirnschlag oder Arteriosklerose haben zu schwierigen ethischen Konflikten zwischen der ärztlichen Pflicht, zu heilen und menschliches Leben unter allen Umständen zu erhalten, und der Autonomie terminal erkrankter Menschen geführt, die ihr Leben vorzeitig beenden möchten.

Neurologisches Wissen und entsprechende Messgeräte bieten zudem die Möglichkeit, mit relativ großer Sicherheit Aussagen darüber zu machen, unter welchen Bedingungen ein Mensch noch die Fähigkeit zum Bewusstsein besitzt. Diese Fähigkeit hängt klar von einer funktionierenden Großhirnrinde ab, ohne die aber ein Mensch durchaus noch in einem vegetativen Zustand weiterexistieren kann, so lange ihm Nahrung und Flüssigkeit zugeführt werden. Gleichzeitig hat die moderne Transplantationsmedizin – die sich nicht zuletzt der Entwicklung wirksamer Immunsuppressiva verdankt – einen vorher nie da gewesenen Bedarf an noch gut erhaltenen Organen wie Herz, Leber und Nieren geschaffen. Die Kriterien, anhand deren heute der Tod eines Menschen anstelle des älteren Herzstillstand-Kriteriums definiert wird, wurden so festgelegt, dass etwa die Entnahme von Spenderorganen bei einem hirntoten Menschen nicht als Tötung zählt, weil ein hirntoter Mensch nach den neuen Kriterien bereits als tot gilt. Diese Änderung der Definition – wir sprechen bewusst nicht von einer Verschiebung des Todeszeitpunkts nach vorne, denn es ist kontrovers, ob dies eine angemessene Beschreibung ist – hat zu teilweise heftigen ethischen Kontroversen geführt. So hat z.B. Hans Jonas argumentiert, es sei ethisch verwerflich, allein aufgrund des Bedarfs an Spenderorganen die Todeskriterien zu ändern. Dies laufe auf eine Instrumentalisierung menschlicher Wesen hinaus. Andere Autoren hingegen haben die in den meisten Ländern geltende medizinische Praxis und Rechtsprechung in dieser Frage mit ethischen Argumenten verteidigt.[15]

Kontrovers debattiert werden auch die Auswirkungen der Technik der in vitro-Fertilisation, die einen ständigen Überschuss an im Prinzip lebensfähigen Embryonen produziert. Welchen moralischen Status soll man diesen Wesen zugestehen? Ist es ethisch konsistent, für die Behandlung solcher Embryonen andere Normen zu postulieren als etwa für den Umgang mit Embryonen, die auf natürlichem Weg entstanden sind und die bis zur 14. Woche durch Abtreibung getötet werden dürfen? Weiter sind durch neue molekularbiologische Diagnosetechniken genetische Untersuchungen an Embryonen möglich geworden, die es erlauben, das Vorliegen einer Erbkrankheit wie auch anderer spezifischer Merkmale festzustellen. Ist es zulässig, Embryonen aufgrund solcher genetischer Tests auszuwählen? Wird einem bestimmten Menschen Schaden zugefügt, indem man zulässt, dass er mit einer schweren Behinderung geboren wird oder ist, wie manche argumentieren, die Kategorie der individuellen Schädigung in solchen Fällen gar nicht anwendbar?

All diese Fragen – sowohl diejenigen nach den richtigen Todeskriterien als auch die nach dem Anfang und den Identitätsbedingungen eines menschlichen Lebens und einer Person – ergeben sich aus einem sehr komplizierten Problemfeld der Metaphysik: den Bedingungen der Persistenz eines Menschen.

Als ein weiteres Thema, das ethischen Orientierungsbedarf hervorruft, hat sich in jüngster Zeit die Perspektive einer radikalen Verlängerung des menschlichen Lebens durch mögliche medizinische Technologien der Zukunft herausgestellt. Etliche Forscher im Bereich der Biomedizin prognostizieren, unser wachsendes Verständnis der Ursachen des menschlichen Alterungsprozesses könne uns eines Tages in die Lage versetzen, unsere Körper langsamer altern zu lassen und dadurch unsere gesunde Lebensspanne erheblich auszudehnen. Sogar eine völlige Überwindung des biologischen Alterns wird von manchen Technikvisionären für die fernere Zukunft nicht mehr grundsätzlich ausgeschlossen. Einige der existenziellen Probleme, die mit der Sterblichkeit des Menschen verbunden sind, könnten dadurch eine technische Lösung erfahren und die utopischen Projekte von Bacon und anderen Aufklärungsphilosophen der frühen Neuzeit könnten Wirklichkeit werden. Selbst wenn wir

Unsterblichkeit dabei als unrealistische Option beiseite lassen, gibt diese Perspektive Anlass zu einer Vielzahl grundlegender Fragen: Ist eine drastische Verlängerung der Lebensspanne tatsächlich etwas, das man sich vernünftigerweise wünschen kann? Wie soll ein solcher Zugewinn an Lebenszeit individualethisch bewertet werden, und wie muss er gegen andere Aspekte wie etwa Gerechtigkeit in der Gesundheitsversorgung abgewogen werden? Hätte eine radikale Ausdehnung der menschlichen Lebensspanne den Charakter einer Enhancement-Technologie, die den Weg in eine posthumane Zukunft bahnen würde? Würde sie uns unseres genuinen Menschseins berauben und uns in völlig andere Wesen verwandeln, die womöglich weniger Würde besäßen als wir?[16]

Wie bereits dieser oberflächliche Ausflug durch die Landschaft der philosophischen Debatten über Leben und Tod zeigt, sind sowohl die Vielfalt als auch die Komplexität der darin anzutreffenden Fragen und Probleme beträchtlich. Groß ist auch die Zahl der unterschiedlichen Positionen, die zu den verschiedenen Fragen vertreten werden, und hochgradig unübersichtlich sind die metaphysischen und moralphilosophischen Voraussetzungen, auf denen diese Positionen und Argumentationen basieren. Eine umfassende Behandlung dieser Diskussionen, die deren teilweise hohem intellektuellem Niveau auch nur einigermaßen gerecht würde, wäre ein äußerst anspruchsvolles Unterfangen. Es müsste die Form eines vielbändigen Werkes annehmen, das bei der heute vorherrschenden akademischen Spezialisierung vermutlich nur von einem größeren Autorenkollektiv verfasst werden könnte.

Für einen kleinen Einführungsband wie den Vorliegenden gilt es, eine gute Balance zu finden zwischen einer ausreichend vertieften Problembehandlung, um noch philosophisch von Interesse zu sein, und einer gewissen Breite an Themen, die der Leserin oder dem Leser einen brauchbaren Überblick verschafft. In der jüngsten Zeit ist das Phänomen des Lebens vor allem durch den weltweiten Aufschwung der „Life Sciences" stark in den Mittelpunkt akademischer Interessen gerückt. Wir haben uns daher entschieden, uns in erster Linie Themen vorzunehmen, die sich aus neueren Entwicklungen in diesen Wissenschaften ergeben. Ferner wollen wir uns dabei ausschließlich solchen Fragen zuwenden, die zugleich Gegenstand aktueller philosophischer Debatten sind. Die Behandlung dieser Fragen soll zudem von einer spezifisch interdisziplinären Erweiterung des Blickwinkels Gebrauch machen, indem sie wissenschaftstheoretische, metaphysische und ethische Probleme

unter ausführlicher Einbeziehung konkreter biowissenschaftlicher
Theorien erörtert. Wir sind davon überzeugt, dass eine derart erweiterte Perspektive gerade im Hinblick auf die heute teilweise
hoch spezialisierten Diskussionszusammenhänge, die oftmals nur
noch den zuständigen Insidern verständlich sind, einen systematisch fruchtbaren Ansatz bildet.

Doch selbst unter diesen spezifischeren Auswahlkriterien bleibt
noch immer ein umfangreiches Feld von Themen und Debatten
übrig. Wir haben daher ein weiteres Auswahlprinzip in Anschlag
gebracht: Wie schon Aristoteles betonte, sind die zentralen Struk-
turmerkmale des menschlichen Lebens einerseits seine *Begrenzung*
durch seinen Anfang und sein Ende, sowie andererseits sein spezi-
scher Verlauf in Form des *Lebenszyklus*. In Orientierung an diesen
grundlegenden Aspekten behandeln wir in diesem Buch zum einen
kriteriale Probleme des Lebensanfangs sowie des Lebensendes. Ferner wenden wir uns Problemstellungen zu, die mit den Ursachen
zu tun haben, die dem Lebenszyklus seine charakteristische Gestalt
verleihen. Schließlich erörtern wir Fragen, die von der technischen
Möglichkeit aufgeworfen werden, durch einen Eingriff in die natürliche Verlaufsform des Lebenszyklus einen gezielten Aufschub
des Lebensendes zu bewirken.

Im ersten Kapitel des Buches geht es um das klassische metaphysische Problem der diachronen Einheit oder Persistenz eines Lebewesens im Allgemeinen sowie des Menschen im Besonderen. Wir
werden zeigen, dass sich Klarheit über den genauen Anfang und das
genaue Ende eines menschlichen Lebens sowie über das Verhältnis
von Organismus und Person nur unter der Voraussetzung erzielen
lässt, dass eine befriedigende Antwort auf die Frage gegeben wird,
worin die Einheit eines Lebewesens besteht. Allerdings werden wir
argumentieren, dass die Antwort hierauf durch die Natur selbst un-
terbestimmt ist. Weder die Frage nach dem Anfang noch die nach
dem Ende lassen sich damit gänzlich unabhängig von normativen
oder ethischen Erwägungen behandeln. Wir stellen uns damit in
den Gegenwind einer Tradition, die mit Aristoteles beginnt und die
sich heute wieder etlicher Anhänger in der Metaphysik erfreut.[17]

Gegenstand des zweiten Kapitels des Buches ist das Altern des
menschlichen Organismus. Beim Altern handelt es sich um einen
Prozess, der unserem natürlichen Lebenszyklus seine charakteristische Gestalt verleiht. Dieses Phänomen gibt zu ebenso komplizierten wie spannenden Überlegungen Anlass: Warum wachsen
Menschen etwa zwei Jahrzehnte lang heran, nehmen an Kraft so-

wie körperlicher und geistiger Geschicklichkeit zu, um dann zuerst körperlich und schließlich geistig wieder nachzulassen? Stellt dieser Vorgang eine unausweichliche Notwendigkeit dar? Oder lässt sich der Prozess verlangsamen und/oder der Verfall des Organismus bremsen? Natürlich sind dies vor allem biologische Fragen, doch wir werden zeigen, dass die Philosophie – vor allem in Gestalt der Wissenschaftstheorie und der Philosophie der Biologie – hierzu ebenfalls einen Erkenntnisbeitrag leisten kann, der sich freilich auf grundsätzliche begriffliche Klärungen beschränkt.

Während sich die ersten beiden Kapitel des Buchs vor allem auf begriffliche und metaphysische Probleme konzentrieren, von denen zwar einige – wie etwa das Problem des Hirntodkriteriums – signifikante Auswirkungen auch auf unsere ethischen Orientierungen im Umgang mit Leben und Tod haben, befassen wir uns im dritten und umfangreichsten Kapitel direkt mit einer ethischen Problemstellung. In Anknüpfung an unsere vorangehenden Überlegungen zur Metaphysik des Alterns untersuchen wir dort, wie die Perspektive einer möglichen radikalen Lebensverlängerung durch zukünftige Anti-Ageing-Therapien zu bewerten ist, die das Altern verlangsamen könnten. Dies würde einen bisher nicht dagewesenen Eingriff in unseren natürlichen Lebenszyklus bedeuten. Letzterer würde zeitlich gedehnt und zugleich würde das Ende unseres Lebens in größere Ferne rücken. Mit einer derartigen Interventionsmöglichkeit ginge die verlockende Vorstellung einer, die seit der Antike beklagte Kürze des Lebens lasse sich technisch überwinden. Die dadurch aufgeworfenen Fragen zählen unserer Einschätzung nach zu den spannendsten Fragen einer zukunftsorientierten angewandten Ethik. Betreffen sie doch mögliche biomedizinische Entwicklungen, die an die Wurzeln unserer bisherigen conditio humana reichen, indem sie eine Aufhebung der bisher geltenden Begrenzungen unseres Daseins in Aussicht stellen.

Aus diesem Grund wollen wir uns dieser Thematik im Rahmen des vorliegenden Buchs mit besonderer Ausführlichkeit widmen. Obgleich die Möglichkeit einer signifikanten Ausdehnung der menschlichen Lebensspanne schon seit einigen Jahren gelegentlicher Gegenstand philosophischer Kontroversen ist, befindet sich die Diskussion dazu bisher, insbesondere im deutschsprachigen Raum, noch in ihren Anfangsstadien. Die hier entwickelten Gedanken sollen dazu beitragen, diese Diskussion zu vertiefen. Wir haben uns entschieden, uns auf einen besonders grundlegenden Aspekt dieser Thematik zu konzentrieren, um diesen detaillierter zu behandeln als dies in bisherigen Beiträgen zu der Debatte über Lebensverlängerung geschehen ist: Auf die Frage nämlich, wie die Option eines radikal verlängerten Lebens aus der Perspektive einer prudentiellen Ethik des guten Lebens einzuschätzen ist.

Im Zentrum steht dabei der Versuch, genauer zu klären, in welchen Hinsichten ein längeres Leben im Interesse der jeweiligen Individuen läge, deren Lebensspanne eine Ausdehnung erführe, und welches Verhältnis zwischen der möglichen Qualität eines menschlichen Lebens und dessen zeitlicher Dauer besteht. Dabei werden wir argumentieren, dass eine Beantwortung dieser Frage eine differenzierte Betrachtung unterschiedlicher Dimensionen des guten menschlichen Lebens erfordert. Obgleich unsere individuelle Wohlfahrt durch ein verlängertes Leben in manchen Hinsichten steigerbar ist, ist damit beispielsweise nicht garantiert, dass uns ein Zugewinn an Lebenszeit auch glücklicher machen würde. Zudem werden wir die Notwendigkeit einer weiteren Differenzierung geltend machen, indem wir dafür plädieren, zwei Fragen voneinander zu unterscheiden: einerseits die Frage, ob eine *signifikante Verlängerung* unserer Lebensspanne in unserem individuellen Interesse läge, sowie andererseits die Frage, ob wir aus prudentiellen Gründen an einer *möglichst langfristigen* Ausdehnung unserer Existenz interessiert sein sollten. Letzteres bleibt selbst dann noch unentschieden, wenn das Streben nach einem längeren Leben unter dem Aspekt des Wohlergehens insgesamt wünschenswert erscheint.

1. Menschliche Persistenz

1.1 Das Problem der Persistenz

In diesem Kapitel geht es um die Begriffe Leben und Tod. Unter welchen Bedingungen ist ein Mensch am Leben? Unter welchen ist er tot? Gemeint ist damit nicht die Frage, unter welchen *äußeren* Bedingungen ein Mensch überleben kann und unter welchen nicht. Die Frage ist auch nicht die, woran man *erkennen* kann, ob ein Mensch lebt oder ob er tot ist. Unsere Frage ist vielmehr die, welchen Entitäten das Prädikat „lebender Mensch" zukommt und welche Veränderungen diese Entitäten durchmachen müssen, damit ihnen das Prädikat „tot" zukommt. Diese Fragen sind nicht nur von großer Bedeutung für einige medizin- und bioethische Kontroversen (siehe das Einleitungskapitel); sie haben sich auch als philosophisch ebenso interessant wie hartnäckig erwiesen.

Wir werden im ersten Abschnitt dieses Kapitels zeigen, dass es sich bei diesen Fragen im Prinzip um Fragen nach den Bedingungen der *diachronen numerischen Identität von Einzelwesen* handelt, für die sich in der philosophischen Literatur der Terminus „Persistenz" eingebürgert hat. Wir werden einige Positionen vorstellen, die in Bezug auf die spezifische Persistenz menschlicher Wesen ausgearbeitet wurden. Im zweiten Abschnitt möchten wir zeigen, welche Implikationen diese Thesen für die Frage nach dem Anfang und Ende eines menschlichen Lebens haben. Im dritten Abschnitt werden wir dann eine bestimmte Konzeption genauer beleuchten, von der wir glauben, dass sie einen interessanten Versuch darstellt, die Persistenzbedingungen menschlicher Wesen auf der Grundlage der modernen Biowissenschaften zu spezifizieren. Wir werden aber auch zeigen, dass dieser Versuch an unrealistischen metaphysischen Voraussetzungen scheitert: an einem der heutigen Biologie unangemessenen *Essentialismus*. Wir werden deshalb eine anti-essentialistische Alternative dazu vorschlagen und begründen. Allerdings hat diese Alternative die Konsequenz, dass sich metaphysische Fragen nach der menschlichen Persistenz nicht gänzlich unabhängig von praktischen und moralischen Erwägungen behandeln lassen, wie wir gegen Ende dieses Kapitels argumentieren werden.

1.1.1 Persistenz als diachrone Identität

Persistenz ist die fortwährende Existenz eines einzelnen Dings über die Zeit hinweg. Welches sind die Bedingungen, die erfüllt sein müssen, damit ein Ding, bzw. ein Ding einer spezifischen Art, als *dasselbe* Ding weiter existiert? Schon diese Formulierung der Persistenzfrage macht deutlich, dass Persistenz eine Form der *Identität* ist, nämlich *diachrone Identität* oder Identität zwischen verschiedenen Zeitpunkten. Diese ist eine Form von *numerischer* Identität, also jene besondere Beziehung, die jedes Ding zu sich selbst und nur zu sich selbst hat. Das Wort „Identität" wird manchmal auch in einem ganz anderen Sinn verwendet, etwa, wenn jemand eine „Identitätskrise" erleidet oder auf „Identitätssuche" ist. Diese Ausdrücke verweisen nicht auf numerische Identität, sondern auf die Frage, welche Art von Mensch jemand sein möchte oder zu welchen sozialen Gruppierungen sich jemand zugehörig fühlt. Dies mögen wichtige lebenspraktische Fragen sein. Die Frage, die uns hier interessiert, ist jedoch die *ontologische* Frage nach den Bedingungen, unter denen ein bestimmtes Ding als dasselbe Ding fortbesteht oder *persistiert*. Die „Dinge", die uns hier interessieren, sind menschliche Wesen in ihrer spezifischen Eigenschaft als lebendige Wesen. Bevor wir uns aber diesen zuwenden, müssen wir einige allgemeine ontologische Begriffe und Überlegungen voranstellen.

John Locke hat festgestellt, dass es für ein Lebewesen, wie z.B. eine Eiche, im Vergleich zu Aggregaten materieller Teilchen etwas anderes bedeutet, durch die Zeit hinweg zu persistieren.[1] Wenn wir von einem Aggregat von Teilchen – Locke nannte die kleinsten Bestandteile der Materie „Korpuskeln" – sagen, es persistiere über die Zeit hinweg, so meinen wir damit, dass es seine Korpuskeln und vielleicht auch eine bestimmte Anordnung derselben beibehält. Ein solches Kriterium für diachrone Identität lässt sich jedoch beispielsweise auf ein Lebewesen nicht anwenden. Denn eine Eiche kann zu einem Zeitpunkt t_2 aus ganz anderen Teilchen bestehen als zu t_1 und trotzdem noch dieselbe Eiche sein. Die Eiche kann sogar ihre Form gehörig ändern, wenn aus einer Eichel ein Keimling und daraus schließlich ein mächtiger Baum wird. Dennoch bleibt sie dasselbe Lebewesen. Ihre Identitätsbedingungen bestehen eben gerade nicht darin, aus denselben Teilchen zu bestehen oder eine bestimmte Form zu haben, sondern darin, an demselben *Leben* teilzuhaben. Damit ist die Frage nach den Persistenzbedingungen von Lebewesen natürlich nicht beantwortet. Vielmehr verwandelt sie sich in die Frage, unter welchen Bedingungen etwas „an demselben Leben teilhat". Wir kommen auf dieses Problem zurück. Zunächst einmal gilt es, zu verstehen, dass die Identitätsbedingungen eines Materieaggregats und eines Lebewesens nicht dieselben sind; dass vielmehr Leben durch eine spezielle Art von diachroner Identität oder Persistenz charakterisiert ist.

Aus solchen Überlegungen haben manche Philosophen den Schluss gezogen, dass die Identitätsrelation grundsätzlich *sortalrelativ* ist.[2] Sortale sind eine spezielle Art von Begriffen, nämlich solche Begriffe, die so genannte *Individuationsbedingungen* enthalten. Diese Bedingungen erlauben es den Verwendern des jeweiligen Begriffs, Individuen zu unterscheiden und damit auch zu zählen. Da die Identität von Individuen über die Zeit hinweg nichts Anderes ist als Persistenz, könnte man ebenso gut sagen: Sortale müssen auch *Persistenzbedingungen* enthalten. Damit ist die Frage nach den Persistenzbedingungen im Prinzip nichts anderes als die Frage nach den relevanten Sortalbegriffen, die bestimmte Identitätsaussagen stützen. Im vorherigen Bespiel fungierten „Materieaggregat" und „Eiche" als Sortalbegriffe. Demgegenüber sind Begriffe wie „Wasser" oder „Luft", oder auch „Masse" keine Sortalbegriffe. Die These der Sortalrelativität der Identität besagt nun, dass eine Aussage der Form „x ist dasselbe wie y" keinen eindeutigen Sinn hat. Nur eine Aussage der Form „x ist dasselbe K wie y" kann eindeutig sein, nämlich genau dann, wenn für K ein Sortalbegriff eingesetzt wird.

Diese These geht jedoch vielen zu weit.[3] Beispielsweise scheint sie unvereinbar mit einem klassischen metaphysischen Prinzip, das als *Ununterscheidbarkeit des Identischen* bekannt ist. Dieses Prinzip besagt, dass wenn a = b, a jede Eigenschaft hat, die auch b hat, und umgekehrt. Das Unvereinbarkeitsargument setzt allerdings die Wahrheit des Prinzips der Ununterscheidbarkeit des Identischen voraus, das seinerseits umstritten ist. Doch gibt es auch Argumente, die ohne Rückgriff auf dieses Prinzip zeigen, dass die Relativitätsthese in sich widersprüchlich ist. Wir wollen diese Argumente hier nicht ausbreiten; Interessierte seien auf die Fachliteratur verwiesen.[4] Es reicht hier, darauf hinzuweisen, dass es gute Gründe gibt, die These der Sortalrelativität für falsch zu halten.

Die These der Sortalrelativität kann jedoch zur These *Sortaldependenz* der Identität abgeschwächt werden. Nach dieser schwächeren These spielen Sortalbegriffe zwar ebenfalls eine Rolle in der Identitätsrelation. Jedoch glauben die Verfechter dieser schwächeren These nicht, dass eine Identitätsaussage unbestimmt ist, solange

sie nicht durch Spezifikation eines Sortals ergänzt wird. Es ist ihrer
Meinung nach vielmehr so, dass bereits durch die Art der Bezugnahme auf die Dinge, über die eine Identitätsaussage gemacht werden soll, das relevante Sortal festgelegt ist. Denn es ist in den entscheidenden Fällen gar nicht möglich, eine eindeutige Bezugnahme
zu einem Individuum herzustellen, ohne bereits ein Sortal zu verwenden. Wenn ich z.B. nur sage, „Dieses Ding hier ist identisch mit
dem Ding, das sich vor 10 Minuten an dieser Stelle befand" und
dazu evtl. noch auf eine Eiche im Park deute, dann ist nicht klar,
worauf ich mich beziehe: Auf die ganze Eiche? Einen Teil davon?
Ein Aggregat von Molekülen, aus denen die Eiche besteht? usw.
Erst indem ich z.B. sage „Dieser *Baum* ist identisch mit dem, der
hier vor 10 Minuten stand", ist bestimmt, worauf sich meine Rede
und mein Deuten beziehen. Dann aber steht fest, dass der relevante Sortalbegriff „Baum" ist. Somit ist es immer noch der Fall, dass
Identitätsaussagen Sortale enthalten, jedoch sind diese Sortale nicht
beliebig wählbar sondern durch unsere Identifikations- und Re-
identifikationspraxis festgelegt.

Persistenzbedingungen werden durch so genannte *Substanzsortale* festgelegt. Ein Substanzsortal kommt einem einzelnen Ding
während der gesamten Dauer seiner Existenz zu. „Eiche" oder
„Mensch" sind paradigmatische Substanzsortale. Die mit diesen
Ausdrücken bezeichneten Individuen hören zu existieren auf, wenn
die Ausdrücke nicht mehr auf sie zutreffen. Dagegen bezeichnet ein
Ausdruck wie „Kind" oder „Spitzensportler" kein Substanzsortal.
Ein Kind oder ein Spitzensportler kann aufhören, ein Kind oder
ein Spitzensportler zu sein, ohne dadurch seine Existenz zu been-
den. „Kind" ist ein spezielles Sortal: ein so genanntes Phasensortal.
Kindheit ist eine Phase in der Existenz eines Menschen.

Die Frage, was ein Substanzsortal gegenüber anderen Sortalen
eigentlich auszeichnet, ist eine der schwierigsten Fragen der Metaphysik. Verschiedene Systeme der Metaphysik geben auf diese Frage unterschiedliche Antworten. Eine mögliche Antwort lässt sich
auf der Grundlage der aristotelischen Substanzmetaphysik geben.[5]
Demnach sind Substanzsortale nur solche Begriffe, die das *Wesen*
(*ousia*) eines Dings beschreiben. Jedes Ding besitzt Wesensmerk-
male und akzidentielle Merkmale. Die akzidentiellen Merkmale
kann das Ding haben oder nicht, ohne dass seine Existenz berührt
wird. Eine Marmorstatue kann etwa ihren Glanz verlieren, ohne
dass sie aufhört, zu existieren. Das Glänzen ist eine akzidentielle
Eigenschaft. Wurde jedoch die Statue zertrümmert, so dass sie ihre

Form vollständig verloren hat, ist sie keine Statue mehr, sondern ein Haufen Marmorstücke. Aristoteles denkt sich eine einzelne Statue als eine Verbindung von Stoff (*hyle*) und Form (*morphe* oder *eidos*), wobei die Form die Statue zu einem Vorkommnis einer allgemeinen Art macht, während der Stoff sie zu einem Einzelding macht. Substanzen haben außerdem die Eigenschaft, dass sie nicht als Attribut von etwas anderem ausgesagt werden, sondern dass sie vielmehr Träger von Attributen sind. „Mensch" ist nach Aristoteles nicht eine Eigenschaft, die anderen Dingen zukommen kann, sondern etwas, das selbst Träger von Eigenschaften ist. Dagegen ist Weisheit etwas, das von etwas Anderem ausgesagt wird, in der Regel von einem Menschen. Die dritte wichtige Eigenschaft ist die, dass eine Substanz Träger von Veränderungen sein kann, also dasjenige, was unter den Veränderungen beharrt, indem es seine akzidentellen Eigenschaften ändert.

Die aristotelische Substanzmetaphysik hat über die Jahrhunderte wohl mehr Kritik einstecken müssen als irgendeine andere philosophische Theorie. Dennoch sind heute viele Philosophen der Meinung, dass sie einen richtigen Kern enthält. Dieser Kern besteht darin, dass man von einem Ding nur dann sagen kann, es persistiere über die Zeit, wenn es ein Ding *von einer bestimmten Art* ist und bleibt. Es gibt keine persistierenden Individuen, die nicht unter eine allgemeine Art fallen, und zwar während der ganzen Zeit ihrer Existenz. Bei Dingen, die unabhängig von unserer Betrachtung existieren, müssen diese Arten zudem *natürliche* Arten sein, d.h. Klassen von Dingen, die von Natur aus zusammengehören. Nach dieser Auffassung gibt es also nur persistierende Individuen in der Welt, wenn es natürliche Arten gibt. Manche Philosophen haben die Existenz natürlicher Arten bestritten; unter den hier erläuterten Voraussetzungen bedeutet dies, dass persistierende Individuen nicht real, sondern fiktiv sind. Dies ist natürlich besonders dann ein stark kontraintuitives Ergebnis, wenn wir von uns selbst oder von einem anderen Menschen sagen, seine Persistenz als Individuum beruhe lediglich auf einer bestimmten Weise, wie wir die Welt in Arten aufteilen. Was könnte philosophisch gewisser sein als unsere objektiv gegebene Existenz als menschliche Individuen?

Wir haben das allgemeine philosophische Problem nun so weit ausgebreitet, dass wir es auf diejenigen Dinge anwenden können, die uns in diesem Buch interessieren: menschliche Wesen. Auf solche Wesen kann auf zweierlei Weise Bezug genommen werden: Einerseits als Personen, andererseits als biologische Organismen oder

Lebewesen. Enthalten diese Begriffe Persistenz- und damit Identitätsbedingungen, und wenn ja welche? Diese Frage hat sich als außerordentlich schwierig erwiesen. Im Folgenden soll der Stand der philosophischen Diskussion zu diesem Thema kurz vorgestellt werden, bevor wir uns der Frage direkt zuwenden.

1.1.2 Personen

Die wohl intuitiv plausibelste Theorie der personalen Identität wurde erstmals von John Locke[6] formuliert und seither von vielen Philosophen verteidigt. Nach dieser Theorie besteht die Identität der Person in einer Art von *psychischer Verknüpfung*. Wenn wir demnach zu einem bestimmten Zeitpunkt eine Person betrachten und zu einem späteren Zeitpunkt wieder eine Person betrachten, so sind diese Personen genau dann identisch, wenn zwischen ihnen eine angemessene psychische Verknüpfung besteht. Da Menschen typischerweise keinen lückenlosen Strom bewusster psychischer Episoden besitzen – z.B. wegen Schlaf oder anderer Perioden der Bewusstlosigkeit –, muss das Gedächtnis diese Lücken überbrücken. Das Gedächtnis ist eine der wichtigsten Quellen psychischer Verknüpfung.

Gegen diese Auffassung wurden verschiedene Einwände erhoben. Die beiden wichtigsten sind die folgenden: Erstens. Man stelle sich eine alte Frau vor, die sich an gewisse Dinge aus ihrem Leben erinnert, als sie 40 Jahre alt war. Die Frau von 40 Jahren wiederum erinnert sich an gewisse Erlebnisse aus ihrer Kindheit. Die alte Frau hat die Kindheitserlebnisse aber vergessen. Demnach besteht eine psychische Verbindung zwischen der Frau von 40 Jahren und dem Kind und zwischen der 40-jährigen und der alten Frau. Es besteht aber keine psychische Verknüpfung zwischen der alten Frau und dem Kind. Mit anderen Worten: psychische Verknüpfung qua Erinnerung ist nicht-transitiv. Damit kann sie aber nicht konstitutiv für personale Identität sein, denn numerische Identität ist transitiv.[7] Wenn A und B identisch sind und B und C identisch sind, so sind A und C identisch. Dieses Problem lässt sich eventuell beheben, indem man sagt: Die alte Frau erinnert sich daran, eine 40-jährige gewesen zu sein, die sich erinnert, ein Kind gewesen zu sein. Solche indirekten Erinnerungen könnten die Transitivität der psychischen Verknüpfungen vielleicht herstellen. Doch es gibt noch ein weiteres, wahrscheinlich wesentlich schwierigeres Problem.[8]

Dieses wird sichtbar, wenn wir uns vor Augen führen, dass Erinnerungen immer *jemandes* Erinnerungen sind. Sie sind Aufzeichnungen von Erlebnissen, die einer bestimmten Person widerfahren sind. Wenn jemand Dinge, die er nicht selbst erlebt hat, sondern in einem Buch gelesen oder von jemand Anderem erzählt bekommen hat, zu seinen eigenen Erinnerungen macht, so sprechen wir von „falschen" oder „Pseudo"-Erinnerungen. Dies führt sofort zu der Frage, worin sich wahre von falschen Erinnerungen unterscheiden. Diese Frage ist alles andere als einfach zu beantworten. Irgendwie müssen echte Erinnerungen in der richtigen Art von Kausalbeziehung zu der Person stehen, die diese Erinnerungen für die ihrigen hält. Doch dies setzt voraus, dass bereits feststeht, welches *dieselbe* Person ist. Doch was es heißt, dieselbe Person zu sein, ist genau, was die Theorie der psychischen Verknüpfung zu erläutern versucht. Diese Theorie wird daher zirkulär, wenn sie eine Antwort auf die Frage zu geben beansprucht, in welcher Art von Tatsachen die diachrone Identität oder Persistenz einer Person besteht.

Natürlich kann man versuchen, Alternativen zu der Theorie der psychischen Verknüpfung zu entwickeln, die eine bessere Analyse des Begriffs der diachronen personalen Identität liefern. Manche haben das auch versucht, z.B. mittels eines verfeinerten Begriffs der psychischen Kontinuität.[9] Doch kann man die Probleme dieser Theorie auch zum Anlass nehmen, einen noch wesentlich radikaleren Standpunkt zu vertreten: Man kann argumentieren, dass der Begriff der Person von vornherein nicht geeignet ist, die Bedingungen der Persistenz menschlicher Wesen zu erfassen, weil er erstens *normativ* ist und zweitens ein Begriff, der einer irreduziblen *Teilnehmerperspektive* verpflichtet ist.[10] Zum ersten Punkt: Eine Person zu sein bedeutet, gewissen rationalen Standards zu unterliegen. Personen können sich z.B. auf sich selbst urteilend beziehen, und sie können sich selbst von anderen Personen und Personen von anderen Dingen unterscheiden. Solche selbstbezüglichen Urteile sind gewissen normativen Gesetzen des Denkens unterworfen. Die Zuschreibung eines Personenstatus beinhaltet also, das so bezeichnete Wesen als ein unter (zumindest minimalen) rationalen Normen stehendes Wesen zu betrachten.

Die Zuschreibung eines Personenstatus kann zweitens nur in einer *teilnehmenden* oder *verstehenden* Perspektive geschehen. Wenn wir ein Wesen als Person betrachten, so ist damit die Erwartung verbunden, dass wir uns mit diesem Wesen über Gründe verständigen könnten (sei es mit Hilfe der Sprache oder auf andere Weise) und sein Verhalten auf diese Weise nachvollziehen könnten. Personen sind immer potenzielle Teilnehmer an einer geteilten sozialen Praxis. Die Verwendung des Personenbegriffs erfordert deshalb Wissen darüber, *wie es ist*, eine Person zu sein. Im Gegensatz dazu bedarf z.B. die Feststellung, ob der Baum in meinem Garten eine Buche ist, keines Wissens darüber, wie es ist, eine Buche oder ein Baum zu sein. Diese Begriffe, so scheint es, erfordern zu ihrer korrekten Anwendung lediglich eine Beobachterperspektive.

Ob zwei zu verschiedenen Zeitpunkten existierende Entitäten aber dieselbe Person sind, ist keine Tatsache, die sich unabhängig von normativen Gesichtspunkten feststellen lässt. Gewisse Bewertungen, z.B. in Bezug auf die Rationalität von Urteilen und Handlungen könnten *konstitutiv* dafür sein, dass es sich bei zwei Entitäten um dieselbe Person handelt. Mit Persistenz- oder Identitätsaussagen ist aber normalerweise die metaphysische Erwartung verknüpft, dass die Tatsachen, die solche Aussagen wahr machen, nicht von evaluativen Einstellungen – ja, überhaupt nicht von irgendeinem Denkvermögen – abhängen. Die Buche in meinem Garten *ist* derselbe Baum wie vor 50 Jahren – so scheint es – unabhängig davon, was irgendjemand über sie denkt. (Die Buche selbst hat schließlich keine Gedanken, die konstitutiv für ihre Identität sein könnten). Bei Personen ist das überhaupt nicht klar. Ob jemand dieselbe Person ist wie vor 50 Jahren ist nicht unabhängig davon, was diese Person denkt. Damit sie dieselbe Person sein kann, muss sie in der Lage sein, sich urteilend auf sich selbst zu beziehen, sich selbst als Subjekt von Handlungen und Gedanken zu begreifen, d.h. gewisse Handlungen und Gedanken als ihre eigenen zu begreifen, und sich selbst als in der Zeit fortdauernd zu erkennen. Nichts kann eine Person im vollständigen Sinn dieses Begriffs sein – und deshalb auch nicht als solche persistieren – , was nicht über diese Fähigkeiten verfügt.

Solche Überlegungen legen den Schluss nahe, dass menschliche Persistenz, insofern Persistenz etwas ist, das unabhängig von unseren Normen und Einstellungen ist, nicht mittels des Begriffs der Person analysiert werden sollte. Doch welches sind die Alternativen? Die wohl offensichtlichste Alternative besteht darin, menschliche Persistenz oder Identität mittels des Begriffs des *Lebewesens* zu analysieren. Denn dies scheint ein Begriff zu sein, der nicht die eben ausgeführte normative und subjektive Dimension hat. Doch welches sind die Persistenzbedingungen eines Lebewesens?

1.1.3 Lebewesen

Wie bereits erwähnt, war Locke einer der ersten Philosophen, die erkannt haben, dass Lebewesen ihre Identität trotz ständigen Wechsels ihrer Bestandteile aufrechterhalten. Wenn wir z.B. betrachten, wie aus einer Eichel ein Keimling, und daraus im Laufe der Zeit ein mächtiger Baum wird, so hat dieses Lebewesen alle seine Bestandteile viele Male vollständig ausgetauscht und auch seine anatomische Struktur drastisch verändert. Dasselbe gilt für einen Menschen. Die Identität eines Lebewesens kann also nicht davon abhängen, dass es aus bestimmten Teilen besteht. Locke argumentierte, dass ein Lebwesen seine Identität beibehält, indem seine Teile an einem „gemeinsamen Leben teilhaben".[11] Diese Antwort setzt voraus, dass das Prädikat „Leben" manchmal nicht ein allgemeines Naturphänomen oder eine Eigenschaft bezeichnet, sondern Zählbares, Einzelnes. Damit ist jedoch die Frage nach den Identitäts- oder Persistenzbedingungen von Lebewesen nicht beantwortet, sondern lediglich verschoben; Locke müsste uns jetzt angeben, welches die Identitätsbedingungen für „Leben" im zählbaren Sinn sind.

Das Problem stellt sich als philosophisch wesentlich schwieriger heraus, als man zunächst denken könnte. Man könnte versuchen, ähnlich wie beim Problem der personalen Identität die diachrone Einheit eines Lebewesens im Vorhandensein eines *kontinuierlichen Lebensprozesses* zu sehen. Dabei kann zunächst offen bleiben, ob man den Prozess als etwas ontologisch Fundamentales ansieht oder als eine Abfolge von Ereignissen, die Attribute einer ontologisch fundamentaleren Einheit sind. Weiter kann zunächst offen bleiben, ob man ein Lebewesen als eine Einheit ansieht, die so persistiert, dass dieses Wesen zu jedem Zeitpunkt als *Ganzes* vorhanden ist (Dreidimensionalismus), oder ob es zu jedem Zeitpunkt nur als *zeitlicher Teil* einer raumzeitlich, d.h. in vier Dimensionen, ausgebreiteten Einheit existiert (Vierdimensionalismus):[12] In jedem Fall muss man angeben, worin die *Einheit* des integrierten Lebensprozesses eine Einzelwesens besteht.

Dass die raumzeitliche Kontinuität der Lebensprozesse nicht notwendig für Identität ist, lässt sich daran erkennen, dass es ruhende Lebensformen gibt. Dazu gehören Lebewesen, deren Lebensprozesse vollständig zum Erliegen kommen, weil sie beispielsweise in Form einer Spore Perioden großer Trockenheit oder Kälte überdauern, oder weil sie künstlich eingefroren wurden, wie z.B. bei menschlichen Embryonen. Wir betrachten einen eingefrorenen und wieder aufgetauten Embryo normalerweise immer noch als dasselbe Lebewesen. Kontinuität im Sinne durchgehender, ununterbrochener Lebensvorgänge scheint also zumindest nicht notwendig für Persistenz zu sein.

Wir werden eine etwas ausführlichere Antwort auf dieses Problem im Abschnitt 2.3.2 betrachten. Zunächst wollen wir aber die beiden Fragen nach den Persistenzbedingungen des Organismus und der Person miteinander in Beziehung setzen.

1.1.4 Zum Verhältnis von Personen und menschlichen Lebewesen

Sind die Begriffe eines menschlichen Lebewesens und einer Person gleichen Umfangs? Dies ist zweifach umstritten: Es ist umstritten, ob es nichtmenschliche Personen geben kann, seien dies außerirdische Lebensformen, Maschinen oder gewisse Tiere, die über hoch entwickelte kognitive Fähigkeiten verfügen, wie etwa Gorillas oder Schimpansen (letztere werden von manchen Philosophen als Personen betrachtet). Es gibt außerdem auch Meinungsverschiedenheiten darüber, ob es menschliche Wesen gibt, die keine Personen sind. Als solche werden z.B. menschliche Embryonen oder Patienten in einem dauerhaft vegetativen Zustand betrachtet; es gibt hierzu jedoch auch abweichende Meinungen (manche betrachten etwa menschliche Embryonen als Personen). Wir werden uns im Folgenden der mehrheitlich geteilten Auffassung anschließen und davon ausgehen, dass es zumindest *begrifflich* möglich ist, dass es nichtmenschliche Personen gibt, ohne dafür zu argumentieren. Weiter werden wir, ohne hier eine Begründung anzugeben, annehmen, dass es menschliche Wesen gibt, die keine Personen sind. Dazu gehören etwa frühe Embryonen oder Patienten in einem irreversiblen vegetativen Zustand (etwa aufgrund irreversibler Schädigung der Großhirnrinde).

Diese Annahmen führen zu gewissen metaphysischen Rätseln. Aus den eben ausgeführten Prämissen kann man den Schluss ziehen, dass Personen und Lebewesen verschiedene Persistenzbedingungen haben müssen. Doch wie verhalten sich dann eine Person und das dazugehörige Lebewesen (wenn es ein Lebewesen ist und nicht z.B. eine Maschine) zueinander? Wenn sie miteinander *identisch* wären, so könnten sie nicht verschiedene Persistenzbedingungen haben. Doch wenn sie nicht identisch sind, welches Verhältnis besteht dann zwischen ihnen? Handelt es sich um verschiedene Einzelwesen? Verhalten sie sich zueinander wie etwa ein Wollpullover und der Wollfaden, aus dem er besteht? (Diese haben ebenfalls verschiedene Persistenzbedingungen: Wenn der Pullover aufgefädelt wird, hört er auf zu existieren, während der Faden weiterbestehen kann). Dies scheint ebenfalls nicht richtig zu sein. Eine menschliche Person „besteht" nicht aus einem Lebewesen; sie *ist* eines, wobei „ist" nicht zwingend im Sinne der numerischen Identität gelesen werden muss. Der genaue Sinn von „ist" in einem Satz wie „Diese Person ist ein Lebewesen" ist genau das, was es zu explizieren gilt.

Dieses Rätsel löst sich auf, wenn man davon Abstand nimmt, den Begriff der Person als ein *Substanzsortal* zu behandeln, d.h. als einen Begriff, der Persistenzbedingungen für ein Einzelwesen bereitstellen kann. Man kann ihn stattdessen als ein *Phasensortal* betrachten.[13] Wie Substanzsortale enthalten auch Phasensortale Individuationsbedingungen für Zählbares, d.h. sie legen fest, was als *eine* Einheit gelten kann. Jedoch bezeichnen sie keine Eigenschaft, die einem Wesen über die gesamte Dauer seiner Existenz hinweg zukommt. Der Personenbegriff hat demnach ähnliche Eigenschaften wie der Begriff „Kind" oder „Studentin": Kinder und Studentinnen kann man zählen, aber die so bezeichneten Einheiten sind nicht notwendigerweise für die gesamte Dauer ihrer Existenz Kinder oder Studentinnen. Dennoch sind sie während der kompletten Dauer ihrer Existenz Lebewesen. Wenn sie aufhören, Lebewesen zu sein, so hören sie auch auf zu existieren. Der Begriff des Lebewesens ist ein Substanzsortal, Begriffe wie „Kind" oder „Studentin" sind dies nicht.

Analog dazu lässt sich sagen, dass die Eigenschaft, eine Person zu sein, einem Individuum nicht während der gesamten Zeit seiner Existenz zukommt (gemäß unseren Voraussetzungen), sondern nur während gewisser Phasen. Diese Phasen sind nicht auf solche Phasen beschränkt, in denen ein Individuum die für den Personenstatus ausschlaggebenden Fähigkeiten manifestiert (etwa Selbstbewusstsein und eine minimale Rationalität), sondern auf solche Phasen, während deren es diese zumindest *dem Vermögen nach* besitzt. Ein schlafender Mensch ist selbstverständlich eine Person, während ein Embryo dies nicht ist. Natürlich muss man hier mit Vorsicht zu Werke gehen, denn es mag einen Sinn von „dem Vermögen nach" geben, in dem auch ein menschlicher Embryo oder ein Patient mit einer irreversiblen Schädigung der Großhirnrinde diese Fähigkeiten besitzt. Die Fähigkeit muss ausgebildet (d.h. nicht nur als Anlage) vorhanden sein, und sie muss sich manifestieren können.

Auf diese Weisen kann ein Lebewesen während gewisser Zeit-
abschnitte seiner Existenz eine Person sein und während anderer
Phasen nicht, wobei beiden Begriffen unterschiedliche Persistenzbedingungen zugeordnet sind. Diese Auffassung ist auch gut mit
der in 1.1.2 erläuterten These verträglich, dass der Begriff der Person überhaupt kein Begriff ist, der für eine objektive Persistenzanalyse in Frage kommt, weil er nichteliminierbare normative und
subjektive Bedeutungskomponenten enthält.

Diese Überlegungen legen den Schluss nahe, den Begriff des
Lebewesens oder des Organismus als ontologisch fundamental anzusehen und nicht den Begriff der Person. Dies tut der normativ-
ethischen Bedeutung des Personenbegriffs keinen Abbruch, da die
normative Kraft eines Begriffs nicht an dessen ontologischem Status hängt.

Im folgenden Abschnitt weiten wir die Frage nach den Persistenzbedingungen eines menschlichen Wesens dahingehend aus,
dass wir den Blick auf den Anfang und das Ende der Existenz eines solchen Wesens richten. Es gilt, genau zu bestimmen, wann
ein menschliches Individuum zu existieren anfängt und wann es
zu existieren aufhört. Dass diese Frage unter das allgemeine Persistenzproblem fällt, lässt sich daran erkennen, dass Anfang und
Ende eines Individuums gemäß den hier ausgeführten Bestimmungen notwendigerweise mit dem zeitlichen Beginn bzw. Ende des
Erfülltseins der Persistenzbedingungen eines menschlichen Wesens
koinzidieren. Mit anderen Worten: Wer versteht, worin das Prinzip der diachronen Einheit eines menschlichen Wesens besteht, und
auch versteht, unter welchen Bedingungen dieses Prinzip instanziiert ist, versteht auch, wann das Leben dieses Wesens anfängt und
wann es endet.

1.2 Lebensanfang und Lebensende

1.2.1 Probleme am Anfang

Die Frage nach dem Beginn des Lebens einer menschlichen *Person*
ist gemäß den vorangehenden Erwägungen zunächst zu trennen
von der Frage nach dem Beginn der Existenz des menschlichen *Organismus*. Die erste Frage ist, wann ein Mensch die für den Personenstatus zentralen Charakteristika – wie Selbstbewusstsein oder

eine minimale Rationalität – ausbildet. Dies könnte ein gradueller Prozess sein, so dass es keinen exakten Zeitpunkt gibt, ab dem ein menschliches Wesen eine Person ist. Dies ist zumindest im Lager derjenigen Autoren unbestritten, die den Anfang der Existenz einer menschlichen Person nicht mit dem Beginn der Existenz eines menschlichen Organismus gleichsetzen. Dagegen wird meist davon ausgegangen, dass der Anfang der Existenz eines menschlichen Lebewesens zeitlich klar definiert ist.

Es ist eine weit verbreitete Annahme, dass das Leben des menschlichen Organismus (sowie das jedes ähnlichen Organismus) mit der Verschmelzung von Ei- und Samenzelle beginnt. Diese Annahme ist als das „zygotische Prinzip" bekannt.[14] Dieses Prinzip erscheint intuitiv plausibel, da zu dem betreffenden Zeitpunkt ein genetisch einzigartiges Individuum entsteht. Es wirft allerdings die Frage auf, was an der genetischen Einzigartigkeit ontologisch derart signifikant sein soll, dass damit ein neues Lebewesen seinen Anfang nimmt. Sowohl Ei- als auch Samenzelle lassen sich als lebende Einheiten begreifen. Normalerweise ist aber ein Befruchtungsvorgang erforderlich, damit das Leben dieser Zellen nicht schon bald wieder endet.

Ein Problem mit dem zygotischen Prinzip besteht in der Möglichkeit der *Mehrlingsbildung* nach der Befruchtung, die sich bis etwa 14 Tage nach der Befruchtung ereignen kann. Eine Zygote kann sich teilen und zwei oder mehr vollständige Lebewesen entstehen lassen, die genetisch identisch sind. Daraus folgt erstens, dass genetische Einzigartigkeit nicht notwendig ist für organismische Identität. Zweitens ergibt sich aus der Möglichkeit der Mehrlingsbildung das Problem, dass zum Zeitpunkt eines solchen Ereignisses mehrere *neue* Individuen entstehen, während das ursprüngliche Individuum *zu existieren aufhört*. Es ergibt keinen Sinn, eines der Mehrlinge mit dem ursprünglichen Individuum zu identifizieren und die anderen als neu entstandene Lebewesen zu betrachten. Es gilt daher nicht für alle menschlichen Wesen, dass ihr Leben bei der Verschmelzung von Ei- und Samenzelle entstand.

Man kann versuchen, dieses Problem auf zweierlei Weisen zu lösen. Erstens kann man den Lebensbeginn nach hinten verlegen bis zu dem Zeitpunkt, zu dem sich das Fenster der Mehrlingsbildung geschlossen hat. Die Zygote wird bis dahin noch nicht als menschliches Individuum angesehen, sondern als pluripotentes System, das entweder eines oder mehrere menschliche Wesen hervorbringen kann. Diese Lösung ist etwas schief, denn in jenem Fall, in dem keine Mehrlinge entstehen, scheint der Embryo mit der ursprünglichen Zygote identisch zu sein. Warum sollte die bloße Möglichkeit der Mehrlingsbildung (die vielleicht gar nicht bei allen Embryonen bestanden hat), die Identitätsrelation zwischen dem späteren Embryo und der Zygote zunichte machen?

Die zweite Lösung, die uns plausibler erscheint, besteht darin, dass man den Lebensbeginn nicht von vornherein für alle Individuen gleich ansetzt. Stattdessen lässt sich die Frage nach dem Lebensbeginn retrospektiv stellen, z. B. indem man fragt: Wann hat *dieser* Embryo oder Mensch zu leben angefangen?.[15] Die Antwort hängt dann davon ab, ob der im Rahmen der Frage gekennzeichnete Mensch Zwillings- bzw. Mehrlingsgeschwister hat (oder hatte).

Mit dieser Lösung liegt allerdings noch keine begründete Antwort auf die Frage vor, *warum* das Leben eines menschlichen Individuums im Zygotenstadium bzw. zum Zeitpunkt der Aufspaltung in Mehrlinge beginnt. Hierzu muss eine ausgearbeitete Theorie der menschlichen Persistenz herangezogen werden, die eine adäquate Antwort auf die Frage enthält, worin die Einheit eines Organismus besteht. Wir werden eine solche Theorie später diskutieren (1.3 – 1.4). Zunächst möchten wir aber noch die Problemlage einführen, die am anderen Ende des Lebens besteht.

1.2.2 Probleme am Ende und das Hirntod-Kriterium

Früher galt ein Mensch als tot, sobald sein Herz zu schlagen aufgehört hatte. Dieses Herz-Kreislauf Kriterium ist mittlerweile obsolet. Heutzutage wird ein Mensch für tot erklärt, wenn seine Gehirnfunktionen irreversibel erloschen sind. Als die heutige Apparatemedizin noch nicht existierte, folgte dem Ereignis des Herzstillstands auf regelhafte Weise das irreversible Erlöschen der Gehirnfunktionen, und umgekehrt führte eine schwere Schädigung des Gehirns nach kurzer Zeit zum Atemstillstand und zum Herz-Kreislauf-Stillstand. Mit modernen Geräten ist es jedoch möglich, die Atem- und die Herz-Kreislauf-Funktionen über das irreversible Erlöschen der Gehirnfunktionen hinaus aufrecht zu erhalten. Das *Harvard Ad Hoc Committee on Brain Death* hat im Jahre 1968 die Empfehlung herausgegeben, einen solchen Patienten für tot zu erklären.[16] Dies hat zunächst die Konsequenz, dass die Maschinen, die die Atmung eines solchen hirntoten Patienten unterstützen, abgestellt werden dürfen, ohne dass eine Tötung vorliegt – der Patient ist gemäß dem Hirntod-Kriterium ja bereits tot. Damit sind gewisse ethische Streitfragen rund um die Sterbehilfe für solche Fälle nicht mehr relevant. Eine weitere Folge ist, dass einem hirntoten Patienten die noch intakten Organe – wie Herz, Leber, und Nieren – entnommen und zu Transplantationszwecken verwendet werden können. Geeignete Spenderorgane sind eine extrem limitierte Ressource.

Die Einführung des Hirntod-Kriteriums hat zum Teil heftige ethische Kontroversen ausgelöst. Manche haben argumentiert, die Einführung dieses Kriteriums anstelle des Herz-Kreislauf-Kriteriums sei eine Entscheidung gewesen, die unter dem Druck zustande kam, mehr Organe für Transplantationen verfügbar zu haben – und somit eine rein pragmatisch motivierte Entscheidung, die hirntote Menschen auf moralisch unzulässige Weise instrumentalisiert.[17]

Dieser Vorwurf an die Adresse der heutigen medizinischen Praxis – das Hirntod-Kriterium findet heute praktisch universale Anwendung – geht allerdings von gewissen Voraussetzungen aus. Unter anderem setzt er voraus, dass sich mit der Einführung eines neuen Todes*kriteriums* auch der Todes*begriff* geändert hat. Es ist jedoch nicht klar, ob ein hirntoter Mensch, dessen Herz noch schlägt, nach dem *alten* Todesbegriff tatsächlich noch am Leben ist. Denn es könnte sein, dass das Herzstillstand-Kriterium lediglich verwendet wurde, um den Tod (der etwas anderes bedeutete als einfach Herzstillstand) *festzustellen*. Vor der Entwicklung moderner lebenserhaltender Maschinen war dies ein absolut untrügliches Indiz für das Ableben eines Menschen. Doch dass es ein Indiz dafür war, impliziert nicht, dass der Tod als Herzstillstand *definiert* war. Insofern ist auch nicht klar, dass ein Mensch, dessen Herz noch schlägt, noch am Leben ist. Die erwähnte Kritik am Hirntod-Kriterium setzt dies jedoch einfach voraus. Ob diese Voraussetzung richtig oder falsch ist, sei vorläufig dahingestellt; auf jeden Fall erscheint sie begründungsbedürftig.

Es ist durchaus vorstellbar, dass wir im Lichte der modernen Intensivmedizin unsere Begriffe von Leben und Tod überdenken müssen. Ein hirntoter Mensch, dessen Herz noch schlägt, stellt möglicherweise aus Sicht der früheren Biomedizin eine *Anomalie* dar (etwa im Sinne T.S. Kuhns[18]), deren wiederholtes Auftreten eine Revision unserer Begriffe, ja vielleicht sogar unseres Weltbildes erfordert. Wir können die Frage, ob ein hirntoter Mensch, dessen Herz noch schlägt, im Rahmen der früheren Biomedizin eine begriffliche Anomalie darstellt oder lediglich einen Sonderfall, für den das klassische Herz-Kreislauf-Kriterium nicht zutrifft, hier nicht weiter verfolgen. Wir wollten lediglich auf den Unterschied zwischen einem *operationalen Anwendungskriterium* und der eigentlichen *Bedeutung* eines Begriffs hinweisen.

Wenn wir nun von der Frage nach den Kriterien einmal absehen und uns zum Kern der eigentlichen Bedeutung des Todesbegriffs hinarbeiten wollen, so erscheint es naheliegend, den Tod in einem ersten Schritt als das *Ende der Existenz eines Menschen* zu bestimmen. Aus bestimmten Gründen, die später noch deutlicher werden, wollen wir nichtmenschliche Lebewesen zunächst ausblenden; genau gesagt reden wir hier also nicht vom Tod schlechthin, sondern vom Tod eines Menschen. Dabei ändert es nichts, vom Ende des *Lebens* eines Menschen statt vom Ende der *Existenz* eines menschlichen Lebewesens zu sprechen. Gemäß dem alten Prinzip *vivere viventibus est esse* (für das Lebendige ist Leben Sein) existiert ein Lebewesen genau so lange wie es lebt. Eine Leiche ist demnach kein totes Lebewesen, sondern überhaupt kein Lebewesen.

Es ist jedoch nicht klar, ob der Tod eines Menschen als das Ende der Existenz eines *Lebewesens* angesehen werden soll oder als der Schlusspunkt der Existenz der *Person*. Einige Philosophen haben argumentiert, dass der Tod eines Menschen als das Ende der *personalen* Existenz zu bestimmen sei und nicht als das Ende der Existenz des menschlichen *Lebewesens*.[19] Diese Position führt normalerweise dazu, das Hirntod-Kriterium des menschlichen Todes zu bekräftigen. Denn ein hirntoter Mensch besitzt jene Charakteristika, die für den Personenstatus ausschlaggebend sind, nicht mehr. Es besteht keine Chance, dass er je wieder Bewusstsein erlangt. Also hat die Person aufgehört zu existieren, selbst dann, wenn das Lebewesen weiterbesteht (mit Hilfe von Maschinen). Eine solche Konzeption des menschlichen Todes kann auch dazu führen, die Bedingungen für den Tod sogar noch permissiver anzusetzen. In seltenen Fällen kann es vorkommen, dass die höheren Gehirnfunktionen eines Patienten irreversibel erloschen sind, dieser aber trotzdem noch selbstständig atmet. Dieser Zustand kann bei einer Schädigung der Großhirnrinde eintreten, die das Stammhirn intakt lässt. Das Stammhirn ist anscheinend auch ohne die Großhirnrinde (den Neokortex) in der Lage, die Kontrolle der Atmung zu übernehmen. (Das Herz verfügt ohnehin über sein eigenes Steuerungssystem; deshalb kann es bei Unterstützung der Atmung durch Maschinen auch dann weiter schlagen, wenn das gesamte Gehirn aufgehört hat zu funktionieren). Man spricht in solchen Fällen von einem dauerhaften vegetativen Zustand. Manche

Autoren haben nun argumentiert, dass man Menschen in diesem Zustand als tot betrachten sollte.[20] Die medizinische Praxis hat diesen Schritt jedoch (bisher) nicht mitvollzogen: sie betrachtet Patienten in einem persistenten vegetativen Zustand nicht als tot. Ob man in einem solchen Fall den Tod herbeiführen darf, zum Beispiel durch das Einstellen der künstlichen Ernährung und Wasserzufuhr, ist ein sehr kontroverses Thema, das wir hier nicht behandeln werden. Hier geht es darum, wie der Tod eines Menschen begrifflich zu fassen ist.

Hinter der Auffassung des menschlichen Todes als des Endes der Existenz der Person steht die Annahme, die Auslöschung der Person sei das für die betroffene Person wie auch für deren Angehörigen *relevante* Ereignis und der Tod müsse anhand dieser Relevanz begrifflich bestimmt werden. Das Ende der Existenz des Organismus hat nach dieser Position keine Relevanz.

Dieser Betrachtungsweise steht die Auffassung gegenüber, dass der Tod eines Menschen sehr wohl mit dem Tod des *Organismus* gleichzusetzen sei.[21] Demnach kann ein Mensch noch am Leben sein, selbst dann, wenn er aufgehört hat, eine Person zu sein. Diese Position wird meist von der Intuition oder der Überzeugung genährt, der Organismus sei die ontologisch fundamentale Entität und der Personenstatus lediglich ein Attribut (oder ein Bündel von Attributen), das einer solchen Entität zukommen könne, aber nicht zwangsläufig zukommen müsse. Der Personenstatus ist danach keine essenzielle Eigenschaft eines Menschen. Diese Auffassung wird übrigens von der vorhin erwähnten Analyse geteilt, die den Tod mit dem Ende der Existenz einer Person identifiziert. Dass es überhaupt zwei verschiedene Weisen gibt, den Begriff des Todes zu bestimmen – als Auslöschung einer Person oder als Ende der Existenz eines Lebewesens – ist eine Folge der Annahme, dass die Persistenzbedingungen einer Person nicht mit denen des menschlichen Organismus zusammenfallen.

Die in 1.1.3 und 1.1.4 erwähnte Auffassung, dass sich der Begriff der Person nicht eignet, um die Persistenz von Menschen zu analysieren, führt zwangsläufig zu der organismischen Konzeption des Todes. Denn unter der Voraussetzung, dass der Tod als das Ende der Existenz eines Wesens bestimmt wird und nicht nur als Verlust gewisser Fähigkeiten, müssen es die Persistenzbedingungen eines lebenden Organismus sein, die festlegen, wann ein Mensch aufgehört hat zu existieren.

Es ist nun freilich gerade nicht so, dass eine organismische Konzeption des Todes dazu führen muss, das Hirntod-Kriterium als

Todeskriterium zu verwerfen. Obwohl das Herz eines hirntoten Patienten noch schlägt, seine Atmung weiterläuft – allerdings nur mit mechanischer Unterstützung – und manche Lebensprozesse wie z.b. der Zellstoffwechsel weiter funktionieren, bedeutet das nicht zwangsläufig, dass das Lebewesen als Ganzes noch existiert. Es lässt sich gut argumentieren, dass zum Leben mehr gehört als das Weitergehen gewisser Lebensprozesse. Es mag einen Sinn von „Leben" geben, in dem die einzelnen Zellen eines hirntoten Patienten noch am Leben sind. Doch damit ein ganzer vielzelliger Organismus noch am Leben ist, müssen die Lebensprozesse in einem noch weiter auszuführenden Sinne (siehe 1.4.2) *integriert* sein. Ein lebender vielzelliger Organismus ist in einem gewissen Sinne mehr, oder vielleicht besser gesagt: *etwas Anderes* als die bloße Summe der Lebensprozesse auf zellulärer Ebene. Man kann nun der Ansicht sein, dass die erforderliche Integration der Lebensprozesse beim Totalausfall des Gehirns eines Menschen oder irgendeines anderen Tieres, dessen Lebensfunktionen maßgeblich durch ein Zentralnervensystem koordiniert und integriert werden, nicht mehr gegeben ist und das Lebewesen als Ganzes deshalb nicht mehr existiert, also tot ist.

Auf diese Weise kann eine organismische Konzeption des Todes zu dem gleichen Ergebnis gelangen wie die oben erwähnte personale Konzeption des Todes: Das in der medizinischen Praxis de facto etablierte Hirntod-Kriterium wird dabei ebenfalls philosophisch begründet, wobei natürlich für eine vollständige Begründung noch mehr getan werden muss (siehe 1.3.3 für einen Versuch.) Man könnte sogar behaupten, dass eine organismische Konzeption die relevante medizinische Praxis besser einfängt. Der Grund ist, dass es nach der Konzeption des Todes als Auslöschung der Person eigentlich keinen Grund gibt, den Tod nicht mit dem irreversiblen Funktionsverlust des Neokortex (Großhirnrinde) zu identifizieren, wie manche Vertreter dieser Konzeption argumentieren. Denn diese ist für die höheren kognitiven Leistungen verantwortlich, die für den Personenstatus konstitutiv sind. Dieser Vorschlag ist aber in Bezug auf die herrschende medizinische Praxis *revisionistisch*. Im Gegensatz dazu gibt es im Rahmen der eben skizzierten organismischen Konzeption keinen Anlass für eine Verschiebung des Todeskriteriums vom Ganzhirn- hin zum Neokortex-Kriterium und auch keinen Grund für eine Revision des in Medizin und Recht geltenden Todesbegriffs (siehe 1.3.3).

1.2.3 Fakten versus Werte

Es ist klar, dass die Diskussion über den Anfang und das Ende des menschlichen Lebens stark von ethischen Kontroversen genährt wird. Je nachdem, welche begrifflichen Bestimmungen von Leben und Tod man vornimmt, werden gewisse medizinische Handlungen anderen moralischen und rechtlichen Regeln unterworfen. Wenn man z.B. einen hirntoten Patienten als tot betrachtet, können lebenserhaltende Maschinen abgestellt werden, ohne dass diese Handlung in den moralischen und rechtlichen Bereich der Tötungshandlungen fällt. Dies heißt nicht, dass solche Handlungen nicht in anderer Hinsicht moralisch oder rechtlich problematisch sein können. Aber eine der stärksten aller moralischen Normen – das Tötungsverbot – ist nicht relevant. Würde das neokortikale Todeskriterium verwendet, so wäre auch das Sterbenlassen eines Patienten in einem persistenten vegetativen Zustand keine Tötungshandlung – weder aktiv noch passiv. Die Sterbehilfe-Problematik wird gar nicht relevant. Entsprechende Fälle sind immer wieder Gegenstand großer Medien-Aufmerksamkeit, wie z.B. der Fall von Terri Schiavo in den USA im Jahre 2005. Allerdings folgt aus der Akzeptanz des klassischen Hirntod-Kriteriums – wonach das *gesamte* Hirn aufgehört haben muss, zu funktionieren, damit ein Mensch als tot gelten kann – nicht, dass man das Leben eines Patienten in einem dauerhaft vegetativen Zustand nicht vorsätzlich beenden darf. Dies hängt davon ab, ob der Lebensschutz sich nur auf solche menschlichen Wesen erstreckt, die gewisse Charakteristika aufweisen, die für den Personenstatus relevant sind (v.a. Bewusstsein), oder auf jegliches menschliche Leben. Eine bestimmte Antwort auf die Frage nach den begrifflichen Grenzen des Lebensanfangs und des Lebensendes impliziert also ohne weitere Annahmen moralischer Natur keine bestimmte Position in der ethischen Diskussion um aktive Sterbehilfe und verwandte Probleme.

Obwohl die Diskussionen um Lebensanfang und Lebensende meist vor dem Hintergrund gewisser ethischer Kontroversen – wie etwa der Debatte über Abtreibung und Embryonenschutz einerseits und aktive Sterbehilfe andererseits – geführt werden, ist die Forderung aufgestellt worden, dass die begrifflichen und ontologischen Fragen im Zusammenhang mit Leben und Tod *unabhängig* von den ethischen und rechtlichen Fragen zu klären seien.[22] Das Standardargument hierfür lautet, die Frage nach den Persistenzbedingungen menschlicher Wesen ziele auf *Faktisches* ab (d.h. darauf, was der Fall ist) und sei daher allein auf der Grundlage von ontologischen und naturwissenschaftlichen Erwägungen zu beantworten. Dagegen zielten Fragen wie die nach der Zulässigkeit von Sterbehilfe oder der Verwendung menschlicher Embryonen zu Forschungszwecken auf *Normen* und *Werte* ab und somit darauf, was der Fall sein *soll*. Daher erfordere ihre Beantwortung – zusätzlich zur Kenntnis der relevanten Fakten – auch normativ-ethische Prinzipien (für den moralischen Bereich) sowie Rechtsnormen (für den juristischen Bereich). Zu Grunde liegt der genannten Forderung also letztlich die Fakten versus Werte-Unterscheidung (fact/ value-distinction).

Aus diesem Grund haben manche Vertreter Organismus-zentrierter Analysen der menschlichen Persistenz dafür argumentiert, dass Menschen hinsichtlich ihrer Persistenz als biologische Wesen zu betrachten seien.[23] Denn die Biologie ist als Naturwissenschaft mit reinen Fakten befasst. Sie formt ihre Begriffe nicht anhand von Wertfragen, sondern aufgrund dessen, was sie in der Welt vorfindet. Letzteres hängt nicht von unseren Werten und Normen ab, sondern von der Beschaffenheit der Welt allein. Dagegen ist der Begriff der Person, den andere Philosophen als zentral für die Analyse menschlicher Persistenz ansehen, kein Begriff dieser Art. Die Zuschreibung eines Personenstatus ist an normative Einstellungen und Werte gebunden. Selbst wenn man davon ausgeht, dass die Charakteristika, die für diesen Status ausschlaggebend sind (die sog. „person-making characteristics"), einem Menschen auf eine objektive, wertunabhängige Weise zukommen, ist der Begriff der Person dennoch kein naturwissenschaftlicher Begriff.

Die Frage, die wir im Folgenden kritisch zur Diskussion stellen möchten, ist die, ob eine Organismus-zentrierte Konzeption menschlicher Persistenz, die so weit wie möglich mit naturwissenschaftlichen Begriffen auskommen will, diesen Anspruch auf Objektivität im Sinne von Wertneutralität wirklich einlösen kann. *Können* und *sollen* die Identität eines Menschen und damit der genaue Anfang und das Ende seiner Existenz wirklich unabhängig von allen moralischen und anderen Wertfragen bestimmt werden? Um dies beurteilen zu können, wird es erforderlich sein, eine elaborierte Organismus-zentrierte Theorie menschlicher Persistenz im Detail zu betrachten.

1.3 Eine organismische Konzeption menschlicher Persistenz

1.3.1 Der biologische Ansatz

Michael Quante hat eine sorgfältig ausgearbeitete Analyse der Bedingungen menschlicher Persistenz vorgelegt[24], die wir hier zunächst kurz vorstellen (1.3.2 - 1.3.3), um sie anschließend einer Kritik zu unterziehen (1.3.4).

Quantes Ausgangspunkt ist die bereits erwähnte These (siehe 1.1.2), der Personenbegriff selbst sei nicht geeignet, eindeutige diachrone Identitätsbedingungen für die Persistenz eines Menschen zu liefern. Dabei kann man zwischen einem *reichhaltigen* und einem *anspruchslosen* Begriff der Person unterscheiden. Wie schon in 1.1.2 ausgeführt wurde, sind bei der Zuschreibung eines Personenstatus im reichhaltigen Sinn Bewertungen und Normen im Spiel. Weiter ist die Verwendung dieses reichhaltigen Begriffs an eine Teilnehmerperspektive gebunden und ruft Rationalitätsmaßstäbe auf. Quante will nicht ausschließen, dass es außerdem einen schwächeren Sinn von „Person" gibt, der sich auch in der Beobachterperspektive erschließen lässt. Vielleicht lassen sich gewisse kognitive Fähigkeiten, die für den Personenstatus ausschlaggebend sind, auch in einer naturalistischen, rein deskriptiven Sprache beschreiben, und Personen sind dann solche Entitäten, denen die so beschriebenen Fähigkeiten zukommen. Es bleibt jedoch fraglich, ob ein solch anspruchsloser Begriff Persistenzbedingungen bereitstellen kann.

Etwas abweichend von Quante möchten wir die Gründe, die dieser Skepsis in Bezug auf den anspruchslosen Personenbegriff zu Grunde liegen, wie folgt beschreiben: Vielleicht lassen sich Lebewesen, die nicht unter einen reichhaltigen Personenbegriff fallen, aufgrund ihrer naturwissenschaftlich beschreibbaren Eigenschaften von solchen Lebewesen *unterscheiden*, die diesen Begriff erfüllen. Doch Unterscheidenkönnen reicht für die Persistenzanalyse nicht aus. Diese muss angeben, worin das *Prinzip der Einheit* der im Hinblick auf Persistenz analysierten Entität besteht, und es ist nicht klar, wie der anspruchslose Begriff dies leisten kann. Man versuche z.B., die Einheit einer in Begriffen wie „psychisches System" oder „kognitiver Agent" charakterisierten Entität zu fassen, ohne sich solcher Begriffe zu bedienen, die in den Bereich des reichhaltigen Personenbegriffs gehören, wie etwa des Begriffs des Selbstbewusstseins.

Quantes Lösung der Schwierigkeiten mit dem Personenbegriff besteht darin, bei der Analyse der menschlichen Persistenz auf den

Personenbegriff ganz zu verzichten und stattdessen bei biologischen Begriffen und beim Begriff des Organismus Zuflucht zu suchen. Die Verheißung liegt darin, in der Biologie *natürliche Arten* (natural kinds) zu finden, die als Sortalbegriffe dienen können, deren Verwendung von unseren Werten und Einstellungen unabhängig ist. (Im Gegensatz dazu greift der reichhaltige Personenbegriff eben gerade keine *natürliche* Art heraus, sondern eine sozial-normative Art).

Dieser Schritt bedeutet, dass die Identität und damit Persistenz eines Menschen ausschließlich in biologischen Begriffen analysiert wird. Welches diese biologischen Begriffe sind, lässt Quante weitgehend offen. Er legt sich z.B. nicht darauf fest, dass die relevanten Sortale, die die Persistenzbedingungen für menschliche Individuen enthalten, spezies-spezifisch sind. Es ist also nicht zwangsläufig der taxonomische Artbegriff (z.B. *Homo sapiens*), der für die Persistenzanalyse zu verwenden ist. Die gleichen Begriffe, die zur Bestimmung des Prinzips der Einheit eines Menschen verwendet werden, könnten auch bei einem Hund oder einem anderen Tier Anwendung finden. Quante geht lediglich davon aus, dass es „biologische Gesetzmäßigkeiten" gibt, die „für Mitglieder der Spezies Mensch einschlägig sind"[25], wobei auch andere biologische Arten diesen Gesetzmäßigkeiten unterliegen können.

Bevor wir zur Kritik dieses Ansatzes übergehen, möchten wir uns vor Augen führen, wie Quantes Konzeption mit den in 1.2.1 und 1.2.2 behandelten Problemen des Anfangs und des Endes des menschlichen Lebens umgeht. Dadurch wird Quantes Idee auch etwas deutlicher hervortreten.

1.3.2 Lebensanfang nach dem biologischen Ansatz

Quante führt folgendes Kriterium für den Lebensbeginn eines menschlichen Organismus ein:

> Der Lebensbeginn eines menschlichen Organismus ist das Einsetzen der Aktivität des individuellen Genoms dieses Organismus, welches normalerweise im Vier- bis Achtzellstadium (innerhalb des zweiten bis vierten Tages nach der Befruchtung der Eizelle) geschieht und der Beginn der Selbststeuerung dieses individuellen Lebensprozesses ist.[26]

Damit setzt Quante den Lebensbeginn eines menschlichen Organismus also deutlich nach der Zygotenbildung an. Die Zygote ist nach diesem Kriterium noch nicht als ein menschliches Individuum anzusehen. Auf der anderen Seite erfolgt der Lebensbeginn nach diesem Kriterium allerdings früher als ihn andere Autoren datieren. Manche wollen erst dann von einem Individuum reden, wenn sich entweder ein Embryo geteilt hat (bei Mehrlingsbildung) oder wenn sich das Zeitfenster, während dessen diese Möglichkeit besteht, geschlossen hat. Quante teilt diese Auffassung nur so weit, dass das Leben eines Individuums bei tatsächlich stattfindender Mehrlingsbildung tatsächlich genau dann beginnt. In allen anderen Fällen beginnt das Leben eines menschlichen Wesens jedoch schon früher, eben bei Aktivierung des Genoms.

Bei der Begründung dieses Kriteriums geht Quante davon aus, dass man nur dann von einem lebenden Organismus sprechen kann, wenn ein *integrierter* Lebensprozess vorliegt. Integriert ist der Lebensprozess für Quante dann, wenn er *selbstgesteuert* ist. Bei den allerersten Entwicklungsstadien eines Embryos sei dies nicht der Fall; dort wird der Lebensprozess noch durch maternale RNA (von der Eizelle herstammende Ribonukleinsäure) und weitere Bestandteile der Oozyte gesteuert. Erst wenn das bei der Befruchtung neu entstandene Genom *aktiviert* wird, steuert der Organismus seine eigenen Lebensvorgänge und kann deshalb als integrierte Einheit – als lebendes Individuum – angesehen werden. „Aktivierung des Genoms" bedeutet dabei, dass die ersten zygotischen Gene abgelesen werden, indem RNA und/oder Proteine gemäß der in diesen Genen enthaltenen Erbinformation hergestellt werden.

Das Kriterium der Integration durch Selbststeuerung liegt auch Quantes Kriterium für das Lebensende zu Grunde, das wir im folgenden Abschnitt kurz vorstellen.

1.3.3 Lebensende nach dem biologischen Ansatz

Quante verteidigt folgendes Todeskriterium:

> Der irreversible Ausfall des Gehirns als Ganzem ist, ab dem Zeitpunkt, ab dem dieses Organ die Integrationsleistung übernommen hat, das Ende des integrierten Lebensprozesses und damit der Tod des menschlichen Organismus.[27]

Dieses Kriterium stimmt mit dem in der heutigen medizinischen Praxis etablierten Todeskriterium überein; es ist also nicht revisionistisch in Bezug auf diese Praxis. Der Zweck dieser Überlegungen ist vielmehr, das Kriterium zu begründen, und zwar – wie Quante meint – auf eine Weise, die von Werten und Normen unabhängig ist. Dies soll dadurch gewährleistet werden, dass eine organismuszentrierte Konzeption des menschlichen Todes zu Grunde gelegt wird. Der Tod eines Menschen wird also als Tod des biologischen Organismus verstanden, nicht als Tod der Person, wie dies andere Philosophen gefordert haben (siehe 1.2.2). Dies fügt sich gut in die insgesamt organismuszentrierte Analyse menschlicher Persistenz ein.

Warum stirbt der menschliche Organismus, wenn das ganze Hirn ausfällt? Der Grund ist laut Quante, dass das Gehirn im Laufe der Embryonalentwicklung die Integration der Lebensprozesse übernimmt. Nur ein System, dessen Lebensprozesse integriert sind, kann als eine organismische Ganzheit aufgefasst werden. Das Leben einzelner Zellen mag in einem bestimmten Sinn integriert sein, jedoch bilden sie keinen kompletten Organismus (mit Ausnahme von Einzellern). Deshalb kann ein Verband menschlicher Zellen, der über kein funktionierendes Gehirn mehr verfügt, nicht als lebender Organismus betrachtet werden, selbst wenn sein Herz weiter schlägt und die Zellen weiterhin mit Sauerstoff versorgt werden (mit Hilfe eines Beatmungsgeräts). Folglich ist ein hirntoter Patient nach dieser Konzeption eine mechanisch beatmete Leiche.

1.3.4 Kritik des biologischen Ansatzes

Die Bestimmungen von Lebensanfang und Lebensende, die Quante vornimmt, weisen eine eigentümliche Asymmetrie auf: Für den Lebensanfang ist die Aktivierung des Genoms ausschlaggebend, für das Lebensende das Erlöschen der Gehirnfunktionen. Die Asymmetrie entsteht dadurch, dass bei einem sehr frühen Embryo die Selbststeuerung der Lebensvorgänge durch das Genom bewerkstelligt werden soll, während diese Funktion später durch das Gehirn übernommen wird. Auf den ersten Blick mag diese Asymmetrie dennoch etwas merkwürdig erscheinen. Wie kann es sein, dass eine molekulare Entität am Anfang des Lebens ein solch entscheidende Rolle spielt und später ein ganzes Organ?

Bei genauerer Betrachtung zeigt sich jedoch, dass diese Asymmetrie nicht grundsätzlich gegen Quantes Konzeption spricht. Ein ausgewachsener Mensch ist ein wesentlich komplexeres System als ein früher Embryo, der nur wenige Zellen umfasst. Der ausgewachsene Organismus besteht aus Milliarden von Zellen, die in Tausende von verschiedenen Typen mit jeweils spezifischen biologischen Funktionen ausdifferenziert sind. Angesichts der extremen Verschiedenheit dieser Entitäten ist es vertretbar, dass die zentrale Steuerungseinheit nicht bei beiden auf derselben Organisationsstufe des Lebendigen angesiedelt wird. Die zentrale Steuerungseinheit, die für die Integration der Lebensprozesse verantwortlich ist, kann aus wenigen Molekülen bestehen, solange der Organismus noch aus wenigen Zellen besteht. Sobald er einen komplexen Zellverband mit funktional ausdifferenzierten Zellen bildet, muss die Steuerungseinheit ebenfalls komplexer sein – so komplex wie das Gehirn eben. Dadurch lässt sich die Asymmetrie von Quantes Bestimmungen rechtfertigen.

Die Probleme mit diesem Ansatz werden erst sichtbar, wenn wir uns fragen, was es genau heißt, dass die Lebensvorgänge *gesteuert* werden und worin die *Integration* dieser Vorgänge besteht. „Steuern" ist im Kontext der Biologie zunächst eine Metapher, die aus dem Bereich technischer Artefakte stammt. Dort bezeichnet Steuern nicht bloß das kausale Beeinflussen einer Maschine oder eines Prozesses, sondern das *gezielte* Beeinflussen. Steuern beinhaltet immer ein teleologisches Moment. Gesteuert wird eine Maschine, wenn ihre Zustände den Zielvorgaben des Benutzers angepasst werden. Wir sagen von einer Maschine, sie steuere sich selbst, wenn sie die Anpassung an die Zielvorgaben bis zu einem gewissen Grade selbst vornehmen kann. Aber es bleibt dabei, dass Steuern eine Tätigkeit ist, die von den Intentionen und Zwecksetzungen eines Benutzers oder Erbauers der Maschine abhängt. Reine Naturdinge können sich nicht im eigentlichen Sinn steuern; sie sind lediglich gewissen Gesetzmäßigkeiten und kausalen Einflüssen unterworfen.

Im Gegensatz zur Steuerung ist der Begriff der *Regulation* ein theoretischer Begriff der Biologie.[28] Die Biologie kennt viele Mechanismen, mit deren Hilfe ein Lebewesen gewisse Prozesse so beschleunigen oder verlangsamen kann, dass sie mit dem inneren Zustand und den externen Bedingungen des Organismus abgestimmt sind. Manche sprechen in diesem Zusammenhang auch von der *Homöostase* eines Organismus. Der Begriff der Regulation enthält ebenfalls ein teleologisches Moment. Regulation bezeichnet die Beeinflussung eines Prozesses so, dass dieser seinen *Zweck* erfüllen kann. Z.B. werden die Herzschlag- und die Atemfrequenz erhöht oder reduziert, je nachdem wie stark die Muskeln arbeiten, damit diese die optimale Menge Sauerstoff zugeführt bekommen. Oder die Leber kann den Abbau von Glykogen erhöhen, um bei erhöhtem Zuckerverbrauch den Blutzuckerspiegel konstant zu halten. Allein schon die Formulierungen mit „damit" oder „um zu" verweisen auf das teleologische Moment des biologischen Regulationsbegriffs. Dieses kann expliziert werden, indem der Begriff der *biologischen Funktion* zu Grunde gelegt wird, auf den wir noch zu sprechen kommen werden (siehe 1.4.2). Regulationsmechanismen sind also eine spezielle Klasse von biologischen Funktionen. Es sind solche Mechanismen, die die biologische Funktion haben, andere Mechanismen so zu beeinflussen, dass diese unter wechselnden inneren und äußeren Bedingungen optimal funktionieren.

Im Gegensatz zum Begriff der Steuerung hängt die Anwendung des Regulationsbegriffs also nicht von den Intentionen und Zwecksetzungen eines Erbauers oder Benutzers eines Dings ab. Biologische Funktionen sind nach der Auffassung der meisten Philosophen der Biologie natürliche Eigenschaften von Teilen lebender Organismen. Im Gegensatz zum Begriff der Steuerung kann der Begriff der Regulation in der Biologie also in eigentlicher Rede und nicht bloß metaphorisch verwendet werden.

Wenn wir nun jedoch versuchen, Quantes Kriterien mit Hilfe des Regulationsbegriffs anstelle des Begriffs der Selbststeuerung auszudrücken, so ergibt sich folgendes Problem: Die Regulation der Lebensvorgänge ist keine Leistung, die sich einer zentralen Einheit zuschreiben lässt, und zwar weder dem Genom beim frühen Embryo noch dem Gehirn beim ausgewachsenen Menschen. Es ist zwar richtig, dass das Genom Bestandteil sehr vieler Regulationsmechanismen innerhalb einer Zelle ist. Doch auch schon vor der Aktivierung des Genoms müssen die embryonalen Zellen ihre Stoffwechsel- und sonstigen Prozesse regulieren. Die Regulation ist kein Phänomen, das sich erst mit der Aktivierung eines bestimmten Zellbestandteils einstellt oder mit dem Funktionsverlust eines bestimmten Organs wie des Gehirns verschwindet. Sie ist vielmehr in lebenden Wesen allgegenwärtig. Außerdem werden die unzähligen Regulationsmechanismen eines Organismus nicht von einer zentralen Stelle aus koordiniert, wie etwa die Flugbewegungen an einem Flughafen oder die Weichen eines Bahnhofs. Der Entwicklungsprozess eines Organismus ist vielmehr mit einem Orchester ohne Dirigent vergleichbar.[29] Gewisse Zellbestandteile wie die DNA oder einzelne Organe wie das Gehirn mögen eine tragende Rolle in diesem Konzert spielen, aber so etwas wie einen Dirigenten gibt es dennoch nicht.

Wenn sich die Regulation der Lebensvorgänge aber nicht der Aktivität einer bestimmten organischen Struktur zuschreiben lässt, so kann auch kein kritischer Zeitpunkt angegeben werden, an dem sie als Ganzes beginnt oder aufhört. Es gibt wahrscheinlich Tausende von Regulationsmechanismen in jedem Lebewesen, und es müssen nicht zu jedem Zeitpunkt alle aktiv sein, um von Leben sprechen zu können. Die Selbstregulation der Lebensvorgänge ist daher nicht etwas, das mit einem Schlag beginnt und ebenso abrupt endet.

Wir kommen also zu dem Schluss, dass weder der Begriff der Selbststeuerung noch der Begriff der Regulation die ontologische Last tragen können, die Quantes Kriterien des Lebensanfangs und des Lebensendes ihnen aufbürden. Allerdings benutzt Quante in diesem Zusammenhang noch einen weiteren Begriff: den Begriff der *Integration*. Quante hält es für die Existenz eines Lebewesens als Ganzheit für entscheidend, dass die Lebensvorgänge integriert sind. Ein lebender mehrzelliger Organismus beispielsweise ist nicht einfach bloß die Summe der ihn konstituierenden Lebensprozesse auf zellulärer Ebene; erst durch die Integration dieser Vorgänge kommt eine Einheit auf einer höheren Organisationsstufe zur Existenz – der Organismus. Dies scheint uns grundsätzlich richtig zu sein. Das Problem ist jedoch, wie der Begriff der Integration präziser gefasst werden kann. Je nachdem, was „Integration" oder „integrierte Einheit" genau bedeutet, könnten sich daraus andere Kriterien für den Lebensanfang und das Lebensende ergeben. Leider hat Quante keine Analyse dieses Begriffs gegeben; er setzt ihn als biologischen Begriff einfach voraus.

Die einzige Bestimmung, die Quante vornimmt, besteht in dem Hinweis, dass die Integration *graduell* ist:

Unbestreitbar ist, dass der Entwicklungsvorgang des menschlichen Organismus als ein Prozess zunehmender Integrationsleistung und Selbststeuerung beschrieben werden kann (...). Aufgrund der Tatsache, dass die aktive Selbststeuerung erst mit der Aktivierung des eigenen Genoms eines menschlichen Organismus beginnt, ist hier die These verteidigt worden, diesen Zeitpunkt als Existenzbeginn des menschlichen Organismus zu akzeptieren. Zuvor liegt ein Set von Entitäten nebst Randbedingungen vor, welches sich zwar als Ganzes bereits gegenüber dem Organismus der schwangeren Frau abgrenzt, dessen Integrationsleistung aber noch nicht von ihm selbst übernommen wird, so dass er nicht als ein Organismus zu zählen ist.[30]

Diese Position erscheint nicht kohärent. Solange man die Integration der Lebensvorgänge als graduell betrachtet, gibt es keine scharfe Grenze zwischen einer Zygote und einem Menschen, ebenso wenig wie zwischen einem lebenden Menschen und einer Leiche. Es ist nicht klar, in welchem Sinn die Aktivierung des Genoms sowie das Erlöschen aller Gehirnfunktionen ein sprunghaftes Ansteigen bzw. Nachlassen der Integration der Lebensvorgänge bedeutet, die derartige ontologische Implikationen haben könnte – als Grenze zwischen Sein und Nichtsein einer organismischen Einheit.

Um diese ontologische Last zu tragen, müsste nicht nur der Begriff der Integration präzisiert werden, sondern es müsste anhand einer adäquaten Explikation dieses Begriffs auch gezeigt werden, dass es objektseitig eindeutig voneinander abgegrenzte Stufen der organismischen Integration gibt. Wir werden den Begriff der Integration im folgenden Abschnitt ausführlicher behandeln. Hier gilt es zunächst festzuhalten, dass solche Kriterien für den Lebensanfang und das Lebensende, wie sie Quantes biologische Konzeption der menschlichen Persistenz beinhaltet, in dem Maße unbegründet sind, wie nicht klar ist, worin das Prinzip der Einheit eines Organismus besteht. Wir werden im letzten Teil dieses Kapitels zeigen, dass der aussichtsreichste Kandidat für ein solches Prinzip – der Begriff einer funktional differenzierten Zell-Linie – ein vager Begriff ist, der keine scharfen Grenzziehungen zulässt. Auf dieser Grundlage werden wir eine anti-essentialistische Konzeption menschlicher Persistenz vorschlagen.

1.4 Eine anti-essentialistische Konzeption menschlicher Persistenz

1.4.1 Zurückweisung des Essentialismus in Bezug auf biologische Entitäten

Unter „Essentialismus" wird in der Philosophie und Wissenschaftstheorie die Auffassung verstanden, dass die Entitäten, in Bezug auf die der Essentialismus behauptet wird, von sich selbst aus unter *natürliche Arten* fallen. Der relevante Begriff der natürlichen Art („natural kind" in der englischsprachigen Literatur) ist dabei mit zweierlei Vorstellungen verknüpft: Erstens, es gibt ein Set von intrinsischen Eigenschaften, die notwendig und hinreichend für die Zugehörigkeit zu dieser natürlichen Art sind. Zweitens, die Mitglieder einer natürlichen Art sind aufgrund dieser intrinsischen Eigenschaften gewissen *Naturgesetzen* unterworfen, die auch die Eigenschaften dieser Mitglieder bestimmen. Paradigmatische Fälle von natürlichen Arten in diesem Sinn sind chemische Elemente wie z.B. Gold oder Helium, aber auch molekulare Spezies wie CO_2 oder Stoffe wie Kochsalz. Die relevanten intrinsischen Eigenschaften bestehen bei den Elementen in der Atomzahl (d.h. der Zahl der Protonen und Neutronen im Atomkern), bei chemischen Verbindungen in einer bestimmten Molekularstruktur (wie CO_2). Diese intrinsischen Eigenschaften legen fest, unter welche Naturgesetze diese natürlichen Arten fallen. Dies sind z.B. Gesetze, die die chemische Reaktivität und die physikalischen Eigenschaften wie etwa den Schmelzpunkt bestimmen. Natürliche Arten in diesem Sinn sind immer scharf von anderen natürlichen Arten abgegrenzt. So gibt es etwa kein Atom, das einen Grenzfall zwischen einem Wasserstoff- und einem Heliumatom bildet.

Es wurde vorgeschlagen, dass ein solcher oder zumindest ähnlicher Begriff natürlicher Arten herbeigezogen werden kann oder sogar muss, um die Persistenzbedingungen bestimmter Arten von Dingen festzulegen, insbesondere auch die von Lebewesen. So schreibt z.B. Michael Quante:

Die Prämisse, die im Folgenden vorausgesetzt wird, besagt, dass in der Biologie spezifische Gesetze entdeckt werden, welche die Organisation, die Funktionen und die normalen Entwicklungen der biologisch normalen Mitglieder dieser Spezies beschreiben. Diese Gesetze sind, sofern sie die Prozesse von Entstehen, Wachstum, Altern und Vergehen betreffen, Kausalgesetze, die sich aus der Beobachterperspektive formulieren lassen. Es handelt sich um speziesspezifische Kausalgesetze, welche die Erfüllungsbedingungen für die Persistenz der Mitglieder dieser Spezies darstellen. Diese Gesetzmäßigkeiten, auf die mittels bestimmter, in der Biologie verwendeter Sortalbegriffe Bezug genommen wird, sind die nicht von Wertungen und Konventionen abhängigen nomologischen Zusammenhänge, die als Grundlage einer komplexen Theorie der Persistenz benötigt werden.[31]

Biologische Wesen, inklusive Menschen, fallen also nach Quante unter bestimmte Kausalgesetze und damit unter gewisse natürliche Arten. Diese können, müssen aber nicht biologische Gattungen sein. Diese natürlichen Arten stellen die objektiven Identitäts- bzw. Persistenzbedingungen (d.h. die Sortale) für ein biologisches Individuum bereit: Eine Entität bleibt dasselbe biologische Individuum, indem sie fortwährend die Eigenschaften, kraft derer es zu einer bestimmten natürlichen Klasse gehört, instanziiert. Sie hört auf zu existieren, sobald sie diese Eigenschaften verliert.

Mit dieser Auffassung verbinden sich eine Reihe von Problemen. Erstens ist es nicht klar, welche die relevanten *Kausalgesetze* sein sollen, denen ein biologisches Individuum notwendigerweise unterworfen ist. In Quantes Version soll es sich dabei um diejenigen

Gesetze handeln, welche Entwicklung, Wachstum und die Funktionen eines Organismus determinieren, zumindest „im Normalfall".
Doch zeigt schon die Qualifikation „im Normalfall" an, dass es sich
dabei nicht um solche Gesetze handeln kann, wie sie natürliche Arten im klassischen Sinn charakterisieren. Gold verhält sich aufgrund
seiner intrinsischen Eigenschaften *immer* auf eine bestimmte Weise,
sofern die entsprechenden Vorbedingungen hergestellt werden, nicht
bloß „im Normalfall". Natürliche Arten der Biologie können also
nicht dasselbe sein wie natürliche Arten im klassischen, essentialistischen Sinn.

Auf diesen Einwand lässt sich erwidern, dass die relevanten Kausalgesetze durch so genannte *Ceteris paribus*-Klauseln geschützt
werden müssen.[32] Darunter versteht man Schutzklauseln für Naturgesetze, die die Abwesenheit von Störfaktoren benennen, die den
fraglichen naturgesetzlichen Zusammenhang beeinträchtigen. Solche
Schutzklauseln sind möglicherweise auch für gewisse physikalische
Gesetze erforderlich.[33] Doch selbst wenn man dies berücksichtigt,
bleibt ein gewichtiger Unterschied zu biologischen Gesetzen bestehen: Wie besonders Darwin erkannt hat, ist die biologische Welt
durch einen starken *Gradualismus* gekennzeichnet.[34] Das bedeutet,
dass alle biologischen Entitäten, seien es komplette Organismen
oder einzelne Organe, Zellen, Gene, Entwicklungsprozesse usw.
einer graduellen Variation unterliegen. Biologische Arten sind stets
polytypisch; d.h. sie umfassen eine Vielzahl von Subtypen. Dadurch
erhält die Schutzklausel „im Normalfall" eine grundlegend andere
Bedeutung als bei physikalischen Gesetzen: Biologische Gesetze, besonders solche, die das Wachstum und die Entwicklung bestimmter
Formen bestimmen, gelten immer nur für bestimmte *Subtypen* einer
Spezies oder einer anderen taxonomischen Einheit. Welche davon
noch als „normal" oder „repräsentativ" gelten, hängt von einer Vielzahl von Faktoren ab, auch von pragmatischen.

Diese Charakteristika biologischer Entitäten führen dazu, dass es
normalerweise keinen Satz von intrinsischen Eigenschaften gibt, die
notwendig und hinreichend für die Zugehörigkeit zu einer bestimmen Klasse sind. Selbst wenn ein Individuum der Art *Homo sapiens*
oder *Felis catus* gewisse arttypische Merkmale nicht aufweist, oder
art-untypische Merkmale zeigt, so kann es sich dennoch um einen
Menschen bzw. um eine Hauskatze handeln. Es gibt keine Merkmale, die dafür notwendig und/oder hinreichend sind, ein Mensch oder
eine Hauskatze im Sinne des modernen taxonomischen Verständnisses zu sein. Einzig die Abstammung von Menschen bzw. Hauskatzen

ist für die Spezieszugehörigkeit ausschlaggebend. Die moderne Biologie ist also mit dem Essentialismus unvereinbar.

Hiergegen könnte man einwenden, dass zwar *taxonomische* Kategorien keine Essenzen im klassischen Sinn abbilden, dass es aber *andere* allgemeine Arten in der Biologie gibt, die dies tun. Doch die Diskussionen in der Philosophie der Biologie der letzten Jahre haben gezeigt, dass mit Ausnahme *molekularer* Spezies (wie z.B. „Lysin", eine Aminosäure) allgemeine Arten in der Biologie stets erstens polytypisch sowie zweitens an der Rändern unscharf sind.[35] Sie können daher die metaphysische Arbeit nicht leisten, die Quantes Ansatz ihnen aufbürdet (siehe auch 1.4.3).

Das zweite Problem mit einer solchen Theorie der organismischen Persistenz, wie Quante sie vorschlägt, besteht darin, dass nicht klar ist, wie bloße Kausalgesetze ein Prinzip der Einheit des Organismus bereitstellen können. Wie wir bereits gesehen haben, ist in Quantes Konzeption z.B. eine Zygote, die sich noch nicht geteilt hat, noch kein biologisches Individuum. Jedoch unterliegt sie zweifellos bereits gewissen kausalen Regularitäten. Gegeben die unzähligen kausalen Dispositionen, die ein solches komplexes System hat, stellt sich die Frage, warum manche von ihnen für den Status des Systems als biologisches Individuum ausschlaggebend sein sollen und andere nicht.

Es könnte natürlich sein, dass Quantes in 1.3.2 und 1.3.3 vorgestellte Überlegungen zur Integration der Lebensprozesse die begrifflichen Ressourcen bereitstellen, um ein Prinzip der Einheit auf Grundlage reiner Kausalgesetze formulieren zu können. Jedoch bleibt das Verhältnis der Spezifikation der relevanten Sortale zu diesen Überlegungen gänzlich unbestimmt. Selbst wenn also der Begriff der Integration der Lebensprozesse ein Individuationsprinzip für Lebewesen hergeben sollte, könnte der von Quante damit assoziierte Essentialismus falsch sein. Tatsächlich werden wir jetzt zeigen, dass eine philosophische Analyse des Begriffs der funktionalen Integration eine den Essentialismus in Bezug auf biologische Entitäten zersetzende Wirkung entfaltet.

1.4.2 Funktionale Integration und biologische Individuen

Wie wir in den Abschnitten 1.3.2 bis 1.3.4 gesehen haben, gibt es eine starke Intuition dahingehend, dass das Prinzip der Einheit eines Lebewesens in der *Integration* der unzähligen Lebensprozesse besteht, die in ihm stattfinden. Dies bedeutet, dass die zahllosen Kausalprozesse, die in einem Lebewesen ablaufen, nicht ein bloßes Nebeneinander bilden, wie etwa bei einem Lawinenniedergang. Vielmehr sind die Prozesse so aufeinander abgestimmt, dass der Organismus seine Organisation über eine gewisse Zeit hinweg aufrechterhalten kann, selbst wenn die externen Bedingungen nicht konstant bleiben. Dieses Vermögen scheint uns eine zentrale Bedeutungskomponente des Begriffs des Lebens selbst zu sein. Wir möchten dieses Vermögen als *funktionale Integration* bezeichnen und im Folgenden einer begrifflichen Analyse unterziehen.

In einem ersten Schritt möchten wir den Begriff der funktionalen Integration wie folgt bestimmen:

> Ein System *ist funktional integriert* genau dann, wenn die funktional relevanten Aktivitäten seiner Teile so reguliert werden, dass sie unter verschiedenen externen Bedingungen zur Selbstreproduktion (Autopoiesis) des Systems beitragen.

Diese Explikation enthält mindestens drei Begriffe, die ihrerseits erklärungsbedürftig sind: erstens den Begriff der *funktionalen Relevanz*, zweitens den Begriff der *Regulation*; und drittens den Begriff der *Selbstreproduktion* (Autopoiesis). Wir werden diese Begriffe der Reihe nach erläutern.

Funktionale Relevanz : Jeder Bestandteil eines Organismus verfügt über eine Reihe von kausalen Vermögen, von denen manche funktional relevant sind und andere nicht. Beispielsweise ist beim Herz das Pumpvermögen funktional relevant, während seine Vermögen, Klopfgeräusche zu erzeugen oder Reibungswärme abzugeben, dies nicht sind. Wir würden sogar sagen, das Pumpvermögen bilde *die* Herz-Funktion, während seine Geräusch- und Wärmeproduktion unvermeidliche Nebenerscheinungen seiner Funktion sind. Es existiert in der Philosophie der Biologie eine sehr umfangreiche Literatur zu der Frage, was diesen Unterschied im Status der verschiedenen Vermögen eines Organs begründet.[36] Eine solche Begründung muss Teil einer adäquaten Analyse des Begriffs der biologischen Funktion sein.

Eine Möglichkeit besteht darin, funktionale Relevanz an den evolutionstheoretischen Begriffen der *Adaptation* und/oder der *Adaptivität* festzumachen. In diesem Sinn wird ein Merkmal als Adaptation angesehen, wenn es in der Evolutions*geschichte* durch die natürliche Selektion begünstigt wurde und dieser Selektionsvorteil die Erklärung für die Anwesenheit des Merkmals in einem bestimmten Typ von Organismen ist. Solche Funktionen werden auch als *ätiologische Funktionen* bezeichnet. Als adaptiv wird ein Merkmal bezeichnet, wenn es seinem Trägerorganismus *gegenwärtig* einen Selektionsvorteil im Kampf ums Dasein verschafft. Manche Philosophen haben argumentiert, dass ein Vermögen funktional relevant ist, wenn es sowohl eine Adaptation als auch adaptiv ist.[37] Der übliche Einwand gegen diese Analyse biologischer Funktionen bedient sich der Intuition, dass ein Vermögen auch dann funktional relevant sein kann, wenn es auf andere Weise als durch natürliche Selektion entstanden ist, z.b. durch Zufallsmutation, bevor die natürliche Selektion wirken konnte. Es wird in diesem Zusammenhang auch mit der gedankenexperimentellen Idee von „Sumpfkreaturen" argumentiert, die spontan ohne natürliche Selektion entstanden sind. Weiter machen viele die Intuition geltend, dass ein Merkmal auch dann funktional sein kann, wenn der Trägerorganismus nicht an Evolutionsprozessen teilnimmt, beispielsweise weil er wie das Maultier gar keine Nachkommen produzieren kann. Beide Argumente können so zusammengefasst werden, dass auch ein „Sumpfmaultier" ein Herz haben kann, dessen biologische Funktion im Blutpumpen besteht, obwohl das Tier weder eine evolutionäre Vergangenheit noch eine evolutionäre Zukunft hat.

Der Gebrauch von Intuitionen bei der philosophischen Analyse, wie in den eben ausgeführten Argumenten gegen die selektionstheoretische Analyse biologischer Funktionen, ist zwar umstritten. Die selektionstheoretische Analyse verletzt jedoch nicht nur gewisse Intuitionen, sie scheint auch die wissenschaftliche Praxis nicht richtig einzufangen. Biologen, die einem Teil eines Organismus eine bestimmte Funktion zuschreiben, scheinen mit solchen Zuschreibungen keine evolutionären Hypothesen aufzustellen, sondern sie machen Aussagen über *gegenwärtige* Organismen.

Eine Analyse, die biologische Funktionen allein aufgrund der in einem gegenwärtigen Organismus vorgefundenen Beziehungen bestimmt, ist die erstmals von R. Cummins[38] vorgestellte Konzeption der Kausalrollen-Funktionen. Die Idee lässt sich am Besten anhand des beliebten Beispiels der Herz-Funktion erläutern: Das Vermögen des Herzes, Blut zu pumpen, ist Teil der Erklärung des Vermögens des Herz-Kreislauf-Systems, Sauerstoff, Nährstoffe, Immunzellen usw. zu transportieren. Diese kausale Rolle reicht nach Cummins aus, um dem Herz die biologische Funktion des Blutpumpens zuzuschreiben. Andere Vermögen, die das Herz besitzt, etwa seine Produktion von Reibungswärme, sind nicht Teil einer solchen Erklärung; deshalb sind sie keine dem Herz zukommenden Funktionen.

Die Konzeption der Kausalrollen-Funktionen wirft die Frage auf, warum es gerade das Transportvermögen des Herz-Kreislauf-Systems sein soll, für das die biologische Funktion des Herzes eine Erklärung liefern soll. Was legt fest, welches der vielen Vermögen des Herz-Kreislauf-Systems für die Funktionsanalyse relevant ist? Eine mögliche Antwort liegt darin, darauf hinzuweisen, dass das Vermögen des Herz-Kreislauf-Systems, an dem das Herz funktional beteiligt ist, *selbst* eine biologische Funktion darstellt: Das Transportvermögen ist die Funktion des Herz-Kreislauf-Systems. Diese Funktion ist außerdem funktional relevant für viele andere biologische Funktionen wie sämtliche Muskelbewegungen, die Immunabwehr, die Atmung, die Funktion unzähliger lebenswichtiger Moleküle, usw. Es scheint also, dass diese Analyse biologischer Funktionen in einen *Regress* läuft, den funktionalen Regress. Es gibt unserer Meinung nach keine ultimative Funktion, die diesen Regress beenden könnte. Dies ist aber nicht unbedingt ein Problem für diese Analyse des biologischen Funktionsbegriffs.[39] Man kann auch argumentieren, dass das ganze *System* biologischer Funktionen eines Organismus dadurch bestimmt ist, dass die Funktionsanalyse ja erklären soll, wie Organismen am Leben bleiben und sich selbst als Individuen reproduzieren. (Auf den Begriff der Selbstreproduktion kommen wir gleich noch zu sprechen.)

Regulation: Der Biochemiker Hans Krebs hat den Begriff der Regulation für die Biologie als „the adjustment of activities with reference to a purpose" definiert.[40] Krebs meint mit „purpose" offenbar biologische Funktion. Der Funktionsbegriff ist erforderlich, um Regulation von bloßer Kausalität zu unterscheiden. Ein Regulationsmechanismus ist nicht irgendein Mechanismus, der einen Prozess kausal beeinflusst und damit stabilisiert. Bei einer Maschine, z.B. der Wattschen Dampfmaschine ist der Regulator (oder „governor" wie es dort heißt) durch die Absicht des Konstrukteurs bestimmt. Bei einem biologischen Organismus, wo es keinen Konstrukteur gibt, ist ein Regulationsmechanismus ein Mechanismus, der eine bestimmte biologische Funktion hat, z.B. die Funktion, die Rate eines metabolischen Prozesses so zu beeinflussen, dass gewisse Moleküle in der Zelle in einem gewissen Konzentrationsbereich liegen. Um den ursprünglich intentionalen Regulationsbegriff auf natürliche Systeme anzuwenden, bedarf es also des Begriffs der biologischen Funktion.

Selbstreproduktion: Viele halten dieses Vermögen für ein definitorisches Merkmal des Lebendigen, und dies zu Recht. Wie bereits erwähnt, erkannte schon John Locke, dass die Einheit eines Lebewesens nicht darin gründet, dass es aus bestimmten Teilen besteht (1.1.3). Diese werden durch die Lebensvorgänge ja ständig ausgetauscht. Die Einheit eines Lebewesens besteht vielmehr darin, dass ein beständiger Lebensprozess statthat. Die Frage ist allerdings, *was es ist*, das durch den Prozess der Selbstreproduktion dauernd erneuert wird.[41] Anders gefragt: Was ist der Referent von „Selbst" im Begriff der Selbstreproduktion? Die Antwort: „der Organismus" verbietet sich natürlich, denn um diese Antwort geben zu dürfen, müssten wir bereits im Besitz genau der Individuationskriterien sein, die wir suchen.[42] Wir müssen also angeben können, welches das *Substrat der Selbstreproduktion* ist, sonst droht die Analyse in einen bösartigen Zirkel zu geraten.

Wir sehen zwei Möglichkeiten, dieses Problem anzugehen. Der erste Weg besteht darin, als Substrat der Selbstreproduktion einen Körper anzugeben, der denselben Identitätskriterien gehorcht wie „gewöhnliche" materielle Dinge. Dieser Weg erscheint uns unattraktiv, denn die Identitätskriterien solcher Dinge sind alles andere als wohl verstanden, wie unter anderem das bekannte Paradoxon vom Schiff des Theseus zeigt.[43] Dies gilt insbesondere für Artefakte.

Die andere Möglichkeit besteht darin, als Substrat der Selbstreproduktion die *Zell-Linie* anzugeben, also die Summe aller Zellen, die aus einer Zygote hervorgegangen sind. Ein (mehrzelliges) biologisches Individuum wäre nach diesem Vorschlag also in erster Näherung ein *klonaler Zellverband*, wobei unten noch deutlicher werden wird, warum dies nur in erster Näherung gilt. Dieser Vorschlag hat folgende Konsequenzen. Erstens: Eine extrakorporale Zell-Linie, die aus den Zellen eines biologischen Individuums gewonnen wird, ist nicht Teil dieses Individuums, denn es bildet mit diesen keinen Verband. Zweitens: Ein transplantiertes Spenderorgan wie z.B. ein Herz oder eine Leber können dennoch als Teil des biologischen Individuums betrachtet werden, obwohl deren Zellen nicht derselben klonalen Zell-Linie angehören. Es ist dazu lediglich erforderlich, dass die transplantierten Organe mit den anderen Zellen des Verbands funktional integriert sind. Denn unser Vorschlag besteht nicht darin, den monoklonalen Ursprung aller Zellen eines mehrzelligen Organismus zu einem notwendigen Kriterium für die individuelle Einheit zu machen. Der Vorschlag ist vielmehr der, die Zell-Linie als das *Substrat der Selbstreproduktion* zu bestimmen,

in Bezug auf das bestimmte kausale Dispositionen zu biologischen
Funktionen werden, nämlich genau dann, wenn sie zusammen
mit den anderen Funktionen zur Propagation der ursprünglichen
Zell-Linie beitragen. Weil sich aber eine Zell-Linie auf verschiede-
ne Weisen propagieren kann (u.a. auch durch die Produktion von
Gameten) bezeichnen wir als biologisches Individuum speziell eine
solche Zell-Linie, die sich mit Hilfe von klonalen Nachkommen,
die verschiedene kausale Rollen ausüben und miteinander physisch
verbunden bleiben, propagiert. Daran ändert sich nichts, wenn die
Zellen noch fremde Zellen rekrutieren, die der Propagation der
Zell-Linie dienlich sind, z.B. eine Spender-Leber. Es ist nach dieser
Konzeption auch möglich, dass künstliche Organe in den Prozess
der Selbstreproduktion integriert werden, und zwar unabhängig
davon, ob diese intrakorporal wie etwa ein künstliches Hüftgelenk
oder extrakorporal wie etwa ein Dialysegerät arbeiten.

Es ist uns bewusst, dass dieser Vorschlag gewisse Schwierigkeiten aufweist. Die größte Schwierigkeit liegt wohl darin, dass er
uns verpflichtet, Individuationskriterien für Zellen und Zell-Linien
anzugeben. Unser Ansatz droht damit, das Problem einfach eine
Organisationsstufe nach unten zu verlegen. Trotzdem scheint uns,
dass das Persistenzproblem dadurch handhabbarer wird. Erstens
sind Zellen räumlich relativ klar abgegrenzte Gebilde. Jede Zelle
ist durch eine extrem dünne und topologisch geschlossene Struktur
begrenzt – die Zellmembran. Die Membran grenzt das Innere der
Zelle scharf von ihrer Umgebung ab. Was zweitens die zeitliche Begrenzung betrifft, so lässt sich eine individuelle Zelle immer als die
Phase zwischen zwei Zellteilungen betrachten, die ebenfalls raumzeitlich eindeutig individuierbar sind. Ontologische Probleme kann
allenfalls in gewissen Fällen die Frage bereiten, ob es eine Mutter-
zelle gibt, die eine Zellteilung überdauert und eine Tochterzelle ab-
spaltet (wie Biologen etwa die Zellteilung bei Hefen und ähnlichen
Organismen beschreiben) oder ob durch die Zellteilung zwei neue
Individuen geschaffen werden. Eine Metaphysik der Zelle müsste
natürlich im Detail ausgearbeitet werden, wofür hier nicht der geeignete Ort ist. Dieses Projekt bietet jedoch kaum mehr metaphysische Schwierigkeiten als die einer allgemeinen Ontologie.

Unser Vorschlag ist gut mit der in 1.4.1 begründeten Ablehnung
des Essentialismus in Bezug auf biologische Entitäten verträglich.
Wir haben dort die These vertreten, dass es keinen Satz notwendi-
ger und hinreichender anatomischer Kriterien gibt, die ein biologisches Individuum zum Mitglied einer bestimmten biologischen Art

machen. Ausschlaggebend für die Artzugehörigkeit ist allein die Abstammung. Dadurch wird das Problem aufgeworfen, dass wir irgendein anderes Prinzip der Einheit für biologische Individuen benötigen als den Artbegriff. Der Begriff einer sich selbst reproduzierenden Zell-Linie, die einen funktional integrierten Zellverband bildet, ist keinen essentialischen Voraussetzungen verpflichtet. Der Begriff trägt zudem einem fundamentalen Faktum über das Leben Rechnung: dem zellulären Aufbau.[44]

Im folgenden Abschnitt wollen wir die Konsequenzen einer solchen Theorie der biologischen Individualität für das Problem der menschlichen Persistenz erörtern.

1.4.3 Die Gradualität der Integration und die resultierende zeitliche Unschärfe biologischer Individuen

Zell-Linien sind selbst keine eindeutig abgegrenzten Strukturen. Auch das Kriterium der physikalischen Verbundenheit zu einem monoklonalen Zellverband reicht nicht aus, um Individuen klar zu definieren. Man könnte sich z.B. vorstellen, dass einem Menschen Zellen entnommen, im Reagenzglas weitergezüchtet und später irgendwo aufgepfropft würden, ohne dass sie einen weiteren Beitrag zur Propagation des Klons beitragen (sonst könnte man sie wohl als zum Organismus dazugehörig betrachten). Außerdem zählt auch nicht jeder klonale Zellverband, der aus einer isolierten Zelle hervorgegangen ist, als biologisches Individuum; selbst wenn er in der Lage ist, sich mit Hilfe eines Zusammenspiels verschiedener kausaler Rollen innerhalb des Verbands eine gewisse Zeit zu propagieren. Es muss sich bei jener isolierten Zelle schon um eine Zygote handeln, die prinzipiell imstande ist, eine bestimmte *anatomische Form* auszubilden (wobei die Zygote nicht unbedingt durch Verschmelzung einer Eizelle und eines Spermiums entstanden sein muss; auch künstlich geklonte Menschen wären Menschen). Doch hier zeigt sich der anti-essentialistische Charakter unser Konzeption: Welche Reihe von Formen wir als menschliches Wesen betrachten, liegt offensichtlich in unserem Ermessen. Es gibt keine von Natur aus bestehende Grenze zwischen klonalen Zellverbänden, die ein menschliches Individuum darstellen und solchen, die man als Haufen von menschlichen Zellen, aber nicht als menschliches Individuum betrachten würde.

Man könnte versuchen zu argumentieren, dass ein aus einer Zygote hervorgegangener klonaler Verband menschlicher Zellen genau dann ein menschliches Individuum bildet, wenn die Zellen verschiedene Rollen ausüben und diese Rollen so zusammenspielen, dass sie unter verschiedenen äußeren Bedingungen zur Propagation der Zelllinie über die Zeit hinweg beitragen können. Das wäre nichts anderes als ein in kausalen Begriffen formuliertes Kriterium der funktionalen Integration, das viele für die Individuation von Lebewesen als zentral ansehen.

Doch es fragt sich, ob funktionale Integration eine Eigenschaft darstellt, die etwas entweder hat oder nicht hat (wie etwa die Eigenschaft, schwanger zu sein), oder ob es sich um eine *gradierbare* Eigenschaft handelt, d.h. eine Eigenschaft von der man etwas mehr oder weniger haben kann (wie z.B. Reichtum).

Zunächst ist dazu anzumerken, dass die Eigenschaft, ein *integriertes Ganzes* zu bilden, grundsätzlich gradierbar ist. So schreibt z.B. Aristoteles, dass etwas, das von Natur aus Eins ist, im höheren Grade Eins ist als etwas, das künstlich zusammengefügt wurde.[45] Weiter stellt Aristoteles fest, dass eine gerade Linie stärker Eins ist als eine gekrümmte. Auch sind nach Aristoteles Schienbein oder Hüfte stärker Eins als das gesamte Bein, weil sich ein Bein auf mehr Arten bewegen kann.[46] Peter Simons interpretiert dies so, dass nicht das Eins-sein eines Dings gradierbar ist, sondern seine Integrität, seine Ganzheit.[47] Ganzheit kommt in Graden. Man kann z.B. einen stark zentralisierten Staat wie Frankreich als in einem stärkeren Maße integriert ansehen als einen föderalistischen wie die Schweiz oder Deutschland. In der Welt der Biologie kann man ein Tier wie ein Säugetier, dessen Teile durch eine starke Koordination der funktional relevanten Aktivitäten gekennzeichnet sind, in einem höheren Maße als integriert ansehen als gewisse „koloniale" Organismen wie Korallen. Ein Ameisenstaat oder Bienenvolk ist in einem höheren Maße eine Einheit als ein Schimpansen-Clan oder ein Wolfsrudel. Die Entscheidung, welche dieser Mengen als einzelne Individuen angesehen werden sollten und welche als Kollektive, ist laut Simons eine *pragmatische* oder *konventionale*.[48]

Damit kommen wir zu unserem eigentlichen Thema zurück: Ein 3 Monate alter menschlicher Embryo kann in einem stärkeren Maße als funktional integriert angesehen werden als ein Embryo, der nur aus einer, zwei oder vier Zellen besteht. Beim letzteren hat z.B. jede der Zellen noch das Potenzial, selbst eine organismische Einheit zu werden, während diese Möglichkeit beim 3-monatigen

Embryo nicht mehr besteht. Am anderen Ende des Lebens liegt es nahe, einen Menschen, der bei Bewusstsein ist und seine Handlungen selbst kontrolliert, als in einem viel stärkeren Maße funktional integriert anzusehen als einen Mensch in einem dauerhaft vegetativen Zustand, der zwar noch selbstständig atmet, aber ansonsten darauf angewiesen ist, dass ihm Nahrung und Wasser zugeführt werden. Und der vegetative Mensch wiederum ist in einem höheren Grad funktional integriert als ein Hirntoter, bei dem nicht nur die Großhirnrinde, sondern auch das Stammhirn ausgefallen sind, und der nur noch mittels mechanischer Unterstützung atmen kann (dessen Herz aber noch selbstständig schlägt).

Es ist nun unschwer zu erkennen, wo diese Überlegungen hinführen: Die Grenze zwischen Leben und Tod, anders gesagt: die zeitlichen Begrenzungen eines biologischen Individuums sind *nicht scharf*. Die frühen Stadien der Embryonalentwicklung sind durch eine Zunahme der Integrationsleistungen gekennzeichnet. Dies ist ein Punkt, den auch Quante zugibt, ohne aber daraus die richtigen Konsequenzen zu ziehen. Weiter durchläuft ein sterbender Mensch eine Reihe von Stadien, die nicht nur durch den Ausfall einer zunehmenden Zahl von Organsystemen, sondern auch durch eine Abnahme der funktionalen Integration gekennzeichnet sind. Warum soll die Grenze zwischen Leben und Tod ausgerechnet beim Ausfall des Gehirns gezogen werden? Viele Teilsysteme eines gemäß dem Hirntod-Kriterium Verstorbenen funktionieren weiter (sofern er beatmet wird). Manche Zellen teilen sich weiter, gewisse metabolische Prozesse werden weiter reguliert, die Zusammensetzung des Blutes wird weiter stabil gehalten usw.

Aus dieser Gradualität der funktionalen Integration folgt, dass scharfe zeitliche Abgrenzungen eines mehrzelligen biologischen Individuums nicht durch biologische Fakten und begrifflich-ontologische Erwägungen gerechtfertigt sind. Essentialistische Konzeptionen wie die von Quante verfehlen ihr Ziel, einen Satz von hinreichenden und notwendigen Bedingungen für die Eigenschaft anzugeben, ein lebendes biologisches Individuum zu sein. Die in der medizinischen Praxis vorherrschenden Kriterien z.B. für den Tod eines Menschen greifen ein Stadium heraus, das *zwischen* dem Anfang des Verlusts funktionaler Integration – dem Verlust des Bewusstseins und des Handlungsvermögens – und dessen definitivem Ende – dem Erlöschen aller Lebensfunktionen – liegt. Dasselbe gilt für solche Konzeptionen des Lebensanfangs, die diesen irgendwo zwischen dem Zygotenstadium und dem etwa 14-wöchigen Em-

bryo ansiedeln. In beiden Fällen gibt es keinen hinreichenden biologischen oder ontologischen Grund, warum gerade *dieser* Grad
an funktionaler Integration eine natürliche Grenze vom Nichtsein
zum Sein oder vom Sein zum Nichtsein eines biologischen Individuums markieren soll. Es muss also andere Gründe geben, die
hinter diesen Grenzziehungen stehen. Wir meinen, dass dies pragmatische Gründe sind.

1.5 Schlussbetrachtungen: Die Interessenabhängigkeit der Kategorien Leben und Tod

Das Ziel organismuszentrierter Analysen menschlicher Persistenz besteht darin, Fragen nach den Identitätsbedingungen sowie
nach dem Anfang und dem Ende von menschlichen Lebewesen
(im biologischen Sinn) beantworten zu können, ohne dabei auf
Normen oder Werte zu rekurrieren. Allein naturwissenschaftliche Fakten sowie ontologische Erwägungen sollen hierfür ausreichend sein. Wir haben in den vorangehenden Abschnitten gezeigt,
dass eine solche Auffassung nur unter Voraussetzung eines pro-
blematischen Essentialismus in Bezug auf biologische Entitäten
verteidigt werden kann. Der Essentialist will die relevanten Sortale, die die Persistenzbedingungen für menschliche Wesen enthalten, in Kausalgesetzen auffinden, die das Wachstum und die
Entwicklung von Organismen normalerweise bestimmen. Wir
haben zwei Einwände gegen diese Theorie vorgetragen: Erstens
unterliegen auch Entitäten, die (noch) keine biologischen Individuen sind, Kausalgesetzen. Der essentialistische Ansatz bleibt
uns eine Antwort auf die Frage schuldig, *welche* Kausalgesetze
für die natürliche Art (oder Essenz), auf die die relevanten Sortale
verweisen, ausschlaggebend sein sollen, und warum gerade diese.
Zweitens ist die essentialistische Annahme problematisch, dass es
eine eindeutige und natürliche Weise gibt, die Normalitätsklausel
auszufüllen, also diejenige Klausel, die besagt, dass die Identitätsbedingungen in den Kausalgesetzen liegen, die die Vertreter einer
Art „normalerweise” oder „typischerweise” instantiieren. Anti-
Essentialisten halten dieser Annahme entgegen, dass das Maß der
tolerablen Abweichungen, die eine Entität zeigen kann, ohne den
ontologischen Status als Instanz der Art zu verlieren, willkürlich
ist und vielleicht sogar eben jene Normen und Werte, die der so

genannte biologische Ansatz vermeiden wollte, durch die Hintertür wieder hereinlässt.

Weiter haben wir dem biologischen Ansatz vorgeworfen, dass die Beziehung zwischen dem tatsächlich verwendeten Kriterium zur Bestimmung der Identitätsbedingungen – der Integration der Lebensprozesse – und den postulierten Kausalgesetzen dunkel bleibt. Das Kriterium der „Selbststeuerung" des Organismus, die am Anfang das Genom und später das Gehirn ausüben soll, ist unklar, denn „steuern" ist ein Ausdruck, der im Zusammenhang mit der Biologie höchstens metaphorisch gebraucht werden kann. Für ontologische Zwecke ist er unbrauchbar.

Aufgrund dieser kritischen Überlegungen haben wir eine antiessentialistische Konzeption menschlicher Persistenz vorgeschlagen. Diese Konzeption geht davon aus, dass biologische Individuen in erster Näherung klonale Zellverbände sind, deren Teile (Zellen) verschiedene kausale Rollen ausüben, die zur Propagation des Verbands beitragen. Wir haben eine Analyse des Begriffs der funktionalen Integration vorgeschlagen, nach der diese in der Regulation der funktional relevanten Aktivitäten der Teile des Organismus besteht. Die Begriffe der Regulation und der funktionalen Relevanz haben wir dabei in Begriffen einer Theorie biologischer Funktionen analysiert, nach der Funktionen Dispositionen sind, die gemeinsam die Selbstreproduktion des Organismus – und das heißt die Propagation der Zell-Linie im Zellverband – erklären. Die Eigenschaft der funktionalen Integration wurde schließlich als gradierbare Eigenschaft erkannt. Dies bedeutet, dass die zeitlichen Ränder mehrzelliger biologischer Individuen notwendigerweise unscharf sind. Die meisten Kriterien für Lebensanfang und Lebensende, die im Umlauf sind (darunter auch das Hirntod-Kriterium) greifen einen eher willkürlichen Punkt aus dem graduellen Entstehungsprozess bzw. Verlust der funktionalen Integration eines im Entstehen begriffenen oder sterbenden Individuums heraus, der zwischen dem maximalen Grad funktionaler Integration (z.B. bei einem bewussten, handlungsfähigen Menschen) und deren totaler Abwesenheit liegt. Wie lange genau ein Lebewesen als dasselbe persistiert, ist jedoch objektiv unbestimmt.

Aus diesen Überlegungen ergibt sich nun zwangsläufig, dass die *Signifikanz* gewisser Ereignisse – wie z.B. des Hirntods – eben doch andere als rein biologisch-ontologische Quellen hat. Wir erkennen dem Hirntod beim Ableben eines Menschen offenbar doch deshalb eine besondere Bedeutung zu, weil das Gehirn für diejenigen

menschlichen Eigenschaften verantwortlich ist, die für den Personenstatus ausschlaggebend sind, darunter Bewusstsein und Hand-
lungsfähigkeit. Der Verlust dieser Eigenschaften ist das für uns und
den betroffenen Menschen *relevante* Ereignis im graduellen Verlust
der funktionalen Integration des Organismus. Das Hirntod-Kriterium kann nicht anhand biologischer Tatsachen und ontologischer
Begriffsbestimmungen allein begründet werden. Wenn der Anti-
Essentialismus korrekt ist, ist eine solche Begründung prinzipiell
unmöglich. Eine Begründung des Hirntod-Kriteriums erfordert
deshalb unter anderem ethisch-normative Erwägungen. Dasselbe
gilt natürlich *mutatis mutandis* auch für die Bestimmung des Lebensanfangs. Die Geburt und der Tod eines menschlichen Organismus sind daher in einem gewissen Sinn *normative* oder *evaluative*
Begriffe.

Unsere Schlussfolgerungen harmonieren gut mit allgemeineren
Überlegungen zur Klassifikation biologischer Entitäten. Im Gegensatz zu physikalisch-chemischen Entitäten (z.B. Atomen oder
Molekülen) ist die biologische Welt nicht in scharf abgegrenzte
natürliche Arten aufgeteilt, die jeweils spezifischen und ausnahms-
losen Kausalgesetzen gehorchen. Die biologische Domäne ist
vielmehr durch ihre enorme Variabilität sowie vielfältige graduelle Übergänge gekennzeichnet. Dies ist eine der fundamentalsten
Erkenntnisse Darwins. Es gibt in der Regel viele Möglichkeiten,
wie die biologische Diversität klassifikatorisch eingefangen werden
kann. Allgemeine biologische Begriffe fassen nicht einfach Dinge
zusammen, die von der Natur aus zusammengehören (wie z.B. alle
Atome mit der Atomzahl 79, die das chemische Element Gold bilden). Biologische Allgemeinbegriffe greifen vielmehr Dinge heraus,
die irgendwelche *signifikanten Eigenschaften* teilen. Beispielsweise greift der Begriff des Gens aus der sehr hohen Zahl möglicher
DNA-Sequenzen diejenigen Sequenzen heraus, die in bestimmten
zellulären Kontexten eine gewisse kausale Rolle spielen, nämlich,
dass sie die lineare Sequenz eines Biomoleküls determinieren (z.B.
ein Protein oder eine RNA). Bei diesem Beispiel liegt der Klassifikation ein Merkmal zu Grunde, das aus *theoretischen* Gründen
signifikant ist.

Neben solchen theoretischen Gründen können im Prinzip jedoch auch *praktische Interessen* gewissen Eigenschaften Signifikanz
verleihen und dadurch gewisse Klassen von Dingen herausgreifen.
Dies ist normalerweise bei unseren alltäglichen Klassifikationen
biologischer Entitäten der Fall, z.B. bei Gruppierungen von Lebe-

wesen wie „Geflügel" oder „Gemüse". Manche Philosophen argumentieren, dass solche interessenabhängigen Klassifikationen nicht nur im Alltag sondern auch in den Wissenschaften auftreten, unter anderem in der Biologie und Medizin.[49] Unsere in diesem Kapitel vorgetragenen Überlegungen legen den Schluss nahe, dass es sich selbst bei so fundamentalen Kategorien wie dem Leben und dem Tod eines Menschen um *interessenabhängige Klassifikationen* handelt. Menschliche Wesen mit einem funktionierenden Gehirn stellen eine für uns hochgradig signifikante Klasse dar; deshalb ist die medizinische Praxis übereingekommen, den Tod eines Menschen mit dem Totalausfall des Gehirns gleichzusetzen. Unsere moralischen Bewertungen von Personen bestimmen die Signifikanz der Kategorie „Menschen mit funktionierendem Gehirn". Weiter spielen dabei aber auch andere normative und evaluative Erwägungen eine Rolle, wie das Bedürfnis nach Spenderorganen für die Transplantationsmedizin.

Patienten in einem dauerhaft vegetativen Zustand werden möglicherweise deshalb nicht als tot betrachtet, weil sie keiner aufwändigen maschinellen Unterstützung bedürfen, sondern lediglich der Zufuhr von Nahrung und Wasser. Dies sind *praktische* Gründe, keine biologisch-ontologischen. Es widerstrebt uns vielleicht stärker, eine biologische Entität verhungern oder verdursten zu lassen, als die Maschinen abzuschalten, die die letzten Lebensprozesse aufrechterhalten. Deshalb sind wir übereingekommen, einen vegetativen Patienten als lebendig (wenn auch nicht als Person) anzusehen und einen Hirntoten nicht. Der Tod eines Menschen ist eine *normative* Kategorie, keine rein biologisch-ontologische. Moralische und andere praktischen Erwägungen dürfen also nicht nur, sie *müssen* herbeigezogen werden, um Todeskriterien festzulegen.

Ähnliche Überlegungen lassen sich mit Blick auf den Lebensanfang anstellen, wobei diese Diskussion noch nicht so weit fortgeschritten ist. Durch den aufgrund der *in vitro*-Fertilisation verbesserten Zugriff auf menschliche Embryonen sowie durch das neu entstandene Bedürfnis der biomedizinischen Forschung nach embryonalen Stammzellen haben sich hier Handlungsfelder ergeben, die auch nach neuen Begriffsbestimmungen und neuen Kriterien verlangen dürften, wie dies beim Todesbegriff bereits geschehen ist. Wir können und wollen dieser Diskussion hier nicht vorgreifen. Doch auch hier gilt aufgrund unserer Betrachtungen in diesem Kapitel, dass es wahrscheinlich ein prinzipiell zum Scheitern verurteiltes und daher unsinniges Unterfangen wäre, Kriterien für den Lebensbeginn allein aufgrund biologischer und ontologischer Erwägungen festlegen zu wollen. Der Begriff „Leben" bezeichnet keine natürliche Art; er ist von praktischen, evaluativen Bedeutungskomponenten durchdrungen.

2. Metaphysik des Alterns

2.1 Problemstellung

2.1.1 Die Erklärungsbedürftigkeit des Alterns und der intrinsischen Mortalität

Es ist eine scheinbar unumstößliche Tatsache, dass wir altern und sterben. Verlangt diese Tatsache überhaupt nach einer besonderen Erklärung? Die meisten sehen es ja auch nicht als ein großes Rätsel an, wenn ein Auto, das einige Hunderttausend Kilometer gefahren wurde, allmählich beginnt, Verschleißerscheinungen zu zeigen, seine Anfälligkeit für Reparaturen allmählich zunimmt und immer mehr Teile ersetzt werden müssen, bis es eines Tages seinen Geist ganz aufgibt. Lässt sich das Altern und Sterben eines menschlichen Körpers nicht auf eine ähnliche Weise verstehen? Worin liegt das Rätselhafte, Erklärungsbedürftige beim Altern; ist es nicht einfach die normalste Sache der Welt? Die meisten Biologen sind heute nicht dieser Meinung. Sie glauben, dass die Verschleißanalogie nicht nur hinkt, sondern ganz und gar unangemessen ist. Es mag zwar auch bei einem Lebewesen an gewissen Körperteilen so etwas Ähnliches wie Verschleißerscheinungen geben, doch können diese die teilweise recht dramatischen Veränderungen, die ein alternder Organismus durchläuft, niemals erklären.

Der Grund dafür liegt darin, dass jedes Lebewesen prinzipiell in der Lage ist, alle seine Teile andauernd zu regenerieren und zu erneuern. Die Moleküle, aus denen ein Lebewesen besteht, werden fortlaufend durch Stoffwechsel ausgetauscht – dies ist bei einem Auto nicht der Fall. Wenn Zellen sterben, können sie durch andere ersetzt werden. Jede Zelle hat ein inneres Vermögen, sich bis in alle Ewigkeit immer wieder zu teilen (es gibt zwar bei manchen Zellen gewisse Kontrollmechanismen, die das Wachstum begrenzen, doch diese werden manchmal ausgeschaltet, z.B. bei Krebs). Daher müsste es theoretisch möglich sein, einen lebenden Körper zeitlich unbegrenzt am Leben zu erhalten. Es gibt sogar einige wenige Tierarten, die dazu imstande zu sein scheinen, etwa die kleine

Süßwasser-Hydra (ein Hohltier, das entfernt mit den Quallen verwandt ist). Es finden sich auch Hinweise darauf, dass Schwämme, die in kühlen Meeren leben, Tausende von Jahren überleben können, vielleicht sogar unbegrenzt. Doch bei den allermeisten Arten gibt es Alterserscheinungen und einen natürlichen Tod. Sogar bei manchen Mikroorganismen konnte etwas Ähnliches beobachtet werden. Warum sind Altern und Sterben in der Natur die Regel und nicht die Ausnahme?

Man kann sich fragen, ob es nicht so etwas wie *naturgesetzliche Grenzen* des Lebens gibt. Lassen es die Gesetze der Thermodynamik überhaupt zu, die komplexe Organisation eines Lebewesens zeitlich unbegrenzt aufrechtzuerhalten? Muss das Prinzip der Entropie nicht unweigerlich dazu führen, dass das System irgendwann außer Kontrolle gerät?

Solche Überlegungen sind verfehlt. Das Gesetz der Entropie besagt lediglich, dass eine Abnahme der Entropie oder Unordnung in einem System durch eine entsprechende Zunahme in der Umgebung erkauft werden muss. Lebewesen leisten dies dauernd, und es gibt keinen physikalischen Grund, warum sie das nicht zeitlich unbegrenzt tun können, solange die entsprechenden Umweltbedingungen gegeben sind. Die Physik allein kann deshalb die altersbedingte Sterblichkeit der meisten Lebewesen nicht erklären.

Wie kann es sein, dass biochemische Prozesse aus einem winzigen Tröpfchen Fett und Eiweiß etwas so Komplexes wie einen Menschen hervorzaubern und diesen (im Prinzip) mehr als hundert Jahre lang am Leben erhalten können (unter beständigem Austausch der Teile), dass diese Prozesse aber zugleich aus naturgesetzlichen Gründen nicht in der Lage sein sollen, dies über einen Zeitraum von zweihundert, tausend oder einer beliebigen Anzahl von Jahren zu tun? Das ergibt keinen Sinn. Es gibt auch keinen Grund zu der Annahme, dass es so etwas wie eine Grundmenge von „Lebensenergie" gibt, die nach einer bestimmten Zeit aufgebraucht ist, womöglich noch in Abhängigkeit von einer „Lebensgeschwindigkeit". Solche Erklärungsversuche waren früher weit verbreitet, genügen aber nicht mehr heutigen wissenschaftlichen Maßstäben.

Dies sind die Gründe, warum Biologen heute der Meinung sind, dass das Altern und altersbedingte Sterben von Lebewesen einer substanziellen wissenschaftlichen Erklärung bedarf, die nicht in den Gesetzen der Physik zu suchen ist, sondern auf *biologische* Ursachen rekurriert. Der Erforschung dieser Ursachen widmet sich heute eine wissenschaftliche Disziplin, die manchmal „Biologie des

Alterns" oder manchmal auch „Biogerontologie" genannt wird.[1] Diese Disziplin – eigentlich sind es viele Disziplinen, nicht bloß eine – ist methodisch und theoretisch sehr heterogen; sie macht von Techniken und Erklärungsmodellen Gebrauch, die der Biochemie, der Molekular- und Zellbiologie, der Genetik, der Evolutionstheorie und auch der neuen Disziplin der Systembiologie entstammen.

Manche Biowissenschaftler glauben, dass die Biogerontologie schon bald in der Lage sein wird, der Medizin neue Behandlungsmethoden zu liefern, mit denen das menschliche Leben erheblich verlängert werden könnte.[2] Die Idee dahinter ist eine Ähnliche wie bei der schon seit geraumer Zeit betriebenen Krebsforschung: Genau so, wie diese mit Hilfe eines vertieften Verständnisses der Ursachen von Krebs nach neuen Mitteln sucht, mit denen Krebs bekämpft werden kann, versucht jene, durch Aufklärung der Ursachen des Alterns Behandlungsmethoden gegen das Altern zu finden.

Doch ist dies tatsächlich möglich? Ist Altern nicht letzten Endes unvermeidlich? Kann man bei diesem Phänomen überhaupt einzelne Ursachen identifizieren, und falls ja, bestünde wirklich die Möglichkeit, dagegen medizinisch und/oder pharmakologisch vorzugehen, vielleicht in ähnlichem Stil, wie wir uns vor gewissen Krankheiten schützen? Natürlich sind dies Fragen, die letztlich die Biogerontologie wird beantworten müssen. Doch bis sie dies tun wird, kann noch geraume Zeit vergehen, und es gibt einige Fragen metaphysischer Natur, die wir jetzt schon beantworten können, indem wir das heute verfügbare biogerontologische Wissen einer philosophisch-wissenschaftstheoretischen Analyse unterziehen. Eine solche Analyse zu leisten ist das Ziel dieses Kapitels.

2.1.2 Erkenntnisziele einer Metaphysik des Alterns

Zunächst stellt sich die Frage, inwiefern der Prozess des Alterns selbst Gegenstand einer philosophischen Untersuchung sein kann und soll. Er ist schließlich ein Naturphänomen, für dessen Erklärung die biomedizinischen Wissenschaften zuständig sind, besonders die im letzten Abschnitt erwähnte Disziplin der Biogerontologie. Sollte sich daher die Philosophie nicht darauf beschränken, uns allenfalls mit dem Altern zu versöhnen oder zu ethischen Fragen und Sinnfragen Stellung zu nehmen, die sich aus der modernen Altersforschung ergeben? Ist es nicht verfehlt anzunehmen, es könne darüber hinaus so etwas wie eine metaphysische Analyse des Alterns geben? Wir müssten diese letzten beiden Fragen bejahen, wenn man unter Metaphysik eine spekulative Disziplin versteht, die in Absehung von allem empirischen Wissen versucht, etwas Gehaltvolles über die Wirklichkeit der Natur zu sagen. Doch ein solcher Metaphysikbegriff ist inadäquat. Die Metaphysik, besonders wenn sie sich mit der Natur (im Gegensatz zum Geist) beschäftigt, muss mit empirischem Wissen nicht nur konsistent sein, sondern dieses aufnehmen und zu einem integralen Bestandteil einer Philosophie der Natur machen.[3]

Wozu braucht es jedoch eine so verstandene Metaphysik? Nun, wie alle Naturwissenschaften bedient sich auch die Biologie gewisser sehr allgemeiner Begriffe. Zuvorderst sind dies die Begriffe von *Ursache* und *Wirkung*. Dazu kommen noch weitere Begriffe wie *Funktion*, *genetisches Programm* und *Regulation*. Außerdem benutzen Biogerontologen auch Begriffe wie *Möglichkeit* und *Notwendigkeit*, etwa wenn sie sagen, Altern sei „biologisch nicht notwendig", oder eine signifikante Verlängerung des menschlichen Lebens sei „möglich". Was genau bedeuten diese Begriffe? Und welches sind die Quellen der behaupteten Möglichkeiten? Dies sind metaphysische Fragen. Doch es sind keine Fragen, die wir beantworten können, ohne uns auch auf das biogerontologische Wissen einzulassen. Deshalb werden wir dies in den nächsten beiden Unterkapiteln tun, bevor wir uns den eben gestellten Fragen zuwenden.

2.2 Biologische Erklärungen des Alterns I: Evolution

Obwohl es mit der Biogerontologie erst seit kurzem einen eigenen ausdrücklichen Forschungszweig gibt, der sich aus biologischer Sicht mit dem Altern beschäftigt, haben Biologen schon seit längerer Zeit sowohl theoretische Überlegungen als auch experimentelle Untersuchungen zu diesem Thema angestellt. Die meisten dieser theoretischen Überlegungen sind sehr abstrakt und betreffen nicht speziell den Menschen, sondern alle Lebewesen; häufig konzentrieren sie sich allerdings auf Organismen, die über eine Keimbahn/Soma-Differenzierung[4] verfügen, d.h. bei denen die nachfolgenden Generationen aus spezialisierten Zellen gebildet werden (Keimzellen oder Gameten genannt, bei Tieren spricht man in der Regel von Eizellen und Spermien, bei Pflanzen von Samen und Pollen). Manchmal wird diese Keimbahn/Soma-Differenzierung als Grund für das Altern angegeben.[5] Das ist jedoch ein Mythos; sie ist weder notwendig noch hinreichend für das Altern. Es gibt Mikroorganismen, die keine solche Differenzierung zeigen, aber dennoch Alterserscheinungen aufweisen[6], ebenso wie es Organismen gibt, die sie besitzen, aber kaum altern. Ebenso falsch ist die Idee, die sexuelle Fortpflanzung sei für das Altern verantwortlich.[7] Es gibt Lebewesen, die sich ausschließlich asexuell vermehren, aber dennoch altern.

Altern ist biologisch gesehen ein außerordentlich vielschichtiges Phänomen, und entsprechend umfangreich und vielfältig sind die Forschungsarbeiten zu diesem Thema. Wenn wir im Folgenden versuchen, einige Ergebnisse dieser Forschungen zu präsentieren, können wir natürlich keinerlei Anspruch auf Vollständigkeit erheben. Wir haben versucht, einige besonders einflussreiche Forschungsstränge zu identifizieren; die Auswahl mag aber auch durch unsere persönlichen Interessen geprägt sein. Dabei handelt es sich nicht zuletzt um philosophische und wissenschaftstheoretische Interessen.

2.2.1 Weismann: Platz schaffen für nachfolgende Generationen?

Evolutionäre Theorien des Alterns wurden bereits im 19. Jahrhundert entwickelt, schon kurze Zeit nach der Entwicklung der Evolutionstheorie durch Charles Darwin und Alfred Russel Wallace. Eine der ersten war August Weismanns Idee, dass Altern und Sterben in der Evolution deshalb entstanden sind, weil sie dem Überleben der Art dienen.[8] Nach Weismanns Theorie sorgt der Alterungsprozess dafür, dass die jungen und frischen Individuen sich besser entfalten können und nicht mit ihrer eigenen Vorgänger-Generation um Lebensraum und Ressourcen im Wettbewerb stehen. Eine Art, die sich fortwährend durch die ungehinderte Aufzucht von jungen, kräftigen Individuen unter gleichzeitiger Ausmerzung der alten und schwachen erneuert, hat bessere Chancen im Kampf ums Dasein als eine Population, die die weniger vitalen alten Individuen ewig mit sich herumschleppt und so die ständige Blutauffrischung behindert. Wer Platz schafft für die nachkommenden Generationen, hat bessere Chancen, sich im Kampf ums Dasein zu behaupten.

Diese Theorie ist heute diskreditiert. Nach Kirkwood liegt ihr Hauptproblem in ihrer *Zirkularität*.[9] Die Theorie *setzt nämlich be-*

reits voraus, dass Lebewesen zwangsläufig altern. Würden sie dies nicht tun und ihre jugendliche Kraft und Vitalität unvermindert und beliebig lange über die Zeit retten, so bestünde auch kein Bedarf für eine ständige Blutauffrischung. Wir wollen eine Erklärung dafür, warum Organismen *überhaupt* Einbußen an Kraft, Vitalität und Gesundheit erleiden. Da hilft es nichts, wenn wir mit Weismann zunächst einmal annehmen, *dass* sie das tun und dann nach Vorteilen suchen, die ihr vollständiges Absterben für die Art hat. Diese Theorie kann damit verworfen werden, ohne überhaupt irgendwelche empirischen Daten heranziehen zu müssen.

Obwohl, wie bereits erwähnt, diese Theorie unter Wissenschaftlern keine Anhänger mehr findet, gibt es immerhin noch eine ähnliche Idee, die sich bis heute gehalten hat, wenn sie auch nicht allgemein anerkannt ist. Dies ist eine Theorie der Gruppenselektion, die wir im Abschnitt 2.2.6 kurz besprechen werden. Zunächst aber machen wir einen Sprung in die Evolutionstheorie des 20. Jahrhunderts, die wesentlich elaboriertere und plausiblere Erklärungen für das Altern formuliert hat, die noch dazu zum Teil empirisch bestätigt werden konnten.

2.2.2 Haldane und Fisher: Die Wirkung der natürlichen Selektion nimmt mit zunehmendem Alter ab

Die erste wirklich bedeutende Erkenntnis, warum Lebewesen altern, geht auf zwei der Architekten der modernen Evolutionstheorie zurück, J.B.S. Haldane und R.A. Fisher.[10] Haldanes Überlegungen waren das Ergebnis von populationsgenetischen Untersuchungen der Erbkrankheit Chorea Huntington, einer tödlich verlaufenden neurodegenerativen Erkrankung. Haldane fragte sich, warum diese Krankheit relativ häufig vorkommt, obwohl sie durch ein *dominantes* Gen verursacht wird. „Dominanz" bedeutet in diesem Zusammenhang, dass eine einzige defekte Kopie des Gens ausreicht, um die Krankheit auszulösen. Bei den meisten anderen Erbkrankheiten braucht es zwei defekte Kopien, d.h. sie sind *rezessiv*. Für die natürliche Selektion ist eine rezessive Erbkrankheit viel schwieriger zu eliminieren, weil defekte Kopien des Gens sich lange in Gegenwart von normalen Kopien, die ihre krankmachende Wirkung unterbinden, in der Population halten können. Ein dominantes Gen wie das für Chorea Huntington sollte hingegen stets die volle Kraft der natürlichen Selektion zu spüren bekommen; es kann sich nicht wie ein rezessives Gen in symptomlosen Trägern der Krankheit „verstecken". Warum ist es dann in menschlichen Populationen nicht schon längst durch die natürliche Selektion ausgerottet worden? Haldane erkannte, dass dies daran liegt, dass die Krankheit erst relativ spät ausbricht, nämlich zu einem Zeitpunkt, zu dem sich viele betroffene Individuen bereits fortgepflanzt und ihre Huntington-Gene weitervererbt haben.

Diese Erklärung eines spezifischen Falls lässt sich zu einer allgemeinen Einsicht generalisieren, die durch den bedeutenden Evolutionstheoretiker und Populationsgenetiker R. A. Fisher in mathematische Gleichungen gefasst wurde: Die Wirkung der natürlichen Selektion für oder gegen ein Gen lässt nach, je später im Leben eines Individuums dieses Gen seine Wirkung entfaltet. Für die Evolution des Alterns ist dies eine Schlüsseleinsicht. Denn stellen wir uns ein Gen vor, das den Alterungsprozess leicht beschleunigt. Weil die Wirkung dieses Gens sich erst relativ spät im Leben eines Individuums bemerkbar macht, wird die natürliche Selektion dagegen relativ schwach sein. Auf diese Weise können sich „Alterungsgene" ansammeln. Umgekehrt ist die natürliche Selektion nicht sehr effektiv darin, Gene, die das Leben verlängern, anzuhäufen. Denn Gene, die sich in jungen Jahren positiv auf den Fortpflanzungserfolg auswirken, profitieren in der Regel sehr viel stärker von der natürlichen Selektion als solche, die das Leben verlängern. Die genauen Auswirkungen hängen allerdings noch von verschiedenen weiteren Faktoren ab (besonders von der Altersstruktur einer Population sowie davon, ob die Population wächst oder schrumpft), die aber von Fishers Gleichungen erfasst werden.[11]

Diese grundlegende Einsicht der Pioniere der modernen Evolutionstheorie, die bis in die Zwanziger- und Dreißigerjahre des 20. Jahrhunderts zurückreichen, wurde seither von verschiedenen Biologen angewandt, um eine Vielzahl von spezifischeren Erklärungsmodellen auszuarbeiten. Wir werden einige von diesen im Folgenden kurz vorstellen.

2.2.3 Medawar: Die Rolle der extrinsischen Mortalität

Der Immunologe Peter Medawar, der für seine Arbeit zur Gewebeabstoßungsreaktion 1960 mit dem Nobelpreis für Medizin geehrt wurde, stellte unter anderem auch evolutionstheoretische Überlegungen an, darunter auch solche zur Evolution des Alterns.[12] Medawar hielt vor allem die hohe extrinsische Mortalität, d.h. Sterblichkeit durch Unfälle, Raubtiere, Parasiten, Umweltkatastrophen usw., der die meisten Lebewesen ausgesetzt sind, für einen entscheidenden Faktor in der Evolution des Alterns. Die Wahrscheinlichkeit, dass z.B. ein wildes Kaninchen seine volle biologisch mögliche Lebensspanne durchlaufen kann, ist verschwindend gering. Die meisten Tiere werden vorher aufgefressen oder fallen Viren, Parasiten oder ungünstigen Umweltbedingungen wie etwa einem strengen Winter zum Opfer. Dies liefert auch einen möglichen Grund, warum Gene, die das Leben eines Kaninchens verlängern könnten, nie eine Chance haben, sich in der Population durchzusetzen. Die Wahrscheinlichkeit, dass selten auftretende Mutanten ihre theoretisch erhöhte Lebensdauer auch ausleben und deren Gene dadurch im Genpool zukünftiger Generationen stärker vertreten sein werden, ist zu gering, als dass solche Mutanten sich durch die natürliche Selektion in der Population festsetzen und so die Lebensdauer der ganzen Population und vielleicht sogar der ganzen Art erhöhen könnten. Die natürliche Selektion kann nur solche Gene bevorzugen, die imstande sind, ihre Überlegenheit früh zu erweisen; zu einem Zeitpunkt, wenn noch eine ausreichende Zahl von Tieren überlebt haben.

Wir dürfen davon ausgehen, dass unsere Vorfahren zu jener Zeit, als der anatomisch moderne Mensch entstanden ist, eine sehr hohe extrinsische Mortalität aufwiesen. Menschen waren trotz ihrer sprichwörtlichen Schläue (die wir uns zumindest selbst gerne zuschreiben) eine beliebte Beute für allerlei Raubkatzen und Bären, von denen die meisten Arten heute ausgestorben sind. Außerdem litten sie unter vielerlei Infektionskrankheiten, gegen die noch kein Kraut gewachsen war. Vermutlich starben auch viele als Folge von Jagdunfällen, Dürreperioden, und sogar an heutzutage harmlosen Dingen wie infizierten Zähnen. Nach Medawar ist zu erwarten, dass durch die heute zumindest in Industrieländern gegebene niedrigere extrinsische Mortalität Evolutionsprozesse in Gang kommen, die uns auf sehr lange Sicht genetisch langlebiger machen werden. Das „sehr" in „auf sehr lange Sicht" muss dabei betont werden; denn Evolutionsprozesse benötigen Dutzende wenn nicht Hunderte von Generationen, um zu merklichen Veränderungen zu führen.

2.2.4 Williams und die antagonistische Pleiotropie

Der einflussreiche Evolutionstheoretiker George C. Williams[13] hat die These aufgestellt, dass ein bestimmter genetischer Effekt für die Evolution des Alterns relevant sein könnte. Dieser Effekt ist als „antagonistische Pleiotropie" bekannt. Er entsteht dadurch, dass manche Gene mehrere phänotypische Manifestationen haben, von denen einige für den Träger vorteilhaft, andere neutral und wieder andere schädlich sein können. Williams postulierte nun Gene, die zwar bei älteren Organismen Alterserscheinungen hervorrufen, aber bei jüngeren Organismen für das Überleben und/oder für die Fortpflanzung vorteilhaft sind. Aufgrund der im letzten Abschnitt kurz vorgestellten Überlegungen von Haldane und Fisher ist zu erwarten, dass solche Gene von der natürlichen Selektion stark profitieren werden.

Führende Biogerontologen sind heute der Meinung, dass antagonistische Pleiotropie wahrscheinlich einen der wichtigsten evolutionären Mechanismen darstellt, die dafür verantwortlich sind, dass die meisten Organismen altern und schließlich eines natürlichen Todes sterben.[14]

2.2.5 Kirkwoods Theorie des „Wegwerfkörpers"

Der Biogerontologe Tom Kirkwood[15] hat eine Theorie entwickelt, die verschiedene Elemente der bereits erwähnten Theorien von Haldane, Fisher, Medawar und Williams inkorporiert. Die Theorie geht davon aus, dass es bei der Aufrechterhaltung des Somas eines Organismus und der Fortpflanzung zu einem Abtausch oder „trade-off" von Ressourcen kommen kann. Im Prinzip kann ein Organismus die ihm zur Verfügung stehenden Ressourcen (Nahrung, Energie, Zeit) entweder in die Aufrechterhaltung des Soma stecken oder zur Produktion von Nachkommen verwenden. Ganz ohne Pflege des Somas wird Fortpflanzung natürlich nicht möglich sein; andererseits bringt die aufwändige Pflege des Somas ab einer gewissen Lebensdauer nicht mehr viel für die Fortpflanzung (d.h. kaum mehr lebensfähige Nachkommen), weil die meisten Individuen ohnehin vorher aufgrund von Krankheiten und Unfällen oder Unterernährung sterben. Dazwischen liegt irgendwo ein Optimum, das die Fitness (d.h. den Fortpflanzungserfolg) maximiert. Die natürliche Selektion wird solche Typen bevorzugen, deren Strategie bei oder nahe an diesem Optimum liegt. Dieses Optimum kann natürlich auch von den Umweltbedingungen abhängen; es kann sich für ein Tier z.b. bezahlt machen, während einer Dürreperiode ganz auf die Fortpflanzung zu verzichten und alle Anstrengungen auf das reine Überleben zu konzentrieren, um es dann im darauf folgenden Jahr mit der Fortpflanzung zu versuchen. Eine solche flexible Strategie wird gerade unter schwankenden Umweltbedingungen durch die natürliche Selektion begünstigt (natürlich nur, sofern dieses Verhalten durch genetische Faktoren gesteuert wird, wovon alle diese Erklärungsmodelle ausgehen). Und tatsächlich lässt sich dies bei Wildtieren auch beobachten; bei vielen Tieren bleibt etwa die Ovulation bei Unterernährung aus.

Die Kernidee von Kirkwoods Theorie ist die, dass ein maximal an seine Umwelt angepasster Organismus nur gerade so viel Aufwand zur Aufrechterhaltung des Somas treiben wird, wie erforderlich ist, um die Fortpflanzungsrate zu maximieren. Sobald für die „Wartung" des Somas ein zusätzlicher Aufwand entsteht, der von den Ressourcen für die Fortpflanzung abgezweigt werden muss, wird der Organismus eine reduzierte Fitness aufweisen, so dass die natürliche Selektion dieses Verhalten eliminieren wird. Das Soma ist also wie ein Wegwerfartikel, bei dem es eine Verschwendung von Ressourcen wäre, ihn mit einer viel längeren Lebensdauer herzustellen, als seine gewöhnliche Nutzung anhält. Verschwendung können sich Lebewesen im darwinschen Kampf ums Dasein nicht leisten. So kommt es, dass ihre Körper nicht so dauerhaft gebaut sind, wie es vielleicht möglich gewesen wäre.

Die Theorie lässt sich auch gut mit dem Gedanken von Medawar bezüglich der Rolle extrinsischer Mortalität verbinden; ein möglicher Grund, warum sich ein dauerhafteres Soma unter Umständen evolutionär nicht bezahlt macht, liegt darin, dass in dem Alter, wo durch die zusätzliche Lebenszeit eventuell noch weitere Beiträge zur Fitness möglich wären (in Form weiterer Nachkommen), die meisten Individuen gar nicht mehr am Leben sind. Eine Analogie mag dies verdeutlichen: In einer Stadt, in der ein Fahrrad im Durchschnitt einmal pro Jahr geklaut wird, lohnt es sich nicht, ein Fahrrad zu kaufen, das zehn Jahre hält. Da kauft man besser ein ganz billiges Fahrrad und verwendet sein Geld für etwas anderes. Die Evolution bevorzugt nun stets diejenigen Individuen, die ihr „Geld" in die Fortpflanzung stecken, und nicht diejenigen, die sich ein besonders langlebiges Soma (hier: das „Fahrrad") leisten (bei dieser Analogie gehen wir natürlich davon aus, dass potenzielle Sexualpartnerinnen oder -Partner sich durch ein langlebiges Fahrrad kaum beeindrucken lassen!)

Kirkwoods „disposable soma"-Theorie ist viel diskutiert und auch schon einigen empirischen Tests unterzogen worden. Die kritische Frage ist, wie häufig und wie ausgeprägt diese „trade-offs" zwischen Lebensdauer und Fortpflanzung sind, die das Herzstück dieser Theorie bilden. Manche Studien konnten solche „trade-offs" nachweisen; in anderen Fällen zeigte sich, dass sie nicht zwingend bestehen müssen.[16]

2.2.6 Altern als direkte Adaptation

Den bisher vorgestellten Erklärungsmodellen – mit Ausnahme des Weismannschen (siehe 2.2.1) – ist gemeinsam, dass sie Altern als eine *Nebenfolge* der Fitnessmaximierung ansehen. Demnach hat die Maximierung der Fortpflanzung für das Individuum im späteren Alter Kosten in Form von Seneszenzerscheinungen, die aber evolutionär nicht ins Gewicht fallen, weil sie durch die natürliche Selektion nicht eliminiert werden können. Allerdings könnte man die Frage stellen, ob Altern nicht auch als eine *direkte* Adaptation angesehen werden kann. Wie wir gesehen haben (1.4.2), ist „Adaptation" ein theoretischer Begriff der Evolutionstheorie und bezeichnet ein Merkmal, das sich in der Vergangenheit (und vielleicht auch weiterhin) positiv auf den Fortpflanzungserfolg ausgewirkt hat und sich deshalb in der Population etabliert hat. Zum Beispiel ist das weiße Fell eines Eisbären zweifellos eine Adaptation an seine schnee- und eisbedeckte Umwelt (der Bär ist dadurch für Beutetiere schwieriger zu sehen und kann sich ihnen deshalb besser annähern).

Damit ein Merkmal als Adaptation betrachtet werden kann, muss es sich allerdings durch seinen eigenen Effekt auf das Überleben oder den Fortpflanzungserfolg durch Selektion verbreitet haben und nicht etwa, weil es irgendwie an ein anderes Merkmal gekoppelt ist, das einen positiven Effekt hat, oder weil es einfach ein unvermeidlicher Nebeneffekt von etwas anderem ist, das für den Organismus vorteilhaft ist. Die letztere Art von Merkmal wird in der Fachliteratur häufig als ein „spandrel" bezeichnet, aufgrund einer berühmten Analogie von Stephen Jay Gould und Richard Lewontin[17] mit den Spandrillen des venezianischen Markusdoms

(Spandrillen sind die Flächen, die sich aus rein geometrischen Gründen an den Trägern einer gewölbten Decke mit seitlichen Bögen ergeben und von den Baumeistern des Markusdoms mit großartigen Gemälden verziert wurden).

Ist Altern also eine Adaptation oder eine Spandrille? Während die meisten der klassischen Erklärungsmodelle es als eine Spandrille ansehen, wird neuerdings auch wieder ernsthaft erwogen, es als eine direkte Adaptation anzusehen. Dies mag auf den ersten Blick extrem unplausibel erscheinen. Denn wie kann die Seneszenz mit all ihren unvorteilhaften Auswirkungen einem Organismus einen Vorteil im Kampf ums Dasein verschaffen? Ist Altern mit seinem negativen Effekt auf das Überleben sowie auf die Fortpflanzung nicht das pure Gegenteil eines Merkmals, das vorteilhaft ist? Wie kann man behaupten, dass etwas Derartiges adaptiv sein kann?

Eine mögliche Antwort lautet, dass Altern in der Evolution durch *Gruppenselektion* bevorzugt werden könnte. Allen Gruppenselektionsmodellen gemeinsam ist die Idee, dass der Vorteil gewisser Merkmale für Gruppen von Individuen die Nachteile für das Individuum übertrumpfen kann. Traditionell wurde Gruppenselektion vor allem zur Erklärung sozialen Verhaltens bei Tieren postuliert, oder sogar zur Erklärung der Entstehung moralischer Regeln, etwa in Darwins *The Descent of Man*.[18] In den Fünfzigerjahren des 20. Jahrhunderts war Gruppenselektion zudem eine beliebte Erklärung für das (vermeintliche) Phänomen der Populationsregulation. Die Idee war die, dass manche Organismen bei drohender Überbevölkerung und der damit verbunden Übernutzung der natürlichen Ressourcen ihre Fortpflanzung einschränken.[19] Gruppenselektionsmodelle dieses angeblichen Phänomens behaupteten, dass Gruppen von Organismen, die sich bei der Fortpflanzung mäßigen, bessere Überlebenschancen haben als Gruppen, die dies nicht tun. Auf diese Weise versuchten Verhaltensbiologen etwa Aggressionsverhalten zwischen gleichartigen Tieren zu erklären, oder auch die einfache Tatsache, dass manche Vögel offenbar weniger Eier legen, als es ihre Physiologie eigentlich zuließe.

In den Sechzigerjahren wurden solche Gruppenselektionserklärungen einer scharfen Kritik unterzogen, unter anderem durch George C. Williams[20], den wir bereits von der antagonistischen Pleiotropie her kennen. Ein Hauptproblem von Gruppenselektionsmodellen besteht darin, dass eine Gruppe von Individuen, die ein für die Gruppe vorteilhaftes Merkmal teilen, jederzeit durch Individuen infiltriert werden kann, die dieses Merkmal nicht tragen, aber von ihm profitieren. Theoretisch müssten solche Individuen eine höhere Fitness aufweisen, denn sie profitieren von dem fraglichen Merkmal, ohne sich an den Kosten dafür zu beteiligen. Die natürliche Selektion müsste das Merkmal also in jeder Gruppe durch eine „Subversion der Trittbrettfahrer" ausmerzen.

Das zweite Problem mit Gruppenselektionsmodellen besteht darin, dass bisher sämtliche Merkmale, die sie zu erklären beansprucht haben, auch auf andere Weise erklärt werden konnten. Die Gelegegröße von Vögeln kann z.b. auch ganz einfach damit erklärt werden, dass die Vögel nur so viele Eier legen, wie sie mit den vorhandenen Ressourcen auch Küken großziehen können. Indem sie weniger Eier legen als sie eigentlich könnten, maximieren sie also nur ihre individuelle Fitness.[21] Auch für die anderen angeblichen Mechanismen der „Populationsregulation" konnten alternative soziobiologische Erklärungen gefunden und auch empirisch belegt werden. Dadurch sind die Gruppenselektionsmodelle stark unter Druck geraten.

In letzter Zeit haben allerdings manche Biologen versucht, die Gruppenselektion zu rehabilitieren, zum Teil auch, indem die Theorie auf ein solideres mathematisch-populationsgenetisches Fundament gestellt wurde als dies in den Fünfzigerjahren der Fall war.[22] Das Problem der „Trittbrettfahrer" kann eventuell vermieden werden, indem man die Existenz von *Metapopulationen* annimmt (d.h. Population von Populationen), die untereinander ständig Individuen austauschen. Populationsgenetische Berechnungen zeigen, dass dies zumindest theoretisch möglich ist. Dennoch ist die Existenz und Relevanz von Gruppenselektion in der Evolutionsbiologie weiterhin umstritten.

Joshua Mitteldorf hat eine Gruppenselektions-Erklärung für die Entstehung des Alterns ausgearbeitet.[23] Seiner Hypothese nach dient Altern dem Überleben von Gruppen von Individuen, weil es eine „demografische Homöostase" unterstützt. Darunter versteht Mitteldorf etwas Ähnliches wie die alten Theorien der Populationsregulation. Seine Grundidee ist die, dass starke Schwankungen in der Populationsdichte für das Überleben dieser Populationen sehr nachteilhaft, ja sogar gefährlich sind. Es ist etwa schon seit langer Zeit bekannt, dass z.B. Räuber-Beute-Beziehungen zu starken Oszillationen in der Populationsdichte von Tieren führen können. Solche Oszillationen destabilisieren das ökologische System und können jederzeit zum lokalen Aussterben von Arten führen. Das Altern von Individuen kann hier eine stabilisierende Wirkung entfalten. In einem System, in dem die Individuen einem ständigen Umschlag unterliegen, ist die Dichte einfacher zu regulieren. Es ist etwa bekannt, dass auch manche Proteine in der Zelle relativ rasch zerfallen und durch neu synthetisierte ersetzt werden. Dadurch kann die Proteinkonzentration relativ schnell durch Inhibition der Synthese gesenkt werden. In einem System, in dem die Proteine stabil sind, ist dies nicht möglich. Auf ähnliche Weise erlaubt es das Altern von Individuen einer Art, die Populationsdichte rasch veränderten Umweltbedingungen anzupassen.

Eine andere Möglichkeit, wie Altern eine direkte Adaptation sein könnte, ist durch seinen Effekt auf die *Evolutionsgeschwindigkeit*. Man kann jede Generation von Organismen eines bestimmten Typs als „Versuchsmodelle" ansehen, die sich in der „Praxis", d.h. im Kampf ums Dasein bewähren müssen. Eine Entwicklungslinie, in der die Individuen aufgrund einer kürzeren Lebensdauer schneller ersetzt werden, bringt pro Zeiteinheit mehr solcher Versuchsmodelle hervor. Diese Entwicklungslinie kann sich dadurch möglicherweise besser an ständig wechselnde Umweltbedingungen anpassen und gewinnt dadurch einen Selektionsvorteil. Auch dies ist ein möglicher Selektionsmechanismus der direkt für eine erhöhte Geschwindigkeit des Alterns selektieren könnte.[24]

Damit Altern eine direkte evolutionäre Anpassung sein könnte, müssten Mechanismen von dieser Art am Werk sein. Allerdings ist ihre Existenz bis heute strittig; demonstriert wurde bislang bloß ihre rein mathematische Möglichkeit.

Wir haben jetzt einige Szenarien betrachtet, die vorgeschlagen wurden, um zu erklären, warum die Evolution Organismen hervorgebracht hat, die altern und schließlich sterben. Im nächsten Abschnitt wollen wir nun noch betrachten, welche Mechanismen für die Seneszenz direkt verantwortlich sind.

2.3 Biologische Erklärungen des Alterns II: Biochemie, Molekular- und Zellbiologie

2.3.1 Telomere

In der Biochemie und der Zellbiologie finden wir ganz andere Erklärungen als die bisher besprochenen vor, nämlich solche, die die Ebene der evolutionären Entwicklung zunächst ausblenden. Als eine der bedeutendsten Entdeckungen auf diesem Gebiet gilt die Rolle der so genannten Telomere in der Kontrolle von Zellteilungen.[25] Telomere sind die Enden der Chromosomen. Sie bestehen in der Regel aus stark repetitiven DNA-Sequenzen, die keine Gene enthalten. Ihre hauptsächliche Funktion scheint darin zu bestehen, die Enden der DNA-Moleküle (aus denen die Chromosomen bestehen) zu schützen. Wenn die Zelle ihre Chromosomen vor einer Zellteilung repliziert (kopiert), kann sie diesen Vorgang aufgrund einer Besonderheit des Replikationsmechanismus nicht ganz abschließen. Die Enden der Chromosomen können nicht kopiert werden. Dies hätte zur Folge, dass mit jedem Replikationszyklus die Chromosomen von den Enden her etwas verkürzt würden. Nun gibt es aber ein spezielles Enzym, das „Telomerase" genannt wird, das die fehlenden Enden ergänzen kann (es erkennt dazu spezifisch die repetitiven DNA-Sequenzen). Einer der interessantesten zellbiologischen Befunde der letzten Jahrzehnte ist nun der, dass die Telomerase in der Regel nur in den Keimzellen aktiviert ist. Mit anderen Worten: Nur die Keimzellen replizieren die DNA des Organismus vollständig, während es die somatischen Zellen anscheinend in Kauf nehmen, dass ihre DNA-Moleküle bei jeder Zellteilung an den Enden etwas gestutzt werden.

Über die Funktion dieses Mechanismus gibt es verschiedene Hypothesen. Einer Hypothese zu Folge bietet er einen gewissen Schutz vor Krebs: Er verhindert, dass sich eine Körperzelle beliebig oft teilen kann. Allerdings scheint es Krebszellen oft zu gelingen, die Telomerase zu aktivieren; dies scheint nicht besonders schwierig zu sein. Was immer die genaue Rolle der Telomerase bei der Krebsentstehung sein mag, es scheint klar, dass die Zelle die Telomere als eine Art Zähler verwenden kann, der anzeigt, wie oft sie sich schon geteilt hat. Der Telomer-Mechanismus liefert auch eine Erklärung für eine Beobachtung, die der Zellbiologe Leonard Hayflick schon im Jahre 1965 angestellt hatte: dass sich (normale, also nicht entartete) menschliche Zellen in Zellkulturen nur etwa 52 Mal teilen können, ein Wert, der auch als „Hayflicksche Limite" (Hayflick limit) bekannt ist. Weil die meisten menschlichen Gewebe auf eine laufende Neubildung von Zellen angewiesen sind, könnte die Hayflicksche Limite erklären, warum die Regeneration von Geweben mit dem Alter nachlässt.

Es ist keinesfalls selbstverständlich, dass die Hayflicksche Limite sowie die Telomer-Verkürzungen überhaupt eine biologische Funktion haben. Es könnte auch sein, dass die Telomerase nur in den Keimzellen wirklich gebraucht wird und in allen anderen Zellen überflüssig oder sogar störend wäre (immerhin verbraucht die Telomerase biochemische Energie und verlangsamt den Replikationsprozess). Wir müssen uns davor hüten, in jedem biologischen Detail Zweckmäßigkeit zu vermuten.

Die Entdeckung der Telomerase hat große Hoffnungen geweckt, dass hier vielleicht der Schlüssel zur Unsterblichkeit liegen könnte. Es wäre theoretisch denkbar, durch pharmakologische Aktivierung der Telomerase die Hayflicksche Limite zu überwinden und so allen Geweben ein unendliches Regenerationspotenzial zu verschaffen. Allerdings befürchten viele auch, dass eine Aktivierung der Telomerase in sämtlichen Körperzellen das Krebsrisiko erheblich erhöhen könnte. Außerdem ist der Telomer-Mechanismus nicht der einzige molekulare Mechanismus des Alterns.

2.3.2 Oxidativer Stress

Alle sauerstoffatmenden Zellen sind einer ständigen inneren Gefahr ausgesetzt: Der Atmungsprozess produziert als Nebenprodukt so genannte „reaktive Arten von Sauerstoff" oder ROS (reactive oxygen species), zum Beispiel das Wasserstoff-Superoxid HO_2. Auch das bekanntere Wasserstoffperoxid H_2O_2 ist eine ROS. Solche Verbindungen wirken extrem aggressiv und können Biomolekülen wie DNA und Proteinen beträchtlichen Schaden zufügen, indem sie diese oxidieren (daher der Name „oxidativer Stress"). Zu den ROS gehören auch gewisse freie Radikale, das sind Moleküle oder Atome, die ein ungepaartes Elektron enthalten und die ebenfalls eine extrem starke Tendenz haben, sich mit allerlei anderen Molekülen zu verbinden und diese dadurch zu zerstören.

Eine besonders gefährliche Wirkung der ROS besteht darin, an der DNA im Zellkern Mutationen auszulösen. Durch mehrere solche Mutationen kann eine Zelle zu einer Krebszelle entarten (siehe auch Abschn. 2.3.3).

Denham Harman[26] hat bereits in den 1950er Jahren die Vermutung geäußert, dass ROS eine wichtige Ursache des Alterns sein könnten. Zellen können ROS-bedingte Schäden zwar in einem gewissen Umfang reparieren, es gibt aber Hinweise darauf, dass diese Reparaturtätigkeit mit zunehmender Lebensdauer nachlässt.

Im Zuge der oxidativen Stress-Theorie des Alterns wurden auch zunehmend die Mitochondrien mit dem Altern in Verbindung gebracht.[27] Die Mitochondrien sind die „Kraftwerke" der Zelle; sie sind für die Zellatmung verantwortlich und beliefern die Zelle mit biochemischer Energie. Die ROS entstehen an der inneren Membran der Mitochondrien – dort, wo die Atmungsenzyme arbeiten. Unter dem größten oxidativen Stress dürften also die Mitochondrien selbst leiden. Sie enthalten ihre eigene DNA, die einige (aber nicht alle) der Gene für die Atmungsenzyme trägt. Es wurde die Vermutung geäußert, dass durch oxidativ beschädigte Mitochondrien für die Zelle ein Teufelskreis entsteht, weil diese womöglich noch mehr ROS produzieren als intakte Mitochondrien.[28]

Interessanterweise spielen die Mitochondrien auch eine Rolle beim so genannten „programmierten Zelltod", im Fachjargon als *Apoptose* bezeichnet.[29] Mitochondrien enthalten Proteine, die unter bestimmten Bedingungen – darunter auch erhöhter oxidativer Stress – durch Poren in den mitochondrialen Membranen entweichen und im Zellplasma die Selbstzerstörungsmechanismen der Zelle auslösen können. Es scheint, dass sich Organismen auf diese Weise Zellen entledigen können, die durch erhöhte oxidative Belastung (etwa des Herzmuskels bei Bluthochdruck) beschädigt wurden. Diese Mechanismen könnten ebenfalls zum Alterungsprozess des Organismus beitragen.

2.3.3 Das Tumorsuppressorprotein p53

Das „Molekül des Jahres" von 1993 ist ein „p53" genanntes Protein[30], das normalerweise an der Verhinderung von Tumoren beteiligt zu sein scheint. Rund die Hälfte aller menschlichen Tumore zeigen Mutationen im p53-Gen. Das ist das Gen, das die Erbinformation für das p53-Proteinmolekül enthält. Zur Funktionsweise dieses Proteins gehört, dass es unter normalen Bedingungen ständig von der Zelle hergestellt wird. Da das Protein sehr instabil ist, bleibt die Konzentration in der Zelle aber sehr niedrig. Unter bestimmten Bedingungen wie z.B. bei oxidativem Stress (siehe 2.3.2) oder dem Verlust von Telomeren (siehe 2.3.1) wird das Protein aber stabilisiert, so dass seine Konzentration sprunghaft ansteigt. Das Protein bindet dann an bestimmte Stellen an der DNA und bewirkt dort die Aktivierung verschiedener Gene. Diese aktivierten Gene können entweder die Zellteilung blockieren oder auch die Apoptose (Selbstzerstörung der Zelle, siehe 2.3.2) auslösen. Weil das Protein somit beschädigte Zellen eliminiert oder davon abhält, sich zu teilen, wurde es auch als „Wächter des Genoms" bezeichnet.[31]

Durch die p53-Befunde wurden auch immer wieder Zusammenhänge zwischen dem Altern und Krebs gesehen.[32] Denn p53 befördert klarerweise die Langlebigkeit, indem es Krebs verhindert. Paradoxerweise scheint das Protein bei älteren Individuen aber genau das Gegenteil zu bewirken: Es beschleunigt das Altern.[33] Dies könnte eine Nebenwirkung der Krebsbekämpfung sein, weshalb manche Wissenschaftler vermuten, dass eine erhöhte maximale Lebensdauer mit einem erhöhten Krebsrisiko erkauft werden muss. Es besteht in dieser Frage aber zur Zeit noch kein Konsens.

Es gäbe noch wesentlich mehr über die molekulare Biogerontologie zu erzählen, was aber hier weder Platz hat noch sinnvoll wäre. Diese kurzen Beschreibungen sollen nur als Beispiele dienen, um dem Leser und der Leserin eine Idee zu geben, wie Erklärungen des Alterns auf molekularer Ebene aussehen.

2.4 Kompatibilität und explanatorischer Pluralismus

Wenn es eine These über die Ursachen des Alterns gibt, der die Mehrzahl der Biologen und Biogerontologen zustimmen, dann ist es diese: Die kausalen Grundlagen des Alterns sind außerordentlich zahlreich. Wie wir gesehen haben, wurden als Ursachen sowohl eine Vielzahl evolutionärer Szenarien als auch diverse molekulare Mechanismen vorgeschlagen. Es gibt nicht „einen" Mechanismus des Alterns; es handelt sich vielmehr um eine enorme Vielzahl von Prozessen, die dafür verantwortlich sind, dass die meisten Organismen die Organisation ihres Körpers nicht beliebig lange aufrechterhalten, obwohl sie dies zumindest im Prinzip könnten (und in ganz wenigen Fällen auch tun).

Diese Einsicht ist vielleicht kaum überraschend; was aber besonders interessant erscheint, ist, dass es wahrscheinlich auch keinen *Leitmechanismus* des Alterns gibt, wie der Evolutionstheoretiker John Maynard Smith argumentiert hat.[34] Damit ist ein einzelner biologischer Mechanismus oder Prozess gemeint, der die Geschwindigkeit der Alterungsprozesse bestimmt (und der vielleicht als zentraler Angriffspunkt für eine Verlangsamung des Alterungsprozesses dienen könnte). Einen solchen Effekt könnte etwa ein Organ oder ein System haben, das eine geringere Haltbarkeit aufweist als die anderen, also so etwas wie das schwächste Glied einer Kette. John Maynard Smith hat folgende Überlegung angestellt, die gegen diese Möglichkeit spricht: Wenn es Teile unseres Körpers gäbe, die wesentlich langlebiger wären als andere, so würden diese eine Verschwendung von Ressourcen darstellen. Eine Analogie ist hier hilfreich: Einer Legende nach pflegte der Autofabrikant Henry Ford Autofriedhöfe nach noch funktionstüchtigen Teilen in den Autowracks abzuklappern. Wenn er welche fand, zitierte er sofort seine Ingenieure zu sich und befahl ihnen, diese Teile bei den nächsten Serien billiger herzustellen. Aus demselben Grund wird die Evolution nach Maynard Smith einen Organismus durch natürliche Selektion so gestalten, dass keine seiner Teile eine wesentlich größere Haltbarkeit aufweisen als die anderen. Also werden alle Teile etwa die gleiche Lebensdauer haben. Damit kann es keinen Leitmechanismus geben.

Die Quintessenz der vorangehenden Kapitel lautet jedenfalls: Wenn man Biologen und vielleicht auch Mediziner fragt, warum wir altern, so wird man je nach fachlicher Ausrichtung sehr unterschiedliche Antworten erhalten. Evolutionsbiologen werden von der nachlassenden Kraft der Selektion sprechen, spät wirkende schädliche Gene aus der Population zu eliminieren (siehe 2.2.2), und vielleicht auch einen ihrer bevorzugten Selektionsmechanismen schildern, der in der Evolution des Menschen zur Anhäufung solcher Gene geführt hat. Molekular- und Zellbiologen werden die Geschichte mit den Telomeren vorbringen (2.3.1). Biochemiker werden wahrscheinlich die Entstehung von reaktiven Arten von Sauerstoff (ROS), oxidativen Stress und die Rolle der Mitochondrien bei der Apoptose beschreiben (2.3.2). Krebsforscher werden von Schäden an der DNA berichten und von Proteinen wie p53, die Krebs verhindern, aber anscheinend auch das Altern beschleunigen können. Die Theorie des Alterns, wenn es so etwas gibt, scheint also ein buntes Mosaik von ganz unterschiedlichen Elementen zu sein. Biogerontologen wie David Gems haben zwar zu einer integrativen Betrachtung des Alterns aufgerufen, doch auch Gems beleuchtet das Phänomen aus einer Vielzahl von Perspektiven.[35]

Eine interessante Frage ist nun die, inwieweit die verschiedenen Erklärungen des Alterns, die wir hier kurz überflogen haben, einander *ausschließen* bzw. ob es sich dabei um *rivalisierende Alternativen* handelt. Es ist in den Naturwissenschaften häufig so, dass zur Erklärung eines Phänomens verschiedene Erklärungsmodelle entwickelt werden, die sich aber gegenseitig ausschließen (d.h. von denen nicht alle zugleich wahr sein können). Historische Beispiele sind etwa die kopernikanische und die ptolemäische Theorie der Planetenbewegungen oder die Newtonsche und die Goethesche Farbenlehre. Dies sind alternative Erklärungen desselben Phänomens (der Planetenbewegungen bzw. der Farben des Spektrums).

Wir meinen, dass sich die verschiedenen Erklärungen des Alterns, die wir besprochen haben, gerade *nicht* so zueinander verhalten. Alle diese Erklärungen sind vielmehr miteinander *kompatibel*. So lange nämlich nicht behauptet wird, es handle sich bei den in diesen Modellen beschriebenen Prozessen jeweils um die *einzigen* Prozesse, die dazu führen, dass Organismen altern (was unseres Wissens niemand behauptet), oder es gebe jeweils einen dominanten Prozess dieses Typs oder so etwas wie einen Leitmechanismus (siehe oben), könnten im Prinzip alle diese Erklärungen in dem Sinne wahr sein, dass die postulierten Prozesse regelmäßig in der Natur vorkommen und etwas zum Phänomen Altern beitragen (eventuell bei verschiedenen Arten auf unterschiedliche Weise und unterschiedlich stark). Theoretische Dispute in der Biologie sind häufig eher Dispute über die *relative Signifikanz* verschiedener Prozesse, die alle belegbar sind, als über die bloße Existenz oder Nichtexistenz eines einzigen Prozesses.[36]

Wir möchten betonen, dass unsere Behauptung nicht die ist, dass alle vorgeschlagenen Erklärungen des Alterns tatsächlich wahr *sind*; wir behaupten nur, dass sie rein logisch gesehen alle wahr sein *könnten* (d.h. es besteht kein logischer Widerspruch oder eine andere Form der Inkompatibilität zwischen ihnen). *Dass* sie wahr sind, wäre ein *empirisches* Urteil, das wir natürlich den Biologen überlassen müssen; als Philosophen können wir nicht mehr tun, als logische und begriffliche Beziehungen zwischen verschiedenen wissenschaftlichen Theorien herauszuarbeiten.

Die Kompatibilität, die wir behaupten, hat zweierlei Quellen. Erstens handeln die verschiedenen Erklärungen teilweise von verschiedenen Kausalprozessen, die ohne Probleme koexistieren können. Altern ist augenscheinlich ein multikausales Phänomen, und wir erwarten als Erklärung keine große vereinheitlichte Theorie, sondern eine Vielzahl von Erklärungsmodellen, die verschiedene Kausalprozesse zum Gegenstand haben. Die zweite Quelle der Kompatibilität besteht darin, dass die Leitfrage der Biogerontologie „Warum altern Lebewesen?" *mehrdeutig* ist; es handelt sich dabei um mindestens zwei verschiedenen Fragen, die jeweils nach einer anderen Antwort verlangen. Um diese These zu erläutern, müssen wir etwas ausholen und uns dem Wesen biologischer Erklärungen zuwenden, was wir im nächsten Abschnitt tun werden.

Vorab sei jedoch dies festgestellt: Es scheint, dass die Biogerontologie ein sehr schönes Beispiel für eine bestimmte wissenschaftstheoretische Position liefert: den *explanatorischen Pluralismus*.[37] Dieser behauptet, dass eine vollständige, vereinheitlichte Theorie eines komplexen Phänomens, wie es das Altern darstellt, nicht existiert, und auch nicht existieren kann. Die Natur ist ganz einfach nicht so strukturiert, dass die Wissenschaft sie durch eine einheitliche Theorie erfassen könnte. Der gegenwärtige Zustand der Biogerontologie, in dem eine Vielzahl von verschiedenen Erklärungsmodellen und Forschungsansätzen existieren, ist dem explanatorischen Pluralismus zufolge nicht Ausdruck eines Mangels oder eines unreifen Zustands dieser Wissenschaft; es wird vielmehr immer so sein. Ein Phänomen wie das Altern hat viele Facetten, die aus verschiedenen Gründen – theoretischen wie praktischen – das Interesse der Wissenschaft wecken können.

Im nächsten Unterkapitel werden wir die metaphysischen und wissenschaftstheoretischen Gründe des wissenschaftlichen Pluralismus noch etwas genauer beleuchten.

2.5 Das Wesen biologischer Erklärungen

2.5.1 Was ist eine wissenschaftliche Erklärung?

Die Natur wissenschaftlicher Erklärungen ist ein außerordentlich schwieriges und vielschichtiges wissenschaftstheoretisches Problem[38], auf das wir hier nicht im Detail eingehen können. Wir werden uns im Folgenden eines Erklärungsbegriffs bedienen, der Erklärungen im Wesentlichen als die *Angabe spezifischer Kausalzusammenhänge* ansieht. Erklärung, wie wir den Begriff hier verwenden werden, ist also immer *Kausalerklärung*. Es gibt nun aber besonders in biologischen Systemen stets eine riesige Menge von Kausalzusammenhängen, die kein Mensch je überblicken kann und von denen viele kaum von Interesse sind. Die Biologie interessiert sich in der Regel nur für einen winzigen Ausschnitt eines extrem komplexen kausalen Geschehens, wobei sich verschiedene

Teilbereiche der Biologie für verschiedene Ausschnitte interessieren können. Welche Ausschnitte das sind, hängt davon ab, welche Forschungsfragen eine bestimmte Disziplin stellt.

Forschungsfragen haben häufig einen implizit *kontrastiven* Charakter. Eine typische Forschungsfrage lautet nicht einfach „Warum ist *dies* der Fall?" sondern „Warum ist *dies* der Fall und *nicht jenes*?"[39] An einem Beispiel aus der Ökologie illustriert: Die Frage „Warum sind Magerwiesen so artenreich?" wäre unpräzise und könnte auf mehr als eine Art beantwortet werden, z.B. „Es gibt viele verschiedene Pflanzensamen in der Umgebung eines beliebigen Stücks Magerwiese" oder „Bei höherer Nährstoffkonzentration wachsen einige Pflanzen so schnell, dass sie alle anderen verdrängen". Die Frage kann genauer so verstanden werden: „Gegeben eine bestimmte Zahl von Pflanzensamen in der Umgebung eines Stücks Wiese, warum ist die Artenvielfalt bei einem niedrigeren Nährstoffgehalt des Bodens größer als bei einem höheren Nährstoffgehalt?" Gefragt wird also nach der Ursache des *Kontrastes* in der Artenvielfalt zwischen höherer und niedriger Nährstoffkonzentration. Mit anderen Worten: Gesucht wird nach einem *kausalen Differenzfaktor*. Ein solcher ist z.B. die interspezifische Konkurrenz, die in der zweiten oben gegebenen Antwort erwähnt wird.

Durch diese erste Bestimmung des Begriffs der Kausalerklärung als Angabe eines kausalen Differenzfaktors ist natürlich noch nicht viel gewonnen; es gibt immer noch beliebig viele Kontraste, die so erklärt werden könnten. Es ist nun aber möglich, durch Angabe eines spezifischen Fragekontrasts die relevanten kausalen Differenzfaktoren näher zu bestimmen. Wir möchten im Folgenden zeigen, dass dies bei der Erklärung des Alterns der Fall ist und uns diese Einsicht dabei hilft, das Verhältnis verschiedener Erklärungen des Alterns zueinander zu verstehen.

2.5.2 Die Unterscheidung von ultimaten und proximaten Ursachen

Der bedeutende Evolutionsbiologe Ernst Mayr[40] hat eine hilfreiche Unterscheidung eingeführt, um die spezifische Erklärungsweise der Evolutionsbiologie zu erläutern. Er hat diese Unterscheidung am Beispiel des Vogelzugs illustriert. Warum ziehen manche Vögel im Herbst in südliche Gefilde? Auf diese Frage kann man zweierlei Antworten geben: (1) Das Gehirn der Vögel reagiert auf die abnehmende Tageslänge (anhand der Lichtmenge), wodurch ein Verhaltensprogramm ausgelöst wird, das die Vögel in Richtung Süden bewegt. (2) Die Vögel wurden in ihrer Evolutionsgeschichte dafür selektiert, in Richtung Süden zu ziehen, weil Vögel, die dies tun, den Winter besser überleben können. Ernst Mayr nennt eine Erklärung vom Typ (1) eine *proximate Erklärung* bzw. das darin erwähnte lichtmengenempfindliche Verhaltensprogramm die *proximate Ursache* des Vogelzugs. Eine Erklärung vom Typ (2) bezeichnet er als die *ultimate Erklärung* bzw. den darin erwähnten Selektionsprozess als die *ultimate* Ursache.[41]

Natürlich können (und müssen) beide Erklärungen noch durch weitere Details ergänzt werden, um wirklich zufriedenstellend zu sein. So, wie wir sie wiedergegeben haben, handelt es sich bestenfalls um Erklärungsskizzen. Doch reichen diese aus, um Folgendes festzustellen:

a) Die beiden Erklärungen sind voneinander *logisch unabhängig*: Sie können beide zusammen wahr sein, oder auch beide falsch, oder es könnte nur eine von ihnen wahr sein.

b) Sie sind *komplementär*. Sie beleuchten verschiedene Aspekte des Phänomens des Vogelzugs.

c) Sie benennen jeweils einen Differenzfaktor, der für einen bestimmten Kontrast verantwortlich ist, aber nicht für den denselben.

Bei der proximaten Erklärung ist die abnehmende Lichtmenge für den Kontrast zwischen den Vögeln, die gegen Süden ziehen und *denselben* Vögeln, die dies nicht tun, kausal verantwortlich. Ein neurophysiologischer Mechanismus verknüpft diesen Umweltfaktor mit dem Verhalten der Vögel. Bei der ultimaten Erklärung ist der darin erwähnte Selektionsprozess dagegen für den Kontrast zwischen Vögeln, die ein bestimmtes Verhaltensprogramm haben und *anderen* Vögeln, die kein solches Programm besitzen, verantwortlich. Diese Erklärung abstrahiert vollkommen von den physiologischen Mechanismen, die das Verhalten der Vögel steuern. Die ultimate Erklärung wäre dieselbe, wenn nicht die abnehmende Lichtmenge, sondern z.B. die Temperatur das Migrationsverhalten auslösen würde.

Die proximate Erklärung antwortet also auf die Frage: Warum ziehen *diese* Vögel gegen Süden, anstatt hier zu bleiben? Die ultimate Erklärung antwortet dagegen auf die Frage: Warum sind hier Vögel, die gegen Süden ziehen, anstatt andere Vögel, die dies nicht tun? Anders gesagt halten wir bei der proximaten Erklärung alle Eigenschaften der Vögel (inkl. ihres Verhaltensprogramms) fest und benennen eine Interaktion zwischen den Vögeln und ihrer Umwelt, die den Unterschied zwischen Ziehen und Nicht-Ziehen von Vögeln mit exakt diesen Eigenschaften ausmacht. Bei der ultimaten Erklärung stellen wir uns dagegen vor, es könnten (entgegen den Tatsachen) ganz andere Vögel hier sein, nämlich solche, die nicht bei abnehmender Tageslänge gegen Süden ziehen, und nennen dann einen Differenzfaktor – den Selektionsprozess -, der dafür verantwortlich ist, dass hier Vögel sind, die gegen Süden ziehen und nicht andere.

Auf genau die gleiche Weise können wir zwischen proximaten und ultimaten Ursachen bzw. Erklärungen des Alterns unterscheiden: Proximate Erklärungen des Alterns geben Differenzfaktoren an, die den Unterschied ausmachen zwischen Organismen, die altern, und den gleichen Organismen, die dies (entgegen den Tatsachen) nicht tun. Der Kontrast, der hier erklärt wird ist der zu Organismen, die genau dieselben Eigenschaften haben wie z.B. ein Mensch, aber (entgegen den Tatsachen) nicht altern. Würden sich in den Atmungsketten unserer Mitochondrien keine reaktiven Arten von Sauerstoff bilden (entgegen den Tatsachen), so würden die gleichen Menschen nicht oder wesentlich langsamer altern.

Dagegen benennen ultimate Erklärungen des Alterns Differenzfaktoren, die für den Kontrast zwischen der Existenz von Menschen, wie wir sie kennen (d.h. alternd) und der Existenz (entgegen den Tatsachen) von Menschen mit ganz anderen Eigenschaften (d.h. nicht oder langsamer alternd) verantwortlich sind. Hätten unsere Vorfahren sich einer wesentlich geringeren extrinsischen Sterblichkeit erfreut, so wären mehr Gene mit späten schädlichen Effekten eliminiert worden (z.B. vielleicht p53 in seiner heutigen Form) und es würden heute Menschen mit anderen Eigenschaften leben, die nicht oder langsamer altern. Vielleicht hätte die natürliche Selektion unter diesen veränderten Bedingungen (geringere extrinsische Sterblichkeit) zur Selektion von Genen geführt, die den Menschen resistenter gegen ROS machen und es wären jetzt andere Menschen da.

Es ist nunmehr leicht zu erkennen, dass die evolutionären Erklärungen des Unterkapitels 2.2 ultimate Erklärungen sind, während die biochemischen und zellbiologischen Erklärungen des Unterkapitels 2.3 proximate Ursachen benennen. So benennen verschiedene Erklärungen des Alterns verschiedene kausale Kontraste.

Es gibt vermutlich noch weitere solcher Kontraste, die ihrerseits wieder nach einer andere Erklärung verlangen. Dies ist einer der tieferen Gründe für den explanatorischen Pluralismus, den wir im letzten Unterkapitel erwähnt haben. Wir möchten diese These im Folgenden noch etwas präzisieren.

Die These des explanatorischen Pluralismus kann in verschieden starken Versionen behauptet werden. Zunächst gilt es zu unterscheiden zwischen der rein beschreibenden Tatsache der *Pluralität* (oder Diversität) in den Wissenschaften und dem Pluralismus als *Interpretation* oder *Erklärung* dieser Pluralität. Diese Pluralität umfasst die Vielfalt von Methoden, Modellen, und Erklärungsansätzen in einem bestimmten Bereich der Wissenschaften oder auch auf alle Wissenschaften bezogen. Der Pluralismus als wissenschaftstheoretische These versucht diese Pluralität zu interpretieren und zu erklären. Hier gibt es nun verschieden starke Interpretationen. Die schwächste von ihnen hält die Pluralität innerhalb eines bestimmten Wissenschaftszweigs oder sogar in Bezug auf alle Wissenschaften für eine vorübergehende Erscheinung. Es existiert nach dieser Interpretation also eine Wissenschaft, die alles mögliche Wissen zu einem bestimmten Gegenstand vereinheitlicht und die Pluralität aufhebt. Diese Form des Pluralismus könnte man als „transienten" Pluralismus bezeichnen. Er enthält in sich eine These des *Monismus* (das Gegenteil von Pluralismus) in Bezug auf die Wissenschaft in einem idealen Limit.[42]

Eine stärkere Interpretation des Pluralismus erhält man, wenn man die Möglichkeit einer solchen idealen vereinheitlichten Wissenschaft bestreitet. Nach dieser Interpretation ist die Pluralität notwendig und muss auch bestehen bleiben. So etwas wie ein vereinheitlichtes Rahmenwerk, in dem alles Wissen über einen Gegenstand oder einen Teil der Welt eingeordnet und aufgehoben wird, ist nach dieser Auffassung prinzipiell unmöglich; sei es, weil die Welt zu komplex ist, oder sei es, weil unsere kognitiven Vermögen nicht ausreichen, ein vereinheitlichtes System der Welterkenntnis zu schaffen. Eine bestimmte Theorie, ein Modell oder eine Erklärung kann demnach immer nur *Aspekte* der Wirklichkeit erfassen, und die verschiedenen Aspekte ergeben kein einheitliches Bild. Wir möchte diese Form im Einklang mit anderen Autoren als *explanatorischen* Pluralismus bezeichnen.[43]

Die stärksten Formen des Pluralismus schließlich besagen, dass eine Vielzahl von unverträglichen, inkommensurablen oder sich sogar gegenseitig widersprechenden wissenschaftlichen Perspektiven auf einen Gegenstand nötig sind, um diesen so gut wie möglich epistemisch zu erfassen. Wir wollen dies als *radikalen* Pluralismus bezeichnen.[44]

Ein Problem mit dem zuvor erwähnten exlanatorischen Pluralismus ist als das „Konjunktionsproblem" bekannt. Ein Monist (d.h. ein Gegner des Pluralismus) kann argumentieren, dass die angeblichen multiplen Erklärungen in Wahrheit nichts weiter als einzelne, aber komplexe Kausalerklärungen darstellen.[45] Nehmen wir an, ein Phänomen X werde durch A, B und C erklärt. Solange sich A, B und C nicht gegenseitig ausschließen, was hindert uns daran, sie als Teile einer einzelnen, aber komplexen Erklärung anzusehen?

Hier muss die Pluralistin zeigen, dass die Erklärungen A, B und C in relevanter Hinsicht verschieden sind und sich noch dazu nicht als Teile einer einheitlichen Erklärung ansehen lassen.[46] Carla Fehr versucht das am Beispiel von Erklärungen der Evolution der sexuellen Fortpflanzung zu zeigen. Sie zeigt dabei zunächst, dass die verschiedenen Erklärungen, die für dieses Phänomen gegeben wurden, von allgemeinen Begriffen Gebrauch machen, die verschiedenartige Abstraktionen ihrer Gegenstände enthalten. Eine vorgeschlagene Erklärung für die Entstehung sexueller Fortpflanzung besagt z.B., dass zwischen höheren Organismen und ihren Parasiten ein ständiges evolutionäres „Wettrüsten" stattfindet: Die Parasiten werden durch natürliche Selektion immer raffinierter darin, die Abwehrmechanismen ihres Wirtsorganismus zu überlisten, aber gleichzeitig entwickelt der Wirtsorganismus auch immer bessere Abwehrstrategien. Organismen, die sich sexuell vermehren können, haben in diesem Wettrüsten einen selektiven Vorteil, weil sich z.B. Resistenzgene in der Population schneller verbreiten können. Diese Erklärung heißt auch „Red Queen"-Hypothese.[47]

Eine andere Erklärung sieht den Selektionsvorteil der sexuellen Fortpflanzung im Prozess der Meiose (Reduktionsteilung), bei der bei diploiden Organismen zwei Chromosomensätze zu einem einzigen reduziert werden, die dann in eine Samen- oder Eizelle eingehen. In diesem Prozess wird unter anderem schadhafte DNA repariert. Bei einem Organismus, der diese Reduktionsteilungen nicht kennt, häufen sich dagegen molekulare Schäden an der DNA einfach an. Deshalb genießt ein Organismus mit sexueller Fortpflanzung einen Selektionsvorteil. Diese Erklärung heißt „DNA-Reparaturhypothese".

Fehr ist nun der Meinung, dass diese beiden Erklärungen sich zwar nicht gegenseitig ausschließen und wahrscheinlich sogar beide richtig sind, aber dennoch nicht als Teile einer einzigen, komplexen Erklärung angesehen werden können. Der Grund liegt darin, dass sie nicht exakt dasselbe Phänomen erklären. Die Red Queen-Hypothese erklärt das Phänomen, dass Organismen häufig Erbgut austauschen. Dagegen erklärt die DNA-Reparaturhypothese das Vorhandensein des spezifischen Mechanismus der Reduktionsteilung (beide Erklärungen sind ultimat). Nun kann es zwar sein, dass bei spezifischen Organismen (Individuen oder Arten) die Explanantia dieser Erklärungen zusammenfallen, d.h. der Mechanismus der Verbreitung von Erbgut im Sinn der Red Queen-Hypothese ist zugleich auch der Mechanismus der Meiose. Doch ist dies nicht immer so; es gibt auch sexuelle Fortpflanzung ohne Meiose und Meiose ohne sexuelle Fortpflanzung. Die beiden Erklärungen nehmen also verschiedene Abstraktionen vor und lassen sich deshalb nicht zu einer einzigen Erklärung zusammenschließen.

Es stellt sich die Frage, ob eine solche Form des explanatorischen Pluralismus nicht auch in der Biogerontologie gegeben ist. Wir meinen damit nicht bloß den Dualismus zwischen proximaten und ultimaten Erklärungen, der lediglich einen Teil der Pluralität der Erklärungen darstellt. Wie bei Fehrs Beispiel der sexuellen Fortpflanzung haben wir es auch beim Altern nicht bloß mit einem Phänomen und einer Erklärung, sondern mit einer Vielzahl von Phänomenen zu tun, die entsprechend viele verschiedene Erklärungen verlangen. So geben etwa die Haldane-Fisher-Erklärung der abnehmenden Wirkung der natürlichen Selektion mit zunehmendem Alter (2.2.2), die Medawar-Theorie der Rolle der extrinsischen Mortalität (2.2.3) und die Kirkwood-Theorie des „Wegwerf-Körpers" nicht einfach mehrere Faktoren an, die einen größeren oder kleineren Beitrag zur Evolution von Seneszenz-Mechanismen geleistet haben und damit als Teile einer komplexen Erklärung angesehen werden können. Der Fisher-Haldane-Effekt ist nicht auf Gene beschränkt, die Seneszenz befördern, sondern spielt auch bei der Evolution vieler krankmachender Gene eine Rolle (z.B. dem Chorea-Huntington Gen, das am Anfang von Haldanes Überlegungen stand). Andererseits gibt es Aspekte der Seneszenz, die auch bei Organismen vorkommen, bei denen der Fisher-Haldane-Effekt der abnehmenden Selektion keine Rolle spielt, z.B. weil sie gar nicht erst eine Keimbahn-Soma Differenzierung aufweisen (wie Hefen oder Bakterien). Dazu gehören etwa durch ROS verursachte

Schäden an DNA und Proteinmolekülen. Also nehmen offenbar auch verschiedene Erklärungen der Seneszenz unterschiedliche Abstraktionen ihrer Gegenstände vor.

Es sei allerdings ausdrücklich hervorgehoben, dass man sich mit einer solchen Betrachtungsweise keineswegs die Auffassung der radikalen Pluralisten zu eigen machen würde, die meinen, dass es jeweils eine Vielzahl untereinander unverträglicher Erklärungen gibt, die in ihrem eigenen Licht jeweils korrekt sind. Wir wollen auch nicht behaupten, dass alle Erklärungen, die für das Altern gegeben wurden, Wahrheit beanspruchen dürfen. Möglich scheint uns aber, Seneszenz nicht als ein einzelnes Phänomen, sondern als ein Komplex von Phänomenen anzusehen, für die viele Erklärungen existieren, die sich aber nicht zu einer einzigen Erklärung oder kausalen Geschichte zusammenfügen lassen.

Wir werden im folgenden Abschnitt nun noch auf zwei begriffliche und metaphysische Probleme eingehen, die sich aus der Art und Weise ergeben, wie der Alterungsprozess manchmal beschrieben wird.

2.5.3 Zwei explanatorische Modelle: Programm und Regulation

Eine in der biogerontologischen Literatur kontrovers diskutierte Frage ist die Frage, ob Altern einem Programm folgt.[48] Die Vorstellung eines Programms, die hinter dieser Frage steht, ist diejenige, die auch der Idee eines *Entwicklungsprogramms* oder eines *genetischen Programms* zu Grunde liegt. Nach dieser Vorstellung wird die Entwicklung eines Organismus von der befruchteten Eizelle über die verschiedenen Embryonalstadien bis hin zum ausgewachsenen Tier (oder Pflanze) durch etwas gesteuert, nämlich durch einen Satz von Anweisungen, die im Genom (Erbgut) dieser Lebewesen enthalten sind. Biologen sprechen gerne auch von einem „genetischen Programm", weil die DNA, die dieses Programm enthält, von Generation zu Generation weitervererbt wird.

Die Frage ist nun, ob die Vorgänge, die das Altern ausmachen, ebenfalls von einem solchen Programm gesteuert werden; vielleicht sogar von demselben genetischen Programm, das die Entwicklung steuert. Manche Biogerontologen meinen, dies sei nicht der Fall, so etwa Steven Austad:

It is easy to appreciate how development and morphogenesis can be thought of as programmed. They are analogous to the design and construction of an automobile. That is, development and morphogenesis are the outcome of what can easily be thought of as a sequence of specific events designed by natural selection, leading to a certain phenotype by the end of the process in early adulthood. In this sense, natural selection designs organisms in the same sense as an engineer designs cars. But aging is not design, it is decay. Decay and design are fundamentally different unless the nature and rate of decay are part of the design, which is rarely the case.[49]

In diesem Zitat nennt Austad eine zentrale Bedingung dafür, eine Abfolge von Ereignissen als programmiert anzusehen: Diese Abfolge muss entworfen (*designed*) sein. Der Entwurf kann dabei aus der Feder eines intelligenten Wesens stammen (z.B. einem Autokonstrukteur) oder aber ein Ergebnis der natürlichen Selektion sein. Das letztere sei beim Prozess der Embryonalentwicklung eines mehrzelligen Organismus der Fall, also ist dieser Prozess programmiert bzw. durch ein Programm gesteuert. Altern ist aber seiner Meinung nach nicht das Produkt eines Entwurfs durch natürliche Selektion. Gemäß der Theorie der antagonistischen Pleiotropie entsteht Altern als Nebenprodukt der Selektion für Gene, die bei jungen Organismen einen positiven Effekt auf das Überleben und/oder die Fortpflanzung haben, und ist nicht das Ergebnis einer direkten Selektion für das Altern. Also ist es höchstens eine Nebenfolge der Wirkung eines Programms und nicht selbst durch ein Programm gesteuert.

Diese Meinung von Austad teilen nicht alle Biogerontologen; z.B. ist Dale Bredesen[50] der Meinung, dass Altern durchaus gewisse Aspekte eines durch ein Programm gesteuerten Prozesses aufweist. Bredesens Argumentation für diese These geht davon aus, dass es ein mit Altern assoziiertes Phänomen gibt, bei dem niemand bezweifelt, dass es durch ein Programm gesteuert wird: den programmierten Zelltod. Wie wir gesehen haben (Abschn. 2.3.2), können Zellen unter bestimmten Bedingungen (z.B. erhöhtem oxidativen Stress) einen Selbstzerstörungsmechanismus – genannt Apoptose – auslösen, der die Gefahr, die von beschädigten Zellen für den Gesamtorganismus ausgehen kann (z.B. durch die Bildung von Tumoren), abwenden kann. Die Apoptose wird dabei durch einen komplexen biochemischen Mechanismus ausgelöst. Bredesen weist nun darauf hin, dass manche Komponenten dieses Mechanismus (z.B. das Protein p53, siehe Abschn. 2.3.3) auch die Geschwindigkeit beeinflussen können, mit der ein Organismus altert. Deshalb findet er es angemessen, von einem Programm zu sprechen, das die

Apoptose einzelner Zellen ebenso wie das Altern des Gesamtorganismus kontrolliert. Besonders deutlich sei diese Analogie bei dem Phänomen der *Semelparie*, bei dem Organismen ihre gesamte Nachkommenschaft auf einen Schlag produzieren, um danach einen raschen Alterungsprozess zu durchlaufen und schließlich zu sterben, wie sich dies z.B. bei manchen Lachsarten beobachten lässt. Dort spricht sogar Austad von einem „programmed decay". Aber wenn Zerfall grundsätzlich programmiert sein kann, warum dann nicht auch bei nicht-semelparen Organismen, bei denen der Zerfall etwas mehr in die Länge gezogen ist?[51]

Eine etwas andere Argumentation für die Existenz von Alterungsprogrammen hat Joshua Mitteldorf vorgelegt.[52] Wie wir bereits gesehen haben (Abschn. 2.2.6), hält Mitteldorf Altern für eine direkte evolutionäre Adaptation (durch Gruppenselektion). Zusammen mit der These, die auch Austad akzeptiert (aber Bredesen anscheinend nicht), dass ein Programm ein Mechanismus ist, der direkt durch die natürliche Selektion dafür ausgewählt wurde, andere Prozesse zu beeinflussen, ergibt sich daraus, dass Altern einem genetischen Programm unterliegt.

Interessant ist bei diesem Disput, dass zumindest Austad und Bredesen sich in Bezug auf praktisch alle Faktenfragen einig zu sein scheinen; es muss sich also um eine Kontroverse um *begriffliche*, nicht um empirische Zusammenhänge handeln. Begriffliche Fragen sind das Metier der Philosophie, so dass wir hier den Versuch unternehmen wollen, einen Beitrag zur Auflösung dieser Kontroverse zu leisten.

Die entscheidende Frage ist die, was der Begriff eines Programms genau bedeutet. Bei der Explikation ist darauf zu verzichten, andere Begriffe aus demselben semantischen Feld zu verwenden, die genau so unklar sind, etwa „Steuerung", „Kontrollieren", oder „Regulieren" (für den Begriff der Regulation siehe den nächsten Abschnitt). Gesucht ist eine Explikation durch Begriffe, die (für die vorliegenden Zwecke) ausreichend klar sind. Der wichtigste Kandidat für einen solchen Begriff ist der der *Kausalität*. Ist es möglich, den Begriff eines Programms allein in Begriffen von Kausalität zu explizieren?

Schon ein Blick auf die Art und Weise, wie der Begriff „Programm" von unseren Biogerontologen verwendet wird, zeigt, dass dies schwierig werden wird. Austad etwa charakterisiert ein Programm als „a stereotyped sequence of specific instructions or events leading to an intended outcome".[53] Sowohl der Ausdruck „instruction" als auch „intended" sind keine bloßen Kausalbegriffe; sie sind *intentional*. Programme scheinen ontologisch (d.h. in ihrem Sein) davon abzuhängen, dass jemand mit ihnen etwas *tun* möchte, nämlich eine Maschine oder einen Mechanismus auf eine gewünschte Weise zu beeinflussen. Wie viele andere Biologen und auch manche Philosophen[54] scheint auch Austad zu denken, dass bei biologischen Systemen die Rolle der für ein Programm erforderlichen Absichten durch die natürliche Selektion eingenommen werden kann: Eine biologische Struktur ist für eine bestimmte Tätigkeit *vorgesehen*, wenn die Ausübung dieser Tätigkeit durch diese Struktur derselben einen Fitnessvorteil verschafft hat (oder immer noch verschafft) und deshalb durch die natürliche Selektion ausgewählt wurde.

Natürliche Selektion allein ist aber kaum ein hinreichend starkes Kriterium dafür, um Programme von anderen Teilen des Organismus zu unterscheiden. Nicht alles, was durch die natürliche Selektion geformt wurde, ist ein Programm. Wir vermuten, dass Biologen mit „Programm" einen Mechanismus meinen, dessen *Funktion* darin besteht, die Aktivität anderer Mechanismen so zu beeinflussen, dass diese bestimmte Systemzustände in einer gewissen regelhaften Abfolge herstellen. Austad setzt nun voraus, dass Funktionen *per Definition* evolutionäre Adaptationen sind. In Verbindung mit seiner Überzeugung, dass es keine direkte Selektion für Altersmechanismen gibt, folgt daraus, dass Altern nicht programmiert sein kann.

Doch Funktionen müssen nicht zwangsläufig mit Adaptationen gleichgesetzt werden. Wir haben gesehen (Abschn. 1.4.2), dass es auch andere Auffassungen des Begriffs der biologischen Funktion gibt, besonders die Konzeption der Kausalrollen-Funktionen. Aus dieser Diskussion wird ersichtlich, dass Austads Konklusion, dass Altern nicht programmiert ist, nicht zwingend aus der Voraussetzung folgt, dass es keine direkte Selektion für Alterungsmechanismen gibt.

Allerdings ist es auch nicht ganz einfach, Altern unter andere Funktionsbegriffe als den ätiologischen zu bringen (und dies ist notwendig, um die Rede von Programmen rechtfertigen zu können). Wenn man etwa Funktionen als Kapazitäten versteht, die einen Beitrag zum Überleben des Individuums leisten (siehe 1.4.2), wird Altern begrifflich notwendigerweise immer auf Fehlfunktionen beruhen; es kann dann keine „Altersfunktionen" und damit auch kein Altersprogramm geben.

Die einzige Möglichkeit, die wir sehen, ist die, dass man einen sehr schwachen Begriff von Funktion (und damit von Programm) unterlegt. Demnach wäre praktisch alles ein Programm, was an einem regelhaften Ablauf kausal beteiligt ist, *für den man sich interessiert.* Aber nach einem solch schwachen Begriff kann fast jeder regulär verlaufende Prozess als programmgeleitet betrachtet werden, so dass die These des programmierten Charakters des Alterns trivial wird.

Das Grundproblem mit dem Begriff des Programms ist sein intrinsischer *teleologischer* Charakter. Ein Programm ist nicht einfach eine Abfolge von kausal relevanten Ereignissen oder ein Mechanismus; es ist ein Mechanismus, der bestimmte *Ziel-* und damit *Sollzustände* herstellen soll. Man kann zwar versuchen, diese Teleologie auf biologische Funktionen oder auf natürliche Selektion zu reduzieren, doch hat beides seine Tücken. Die These des programmierten Charakters des Alterns ist also nicht aus empirischen, sondern schon aus begrifflichen Gründen problematisch.

Eine ähnliche Frage ist die, ob das Altern eines Organismus „reguliert" wird. Diese Frage stellt sich z.B. angesichts des intensiv erforschten Phänomens der *kalorischen Restriktion* (hernach KR). Bei einer großen Anzahl von getesteten Tierarten lässt sich die Lebensdauer signifikant erhöhen, indem die Kalorienzufuhr reduziert wird[55] (natürlich nur bis zu einer gewissen unteren Grenze, bei der die Unterernährung mit allen ihren schädlichen Folgen beginnt). In den rund 70 Jahren, seit man angefangen hat, dieses Phänomen zu untersuchen, wurden Dutzende von Theorien vorgeschlagen, die es erklären sollten.[56] Anfänglich dachten viele, dass die KR einfach den ganzen Entwicklungsprozess verlangsame. Dagegen spricht aber, dass sich der Effekt auch einstellt, wenn die Drosselung der Nahrungszufuhr erst nach Vollendung der Entwicklung erfolgt. Andere Erklärungsversuche hielten das Phänomen einfach für eine Konsequenz eines verlangsamten Metabolismus. Dies ist auch gar nicht unplausibel, ist es doch der Energiestoffwechsel in den Mitochondrien, der die gefährlichen ROS (reaktive Arten von Sauerstoff, siehe 2.3.2) produziert. Allerdings scheint die KR nicht zwangsläufig zu einer Reduktion der ROS-Produktion zu führen; in gewissen Fällen wurde sogar das Gegenteil beobachtet.

Es ist aber auch möglich, dass die kalorisch restringierten Organismen vor dem oxidativen Stress besser *geschützt* sind. In den letzten Jahren scheint sich in der Biogerontologie ein gewisser Konsens herausgebildet zu haben, dass dies tatsächlich der Fall ist.[57] Es scheint, dass viele Organismen unter Bedingungen reduzierter Kalorienzufuhr mehr von jenen Enzymen herstellen, die die durch oxidativen Stress verursachten Schäden reparieren können.

Dieser letzte Befund hat nun manche Wissenschaftler zu dem Schluss geführt, dass Lebewesen ihre Lebensspanne *regulieren* können. Unter so genannten „hormetischen" Bedingungen – das sind Bedingungen, die für den Organismus nicht ganz optimal sind, z.b. wegen KR oder auch wegen gewisser Konzentrationen von Schadstoffen – verstärken die Organismen offenbar ihre Abwehrmechanismen gegenüber verschiedenen ungünstigen Umweltbedingungen.

Diese Erklärung passt hervorragend zu Tom Kirkwoods Theorie des „Wegwerfkörpers" (siehe Abschn. 2.2.5). Wir erinnern uns, dass diese Theorie ein Optimum der Ressourcenallokation zwischen der Fortpflanzung und der Aufrechterhaltung des Somas postuliert. Es ist nun sehr gut denkbar, dass dieses Optimum je nach Umweltbedingungen anders liegt und dass Organismen, die in der Lage sind, diese Allokation an die Umweltbedingungen anzupassen, in der Evolutionsgeschichte bessere Überlebenschancen hatten. Für den Fortpflanzungserfolg eines Organismus könnte es sich bei Hungerperioden als vorteilhaft erweisen, die Fortpflanzung auf später zu verschieben und mehr von den verfügbaren Ressourcen in das Überleben zu stecken. In fetten Jahren macht sich diese Strategie dagegen nicht bezahlt, da steckt man die Ressourcen lieber gleich direkt in die Fortpflanzung. Den größten Vorteil könnten diejenigen Organismen haben, die je nach Umweltbedingungen eine andere Strategie „wählen" können.

Die Frage ist nun, ob dieses Phänomen (unabhängig davon, ob es überhaupt existiert oder wie häufig es in der Natur vorkommt) als eine „Regulation" der Lebensspanne adäquat beschrieben ist. Um diese Frage zu entscheiden, müssen wir uns kurz der genauen Bedeutung des Begriffs der Regulation zuwenden.

Regulation ist nicht einfach bloß die Beeinflussung der Geschwindigkeit eines Prozesses; es ist die Beeinflussung nach Maßgabe von *Sollzuständen*. Manche kausalen Variablen haben einen Effekt auf die Geschwindigkeit eines Prozesses, ohne dass wir gleich von Regulation sprechen. Schwere Gewitter in der Zentralschweiz erhöhen den Pegelstand des Rheins bei Basel; wir sagen aber deshalb nicht, dass diese Gewitter den Pegelstand „regulieren". Wenn dagegen der Schleusenwart die Schleusentore bei Birsfelden vor Basel öffnen würde, *um* den Pegelstand zu erhöhen, dann handelt es sich um Regulation. Es scheint, dass ein solcher teleologischer Nexus – ein *um zu* – vorhanden sein muss, damit es sich um ein Regulationsphänomen handelt.

In der Kybernetik (Regeltechnik) sind diese Sollzustände durch die Zielvorgaben des Konstrukteurs einer Maschine gegeben. In der Biologie gibt es keinen Konstrukteur; woher also kommen dort die Sollzustände ? Grundsätzlich gibt es zwei Möglichkeiten (Regulation eines biologischen Prozesses durch einen Arzt ignorieren wir hier): (1) natürliche Selektion, (2) biologische Funktionen (im nicht-ätiologischen Sinn verstanden).

Zu (1): Nehmen wir einmal an, dass Typen von Organismen, die ihre Ressourcen bei guter oder normaler Verfügbarkeit von Nahrung verstärkt in die Produktion von Nachkommen und in dürren Zeiten verstärkt in die Aufrechterhaltung des Somas stecken, eine höhere Fitness aufweisen (d.h. im Durchschnitt mehr lebensfähige Nachkommen produzieren). Dadurch könnte ein Mechanismus, der auf die Verfügbarkeit von Nahrung reagiert und die Fortpflanzungs- und Reparatursysteme eines Organismus entsprechend einstellt, durch die natürliche Selektion bevorzugt werden (ein solches Szenario wäre im Einklang mit der Theorie des „Wegwerfkörpers", obwohl die letztere nicht zwingend eine solche Regulation verlangt).

Sollten nun die Effekte der kalorischen Restriktion in der Evolution (ungefähr) auf diese Weise entstanden sein, könnte man in einem gewissen Sinn tatsächlich von Regulation sprechen. Wir müssen uns aber darüber im Klaren sein, dass es nicht derselbe Sinn ist, in dem beispielsweise Physiologen sagen, der (homotherme) Organismus reguliere seine Körpertemperatur oder die Zuckerkonzentration im Blut. Die Mechanismen, die dafür verantwortlich sind, leisten einen direkten Beitrag zur *Homöostase* (Aufrechterhaltung eines stabilen Zustands unter wechselnden Bedingungen) und damit zum *Überleben des individuellen Organismus*. Die Mechanismen, die für das Phänomen der kalorischen Restriktion verantwortlich sind, leisten dagegen (wenn das vorhin skizzierte Szenario richtig ist) einen Beitrag zur Maximierung der *Fitness*, d.h., der *Fortpflanzung* dieses Organismus. Es handelt sich also nicht um dieselbe Art von Regulation.

Eine weitere kritische Frage ist die, ob es in dem genannten Szenario richtig ist, die Lebensdauer als diejenige Eigenschaft anzusehen, die reguliert wird. Sind es nicht vielmehr die zellulären Reparaturmechanismen, die durch den Organismus reguliert werden? Letztlich sind es ja diese, die kausal dafür verantwortlich sind, dass die Organismen unter kalorischer Restriktion länger leben.

Zu (2): Könnte man den relevanten Begriff von Funktion, der dem Begriff der Regulation immer zugrunde liegt (wegen der Sollzustände; siehe oben) auch in einem nicht-ätiologischen Sinn verstehen? Dies scheint uns begrifflich ausgeschlossen zu sein. Denn es würde heißen, dass man die Aktivierung *und* Drosselung der Reparaturmechanismen als direkten Beitrag zum Überleben (Selbstreproduktion oder Autopoiesis) des Individuums ansehen müsste. Das mag im Falle der Aktivierung der Reparaturmechanismen möglich sein, aber nicht bei deren *Drosselung* bei normaler Nahrungszufuhr. Sie ist es ja gerade, die das Leben des Individuums in solchen Fällen verkürzt. Man beachte den Kontrast etwa zur Drosselung der Herzfrequenz bei einem ruhenden Organismus: Diese verkürzt das Leben nicht; im Gegenteil, sie schont das Herz und die für das Überleben zur Verfügung stehenden Energieressourcen, was dem Überleben des Individuums zugutekommt.

Fazit: Die Rede von einer „Regulation" der Lebensspanne muss mit einiger Vorsicht gewählt werden.

2.6 Die Möglichkeit radikaler Lebensverlängerung

Wie bereits erwähnt, sind nicht wenige Biogerontologen, Biologen und Mediziner der Ansicht, dass eine erhebliche Verlängerung des Lebens menschlicher Organismen im Prinzip möglich ist. Sie meinen damit nicht nur (aber auch), dass die *durchschnittliche* Lebenserwartung in den nächsten Jahrzehnten noch weiter zunehmen wird, wie sie es in den letzten 100 Jahren – zumindest in den Industrieländern – bereits getan hat. Diese schwächere These ist weitgehend unbestritten. Besonders medizinische Fortschritte bei der Behandlung von Krebs und bei der Prävention und Behandlung von Herz-Kreislauf-Krankheiten haben die durchschnittliche Lebenserwartung sogar in den letzten Jahrzehnten noch weiter angehoben (wodurch allerdings leider auch eine Zunahme von neurodegenerativen Erkrankungen oder „Demenz" zu beobachten ist). Die Beseitigung ungesunder Gewohnheiten wie Rauchen, zu fetter und zu kalorienreicher Ernährung sowie Bewegungsmangel könnten dazu auch zukünftig noch einiges beitragen (und tun dies teilweise bereits heute). Wesentlich kontroverser ist die stärkere These, dass nicht nur die *durchschnittliche* Lebenserwartung angehoben werden kann, sondern auch die *maximale*.

Soweit wir heute wissen, liegt die maximale Lebensspanne eines Menschen bei etwas mehr als 120 Jahren. Die stärkere Be-

hauptung mancher Wissenschaftler ist nun die, dass mittels neuer
medizinischer Behandlungsmethoden diese maximale Lebensdauer
gesteigert werden könnte, und zwar dadurch, dass der natürliche
Alterungsprozess verlangsamt wird. In diesem Fall hätte man es
mit einer „radikalen" Lebensverlängerung zu tun. Diesen Begriff
möchten wir etwas genauer spezifizieren.

2.6.1 Definition radikaler Lebensverlängerung

Unter *radikaler Lebensverlängerung* wird im folgenden eine Ausdehnung der menschlichen Lebensspanne verstanden, die sich einer
Intervention in den natürlichen Seneszenzprozess des menschlichen Organismus verdankt, die dazu führt, dass die resultierende
Lebensdauer die heutige Maximallebensdauer von ca. 120 Jahren
überschreitet. Eine solche Form der Lebensverlängerung ist in einem doppelten Sinne radikal: Erstens aufgrund ihres *erheblichen
zeitlichen Umfanges* und zweitens, indem sie therapeutisch an den
Wurzeln der bisherigen Befristung des menschlichen Daseins ansetzt, nämlich am zugrundeliegenden Prozess der Seneszenz. Der
Eingriff in den natürlichen Alterungsprozess kann dabei seinerseits
zwei unterschiedlich radikale Formen annehmen, aus denen zwei
alternative biologische Verlaufsformen des verlängerten Lebens resultieren. Die erste dieser beiden Varianten ist der *seneszenzdeh-
nende Modus*, bei dem der Alterungsprozess ab dem Eintritt in die
vitale Erwachsenenphase verlangsamt wird. Der normale menschliche Lebenszyklus mit den aufeinanderfolgenden Phasen der Kindheit, der Adoleszenz, des reifen Erwachsenenstadiums sowie des
Alters bleibt dabei erhalten, wird jedoch während der letzten beiden Phasen nach dem Muster eines Gummibands gedehnt. Davon
zu unterscheiden ist der *seneszenzstoppende Modus*, bei dem der
Alterungsprozess ab dem Beginn der vitalen Erwachsenenphase
entweder gänzlich zum Stillstand gebracht oder aber durch konti-
nuierliche Reparaturmaßnahmen, die die jeweils eingetretenen se-
neszenzbedingten Schäden beheben, vollständig kompensiert wird.
Der normale Lebenszyklus wird bei dieser zweiten Variante aufgehoben, indem die Phase des biologisch fortgeschrittenen Alters
entfällt.[58]

Zu betonen ist dabei, dass ein radikal verlängertes Leben zwar
unter Umständen erheblich länger dauern würde als unser heutiges

menschliches Leben, dass es jedoch gleichwohl eine *endliche* Zeitspanne umfassen würde. Denn auch bei der seneszenzstoppenden Variante träte der Tod früher oder später durch einen Unfall, durch eine medizinisch noch nicht beherrschbare Erkrankung, durch Mord oder durch Selbsttötung ein.[59] Ein radikal verlängertes Leben im hier definierten Sinne muss daher von einer definitiv unbefristeten Fortexistenz unterschieden werden, die ein irdisches Äquivalent für das „ewige Leben" im Jenseits darstellen würde. Auf der anderen Seite sieht der Begriff der radikalen Lebensverlängerung, so wie er im Folgenden gebraucht werden soll, keine *bestimmte* zeitliche Obergrenze vor. Eine Ausdehnung der Lebensspanne bis zu einem Alter von 130 Jahren fällt ebenso unter diesen Begriff wie eine Existenz, die mehrere Jahrhunderte andauert. Nichtsdestoweniger wird es wichtig sein, im nächsten Kapitel zwei Fragen voneinander zu unterscheiden: Einerseits die Frage, ob unsere Gesellschaften im Rahmen zukünftiger medizinischer Fortschritte eine Welt anstreben sollten, in der Menschen ein Alter jenseits des derzeitigen biologischen Limits von 120 Jahren erreichen; sowie andererseits die Frage, ob jede *beliebige* Verlängerung des menschlichen Lebens wünschenswert wäre. Eine mögliche positive Antwort auf die erste Frage muss keineswegs zwangsläufig auch eine positive Antwort auf die zweite Frage nach sich ziehen.

Schließlich sei noch hervorgehoben, dass gemäß dem hier zugrundegelegten Begriffsverständnis ein radikal verlängertes Leben auch während der hinzugewonnenen Jahre ein Leben in einem weitgehend funktionsfähigen – wenngleich nicht unbedingt durchgängig vitalen – Zustand wäre, der die betroffene Person im Prinzip in die Lage versetzen würde, ihre Existenz selbstbestimmt zu gestalten. Nicht zuletzt dadurch unterscheidet sich die hier erörterte Thematik grundsätzlich von dem Gegenstand der seit geraumer Zeit intensiv geführten medizinethischen Debatte zu der Frage, ob und unter welchen Bedingungen wir die Lebensfunktionen todkranker bzw. komatöser Patienten *erhalten* – und somit ihr Leben verlängern – sollten.[60]

Darüber, wie weit eine solche Verlängerung gehen könnte, gehen die Meinungen weit auseinander; manche reden von bis zu 150 Jahren (nennen wir dies Variante I), andere von mehreren Jahrhunderten (Variante II) oder über tausend Jahren (Variante III), und einige wenige halten sogar die intrinsische (biologische) Unsterblichkeit (Variante IV) für möglich (d.h. die Abschaffung des natürlichen Todes, wobei aber der Tod durch Krankheit, Unfall oder absichtliche

Tötung weiterhin möglich bleibt). Wir werden die letztere Variante hier nicht ernsthaft erwägen, da sie als extrem unwahrscheinlich
gilt. Auch Variante III erscheint äußerst unrealistisch. Wir werden
deshalb in diesem Kapitel mit „radikaler Lebensverlängerung" oder
kurz „Lebensverlängerung" vor allen die Variante I und, als fernere
Möglichkeit, die Variante II erwägen. Worauf gründet die These,
dass eine solche Lebensverlängerung im Bereich des Möglichen
liegt?

Wie wir zeigen möchten, verleihen wissenschaftliche Erkenntnisse der letzten Jahrzehnte dieser These tatsächlich eine gewisse
Plausibilität. Wir werden diese Erkenntnisse kurz vorstellen, und
anschließend eine philosophisch-metaphysische Analyse der Argumentation zugunsten der Möglichkeit radikaler Lebensverlängerung (im Sinne der Varianten I und II) vornehmen.

2.6.2 Vergleichende Biologie der Lebenszyklen als Evidenz

Ein wichtiger Eckpfeiler in der Evidenz für die Möglichkeit radikaler Lebensverlängerung ist die zum Teil beträchtliche Variabilität in
der Lebensdauer, die zwischen verschiedenen Arten besteht. David
Gems weist etwa darauf hin, dass die maximale Lebensdauer eines
Menschen rund das Dreißigfache der einer Labormaus beträgt.[61]
Ein Grönlandwal kann gut doppelt so alt werden wie ein Mensch.
Sogar zwei phylogenetisch extrem nahe verwandte Tiere, nämlich
der Mensch und der Schimpanse, unterscheiden sich diesbezüglich
um einen Faktor von immerhin etwa 1,6 (Schimpansen können maximal um die 74 Jahre alt werden). Diese Zahlen gelten für Bedingungen, die für das Überleben der entsprechenden Arten ideal sind.
Besonders bemerkenswert ist dabei die Tatsache, dass sich diese
Lebensformen physiologisch nur sehr wenig und auf der zellulären Ebene fast überhaupt nicht unterscheiden. Nur ein Spezialist
kann etwa die Leber- oder Herzmuskelzellen eines Menschen, einer Maus, eines Grönlandwals und eines Schimpansen auseinan-
derhalten. Dasselbe gilt sogar für die Gehirnzellen! Warum also
unterscheiden sich diese Organismen so stark in ihrer maximalen
Lebensdauer?

Die Antwort liegt (wie so oft in der Biologie) in der Evolutionsgeschichte versteckt. Der Lebenszyklus eines Organismus (von
dem die Gesamtlebensdauer einen Aspekt darstellt) ist das Ergebnis

von sehr langfristigen evolutionären Anpassungsprozessen, in denen für bestimmte Lebenszyklus-Parameter selektiert wird.[62] Ob dabei direkt für ein beschleunigtes Altern selektiert werden kann, ist umstritten (siehe Abschn. 2.2.6). Die meisten Evolutionsbiologen halten die Lebensdauer eher für ein Nebenprodukt der Maximierung der Fortpflanzungsrate bei jungen Individuen. Doch für die Argumentation für die Möglichkeit der Lebensverlängerung spielt das keine Rolle. Entscheidend ist der Punkt, dass die Lebensdauer ein *kontingentes Produkt der Evolution ist*. Das heißt, dass es keinerlei physiologische oder biochemische Zwänge gibt, die für einen bestimmten Typ von Organismen eine bestimmte Lebensdauer vorschreiben.

In anderen Bereichen gibt es freilich solche Zwänge. Beispielsweise verbraucht ein kleineres Tier wie eine Maus wesentlich mehr Energie pro Gramm Körpergewicht, um sich warm zu halten, als ein großes Tier wie ein Elefant. Schuld daran ist ein geometrisches Gesetz. Ein großes Tier hat nämlich ein kleineres Verhältnis von Oberfläche zu Volumen als ein kleineres Tier. Dadurch ist der Wärmeverlust bei kühlen Umgebungstemperaturen bei einem kleineren Tier größer. Das ist ein physiologischer Zwang, den der Evolutionsprozess niemals aufheben kann.

Beim Altern bestehen jedoch keine Zwänge von dieser Art. Die Evolution kann die Geschwindigkeit, mit der Lebewesen altern, *im Prinzip* beliebig formen. Sie könnte sogar unsterbliche Organismen entstehen lassen, und hat dies anscheinend in seltenen Fällen sogar getan. In der Regel aber erzeugt sie sterbliche Organismen. Die evolutionären Ursachen dafür haben wir bereits erörtert; eine wichtige (ultimate) Ursache scheint die extrinsische Mortalität zu sein (siehe Abschn. 2.2.3).

Wir werden auf die Frage, was der Begriff der evolutionären Kontingenz genau bedeutet, im Abschnitt 2.6.5 zurückkommen.

Zunächst aber wollen wir noch darauf hinweisen, dass es in Bezug auf die maximale Lebensdauer nicht nur interspezifisch, sondern auch *intra*spezifische Variation gibt, d.h. Variation innerhalb einer Art. Es ist etwa statistisch ziemlich gut belegt, dass besonders langlebige Menschen signifikant mehr langlebige Nachkommen haben als weniger langlebige Individuen. Mit anderen Worten: Es gibt beim Menschen *genetische Variation* in Bezug auf die Langlebigkeit, ebenso wie es genetische Variation in Bezug auf die Körpergröße gibt. Das heißt natürlich nicht, dass die Lebensdauer (wie auch die Körpergröße) nicht *auch* durch Umweltfaktoren wie

Ernährung, Parasitenbelastung usw. beeinflusst wird; die Behauptung ist vielmehr die, dass selbst wenn sämtliche umweltbedingten Quellen von Variation berücksichtigt werden, noch ein Rest übrig bleibt, für den die genetische Ausstattung kausal verantwortlich gemacht werden muss. Auch dies zeigt, dass Langlebigkeit bis zu einem gewissen Grade formbar ist.

2.6.3 Extrapolation von genetischen Studien an Modellorganismen

Dass es Gene gibt, die die Langlebigkeit direkt beeinflussen, ist nicht nur statistisch belegt. Bei manchen Modellorganismen ist es sogar gelungen, direkt Gene zu identifizieren, die, wenn sie sich durch Mutationen verändern, die Lebensdauer erhöhen können. Die spektakulärsten Fälle sind Mutanten des Fadenwurms *Caenorhabditis elegans*, die bis zu zehnmal länger leben als ihre Artgenossen.[63] Mutationen in einem einzigen Gen können also sehr deutliche Auswirkungen auf die Lebensdauer haben. Dass dies auch bei Säugetieren möglich ist, zeigt eine Mutation in einem Maus-Gen, die ihre Träger um bis zu 80% älter werden lässt.[64] Beim Menschen entspräche dies bereits einer maximalen Lebensdauer von mehr als 200 Jahren, wäre also als eine Form der radikalen Lebensverlängerung einzustufen. Außerdem ist es gelungen, Fruchtfliegen der Art *Drosophila melanogaster* (das klassische Lieblingstier der Genetiker) zu züchten, die bis zu dreimal länger leben als die Standard-Laborfliegen.[65] Diese so genannten „Methusalem-Fliegen" wurden durch künstliche Selektion über viele Generationen im Labor erzeugt und unterscheiden sich deshalb in mehr als nur einem Gen. Bemerkenswerterweise zeigten sich viele der langlebigen Mutanten insgesamt robuster, weniger anfällig für Krankheiten und stressresistenter als ihre kürzer lebenden Artgenossen.

Bis heute wurden mehrere Hundert Genmutationen beschrieben, die bei verschiedenen Modellorganismen die Lebensspanne signifikant verlängern können. Die langlebigen Modellorganismen belegen nicht nur, dass Lebensverlängerung zumindest bei diesen Organismen möglich ist. Durch die Isolierung und genetische und biochemische Charakterisierung dieser Mutanten ist es darüber hinaus auch gelungen, einige der molekularen Mechanismen zu beschreiben, die am Altern mitwirken. Beispielsweise konnte gezeigt werden, dass das Gen *age-1* von *C. elegans* die Erbinformation zur

Herstellung eines Enzyms enthält, das an der Signaltransduktion (d.h. der Weiterleitung von Signalen, die eine Zelle von außen erreichen) beteiligt ist.[66] Ein anderes Gen desselben Organismus, *daf-2*, codiert für einen Rezeptor (Andockungsstelle) für das Hormon Insulin. Ähnliche Gene bzw. Proteine wurden auch beim Menschen gefunden. *Wie* diese Mechanismen genau das Altern beeinflussen, ist noch nicht geklärt; erwiesen ist lediglich, *dass* sie es tun.

Es wäre sicherlich verfehlt, aus der Wirkung von Mutanten in diesen Genen auf die Langlebigkeit zu schließen, dass diese Gene irgendwie an der „Regulation" des Alterns beteiligt wären (vgl. Abschn. 2.5.3). Klar ist lediglich, dass diese Gene und Proteine an der Regulation des Stoffwechsels und des Wachstums beteiligt sind, und dass eine verringerte Aktivität irgendwie dazu führt, dass entweder weniger ROS (siehe Abschn. 2.3.2) gebildet werden oder die Reparaturmechanismen der Zelle aktiviert werden. Warum das so ist, ist wie gesagt noch nicht abschließend geklärt.[67] Doch die Geschwindigkeit, mit der die biogerontologische Forschung hier neue Fakten zu Tage fördert, ist derzeit beträchtlich.

Vorsicht ist natürlich bei der Extrapolation dieser Befunde auf den Menschen geboten. Dennoch lassen sich zwar nicht alle, aber zumindest viele an Modellorganismen erworbene Kenntnisse extrapolieren.[68] Zum Beispiel hat sich gezeigt, dass evolutionär konservierte DNA-Sequenzen[69] häufig bei sehr verschiedenen Lebewesen dieselbe Funktion haben. Weil viele der bei Modellorganismen beschriebenen Gene beim Menschen homologe Entsprechungen[70] haben, ist der Schluss gerechtfertigt, dass es die Mechanismen, die bei den Modellorganismen beschrieben wurden und die *dort* einen deutlichen Effekt auf die Langlebigkeit haben können, auch beim Menschen gibt. Wie weit aber eine Manipulation dieser Mechanismen (z.B. durch Pharmaka) zu einer radikalen Lebensverlängerung *beim Menschen* führen könnte, lässt sich bisher noch nicht mit Sicherheit sagen. Die meisten Experten gehen tendenziell eher davon aus, dass es möglich sein wird; jedoch gibt es auch Gegenstimmen, darunter die von Leonard Hayflick, einem Pionier der Altersforschung.[71] Hayflick argumentiert, dass zu viele Systeme gleichzeitig manipuliert werden müssten, um den menschlichen Organismus über seine natürliche Altersgrenze hinaus nicht bloß am Leben, sondern auch gesund zu halten. Besondere Schwierigkeiten sieht er dabei bei der geistigen Gesundheit. Michael Rose argumentiert im Grunde ähnlich; nur schätzt er die Möglichkeit solcher multipler Interventionen etwas optimistischer ein.[72]

Die außerordentliche Komplexität des menschlichen Organismus sowie der Wechselwirkung seiner Elemente gebietet zudem auf den ersten Blick eine gewisse Skepsis, ob eine gezielte Beeinflussung des Alterungsprozesses möglich ist, ohne dabei unkontrollierbare und unerwünschte Nebenwirkungen hervorzurufen.[73] Zusätzliche Nahrung erhält diese Skepsis etwa durch die erwähnten Experimente mit Fruchtfliegen, Würmern oder Zwergmäusen: Obgleich deren maximale Lebensdauer erheblich gesteigert werden konnte, traten dabei häufig (aber nicht immer) Nebenwirkungen wie Unfruchtbarkeit, Kleinwüchsigkeit oder verstärkte Kälteempfindlichkeit auf.[74]

2.6.4 Implikationen der Idee, dass Altern reguliert ist

Die Idee, dass der Alterungsprozess bzw. die Lebensspanne durch ein Programm gesteuert wird, scheint gewisse Implikationen für die Möglichkeit von Interventionen zu haben. Regulationsmechanismen sind häufig dadurch gekennzeichnet, dass sie regelrechte Kontrollstellen aufweisen, also solche kausal relevanten Faktoren, durch die man die Aktivität eines Systems direkt beeinflussen kann. Ein schönes Beispiel dafür liefert der Blutdruck. Dieser wird durch mehrere Mechanismen (Herzfrequenz, Blutvolumen, Elastizität der Blutgefässe) reguliert. Durch Verabreichung bestimmter Substanzen wie z.B. ACE-Inhibitoren (d.h. Substanzen, die das Angiotensinkonvertierende Enzym blockieren), Beta-Blocker, Diuretika (harntreibende Substanzen) kann der Blutdruck medikamentös gesenkt werden. Natürlich ist ein solcher pharmakologischer Eingriff nie ganz frei von anderen Wirkungen; es gibt jedoch Substanzen, die den Blutdruck sehr effektiv und weitgehend ohne störende Begleiterscheinungen senken und damit das Risiko eines Herzinfarkts signifikant reduzieren können. Alle diese Pharmaka nutzen dabei im Prinzip die natürlichen Regulationsmechanismen des Blutdrucks, um einen gewünschten Effekt zu erzielen. Wenn der Alterungsprozess auf eine analoge Weise reguliert wird, ist es im Prinzip denkbar, dass die Verabreichung bestimmter Substanzen diesen verlangsamen könnte. Besonders aussichtsreich scheinen etwa solche Verbindungen zu sein, die in die Regulationsmechanismen eingreifen, die für die Effekte der kalorischen Restriktion verantwortlich sind. Wenn es etwa gelänge, Substanzen zu entwickeln, die dem Körper quasi „vorgaukeln" können, er sei kalorisch restringiert, so könnte dies die Lebensdauer beträchtlich erhöhen. Schließlich gibt es auch Substanzen, denen es gelingt, dem weiblichen Körper weiszumachen, er sei schwanger und die dadurch eine ganze Batterie von Effekten auslösen, darunter die Unterdrückung der Ovulation und der Menstruation. Das sind die bekannten Gestagene, die das natürliche Hormon Progesteron imitieren und die häufig zur Empfängnisverhütung eingesetzt werden. Vielleicht könnten lebensverlängernde Substanzen ganz ähnlich funktionieren: durch die Imitation von Hormonen, die für die Regulation bestimmter Prozesse verantwortlich sind, besonders für die Aktivierung von zellulären Reparaturmechanismen, die vermutlich die lebensverlängernde Wirkung der kalorischen Restriktion vermitteln.

Die Existenz von Regulationsmechanismen im eigentlichen Sinn (siehe Abschn. 2.5.4) ist aber keinesfalls eine notwendige Vorbedingung für die Möglichkeit solcher Interventionen; sie macht diese höchstens etwas wahrscheinlicher.

Wir haben bisher wiederholt von „Möglichkeit" gesprochen sowie von der Frage, ob Altern eine „Notwendigkeit" sei. Im folgenden Abschnitt möchten wir im Interesse der Klarheit verschiedene Bedeutungen dieser metaphysischen Kategorien erörtern.

2.6.5 Möglichkeit und Kontingenz

Die Begriffe der Notwendigkeit, der Aktualität und der Möglichkeit sind bereits seit Aristoteles Grundbegriffe der Metaphysik. Man nennt diese Begriffe auch die *Modalitäten*. Notwendigkeit und Möglichkeit werden auf mindestens zwei verschiedene Weisen ausgesagt: einmal im Sinne von *logischer* Notwendigkeit bzw. Möglichkeit, und einmal im Sinne von *nomologischer* Notwendigkeit bzw. Möglichkeit. Logisch notwendig ist ein Satz, wenn seine Verneinung zu einem Widerspruch führt. (Wenn man etwa den Satz „wenn es regnet, dann regnet es" verneint, so erhält man einen in sich widersprüchlichen Satz, etwa „Es ist nicht der Fall, dass es regnet, wenn es regnet"). Logisch möglich ist etwas, wenn es nicht widersprüchlich ist. Möglichkeit und Notwendigkeit sind logisch eng miteinander verknüpft: Wenn etwas notwendig ist, so ist seine Verneinung nicht möglich; wenn etwas möglich ist, so ist es nicht notwendigerweise nicht der Fall.

Nomologisch notwendig ist ein Sachverhalt, wenn seine Verneinung durch Naturgesetze ausgeschlossen wird. Der Satz „Alle Kugeln aus angereichertem Uran sind leichter als 1000 kg" gilt mit nomologischer Notwendigkeit, denn die Gesetze der Physik verlangen es, dass eine Kugel aus angereichertem Uran von dieser Masse sofort durch eine Atomexplosion ausgelöscht wird. Der Satz „Alle Kugeln aus Gold sind leichter als 1000 kg" mag genau so wahr sein wie der entsprechende Satz über Urankugeln, aber seine Wahrheit ist nicht nomologisch notwendig. Die Gesetze der Physik verbieten eine solche Kugel aus Gold nicht; die Gründe dafür, warum es keine solchen Kugeln gibt, sind anderer Natur. Man nennt solche Sätze auch nomologisch *kontingent*. Damit soll ausgedrückt werden, dass die Naturgesetze es nicht verbieten, dass der in diesem Satz ausgedrückte Sachverhalt wahr ist.

Es lässt sich nun behaupten, dass ein Satz wie „Alle Menschen altern" nicht die Art von Notwendigkeit besitzt, wie der Satz „Alle Kugeln aus angereichertem Uran sind leichter als 1000 kg". Wie wir bereits zu Beginn dieses Kapitels erwähnt haben (Abschn. 2.1.1), gibt es keine physikalischen Gesetze, die zwingend vorschreiben, dass ein Organismus altern muss; also gibt es auch kein solches Gesetz, das für Menschen gilt. Also ist der Satz in physikalischer Hinsicht nomologisch kontingent. Bevor wir die Implikationen dieser Einsicht diskutieren, wollen wir noch kurz eine andere Möglichkeit erwägen, wie man die Modalität solcher Sätze verstehen könnte.

Man könnte versuchen, zu behaupten, dass der Satz „alle Menschen altern" oder auch „alle Menschen sind sterblich" nicht kontingent sei, sondern notwendig, aber nicht nomologisch notwendig, sondern *logisch* notwendig. Genauer gesagt: Man könnte argumentieren, diese Sätze seien *analytisch* wahr, und zwar mit folgendem Argument: Wenn ein Wesen nicht altern würde oder unsterblich wäre, so würde es nicht mehr unter den Begriff des Menschen fallen; es wäre dann eine andere Art von Wesen.[75] Also muss ein Wesen, das unter den Begriff des Menschen fällt, notwendigerweise altern und schließlich auch sterben.

Im Prinzip kann man den Satz „Alle Menschen altern" so interpretieren, dass er analytisch wahr wird. Man muss dazu nur den Menschen so definieren, dass Altern und Sterben zu seinen essentiellen Eigenschaften gehören. Doch wer so argumentiert, weicht der Frage aus, die uns hier interessiert. Denn wir verstehen den Begriff „Mensch" nicht in einem *essentialistischen* Sinn, d.h. in einem Sinn, in dem es einen Satz von Eigenschaften gibt, die dafür notwendig und hinreichend sind, dass etwas ein Mensch ist. Wir verstehen unter „Mensch" vielmehr alle Vertreterinnen und Vertreter der biologischen Art *Homo sapiens*. Gemäß dem in der Biologie heute üblichen Verständnis des Artbegriffs ist dafür die *Abstammung* ausschlaggebend. Mit anderen Worten: Wenn etwas von Menschen abstammt, dann ist es auch ein Mensch (es sei denn, wir nehmen eine extrem langfristige evolutionäre Perspektive ein, worauf wir aber verzichten wollen). Alle weiteren essentiellen Eigenschaften, bzw. behaupteten essentiellen Eigenschaften des Menschen interessieren uns dabei nicht. Wir möchten wissen, ob ein Lebewesen, das *biologisch gesehen* ein Mensch ist, notwendigerweise altern muss, und falls ja, mit welcher Geschwindigkeit. Wenn jemand von etwas spricht, das irgendwelche angeblichen essentiellen Eigenschaften hat, dann ist zunächst nicht klar, ob das, wovon er spricht, wirklich die menschliche Spezies im biologischen Sinn ist (Wir gehen nicht davon aus, dass man vom Menschen eine adäquate essentialistische Definition geben kann, werden aber hier nicht für diese These argumentieren).

Damit wollen wir zu der Frage zurückkommen, was aus dem physikalisch kontingenten Charakter des Alterns und der Sterblichkeit für die Möglichkeit der radikalen Lebensverlängerung folgt. Zunächst einmal folgt daraus gar nichts. Denn selbst wenn ein Mensch, der langsamer oder gar nicht mehr altert, gegen kein *physikalisches* Gesetz verstößt (und so haben wir Kontingenz oben definiert), so könnte es dennoch *biologische* Gesetze geben, die das verhindern. Solche Gesetze könnten im Prinzip einen relativ kleinen Geltungsbereich haben und z.B. nur für Wirbeltiere, nur für Säugetiere oder sogar nur den Menschen gelten (die länger lebenden Mäuse widerlegen allerdings die Annahme, dass es ein biologisches Gesetz gegen die Lebensverlängerung bei Wirbel- oder Säugetieren gibt).

Es wird manchmal behauptet, dass sich biologische Gesetze von physikalischen dadurch unterscheiden, dass die ersteren *Ausnahmen* zulassen und die letzteren nicht. Manche behaupten sogar aus diesem Grund, dass es Gesetze im strengen Sinn in der Biologie gar nicht gibt.[76] John Beatty argumentiert darüber hinaus, dass alle biologischen Gesetze evolutionär kontingent seien.[77] Das heißt, dass es diese Gesetze in dieser Form gar nicht geben würde, wäre die Evolution anders verlaufen. Eines von Beattys Beispielen sind die Mendelschen Gesetze. Diese gelten ausschließlich für diploide (d.h. zwei Chromosomensätze besitzende), sich sexuell reproduzierende

Organismen (und auch dort gibt es viele Ausnahmen). Nun ist die Entstehung von diploiden, sich sexuell reproduzierenden Organismen evolutionär kontingent; d.h. die Evolution hätte so verlaufen können, dass überhaupt nie solche Lebewesen entstanden wären.[78] Also sind diese Gesetze kontingent. Auf dieser Grundlage könnte man nun wie folgt argumentieren: Wenn die Evolution alle biologischen Gesetze ändern kann, dann sollten auch wir dies können. Also müsste es möglich sein, die biologischen Gesetzmäßigkeiten, die das Altern des Menschen bestimmen, durch technologische Interventionen dahingehend zu verändern, dass der Mensch wesentlich langsamer oder überhaupt nicht altert.

Eine solche Argumentation greift aber immer noch zu kurz. Denn die Rede von der „Veränderung" biologischer Gesetze ist ebenso mit Vorsicht zu genießen wie die Rede von „Ausnahmen".

Zur „Veränderung" von Gesetzen: Es muss in der Biologie zwischen zweierlei Arten von Allgemeinheit unterschieden werden:[79] erstens der Allgemeinheit von *Verteilungen* und zweitens der Allgemeinheit von *kausalen Regularitäten*. Aussagen über Verteilungen sind Aussagen darüber, in welchen Gruppen von Lebewesen ein bestimmtes Merkmal vorkommt. Diese Gruppen können beliebig gewählt werden; es kann sich z.B. um taxonomische Gruppen handeln (die Säugetiere, die Lilienartigen, die Eukaryonten) oder auch um geographische Gruppierungen (die Blütenpflanzen des alpinen Raums) oder um Typen von Ökosystemen (der tropische Regenwald). Eine Aussage wie (1) „Alle Wirbeltiere pflanzen sich sexuell fort" schreibt einer ganzen solchen Gruppierung ein Merkmal zu.

Davon unterschieden werden müssen *kausale Regularitäten*, z.B. (2) „Insulin senkt den Blutzuckerspiegel" oder (3) „Mutationen im *age-1* Gen von *C. elegans* erhöhen die Lebensdauer". Obwohl nun Verallgemeinerungen dieser Art grammatisch nicht von den Verteilungsgeneralisierungen zu unterscheiden sind, unterscheiden sie sich sehr stark in ihrem Gehalt.

Kausale Regularitäten wie (2) oder (3) müssen als elliptische Kurzformeln für Aussagen betrachtet werden, deren Geltungsbedingungen wesentlich komplexer sind, als es den Anschein hat. Um dies zu zeigen, stellen wir uns einen Patienten vor, dessen Blutzuckerspiegel nicht auf Insulin reagiert. Vielleicht wurde ihm zugleich ein Wirkstoff verabreicht, der dem Insulin entgegenwirkt, oder vielleicht weist er einen von vielen möglichen medizinischen Befunden auf, die eine Insulinresistenz hervorrufen (z.B. das seltene Donohue-Syndrom, das durch Mutationen im Insulinrezeptor hervorgerufen wird). Es wird nun im Allgemeinen nicht davon ausgegangen, dass solche Fälle die Verallgemeinerung „Insulin senkt den Blutzuckerspiegel" falsifizieren. Die meisten Biologen oder Ärzte werden wohl viel eher sagen: „Insulin senkt eben den Blutzuckerspiegel nur, wenn nichts anderes dazwischen kommt".

Die Klausel „wenn nichts anderes dazwischen kommt" wird in der Wissenschaftstheorie häufig als „*Ceteris paribus*-Klausel" bezeichnet. Eine sehr umfangreiche Literatur hat versucht, diese Klauseln präziser zu fassen. Das Problem dabei ist, dass man es vermeiden muss, den empirischen Gehalt der Gesetze zu zerstören, d.h., die Gesetze sollen mehr sagen als nur „Alle x sind F, außer wenn sie es nicht sind". Dadurch würden die Gesetze inhaltsleer. Dieser Weg hat sich als sehr dornig erwiesen.[80]

Der bessere Weg ist, solche kausalen Regularitäten mittels eines gehaltvollen Begriffs von *Invarianz* zu analysieren, wie ihn James Woodward in den letzten Jahren ausgearbeitet hat.[81]

Woodward betrachtet Regularitäten, die als Abhängigkeit von anderen Variablen beschrieben werden können. Dies ist eigentlich immer der Fall; z.B. können wir unser Insulin-Beispiel so verstehen: Der Blutzuckerspiegel $[C_6H_{12}O_6]$ – das ist die chemische Summenformel von Glukose, und die eckigen Klammern [...] bedeuten: „Konzentration von ..." – ist eine Funktion f der Insulinkonzentration I sowie von weiteren Variablen sagen, wir $X_1 ... X_n$, also:

$$[C_6H_{12}O_6] = f(I, X_1 ... X_n)$$

Jetzt sagen wir, diese Abhängigkeit sei *invariant* innerhalb eines Bereichs, wenn sie für einen bestimmten Bereich der Variablen in den runden Klammern gilt und wenn darüber hinaus noch Folgendes gilt:

Jede Intervention, die den Wert einer der Variablen I oder $X_1 ... X_n$ ändern *würde*, ohne gleichzeitig den Wert einer der anderen Variablen zu ändern, *würde* den Wert von $[C_6H_{12}O_6]$ ändern.

In der Philosophie bezeichnet man dies als eine *kontrafaktische Abhängigkeit*; „kontrafaktisch" deshalb, weil sie eine Szenario beschreibt, das nicht notwendigerweise der Fall sein muss (deshalb die kursiv gesetzten Konjunktive).[82] Nach dieser Analyse beschreiben kausale Regularitäten also solche kontrafaktischen Abhängigkeiten. *Ceteris paribus*-Klauseln werden dadurch überflüssig.

Um dies zu sehen, betrachten wir nochmals das Beispiel mit der Insulinresistenz. Nehmen wir an, diese sei auf die gleichzeitige Verabreichung einer Substanz zurückzuführen, die genau die entgegengesetzte Wirkung des Insulins hat. Eine solche Substanz ist nun aber selbst eine der Variablen auf der rechten Seite der kausalen Regularität. Ihre Gegenwart stört also die Invarianz der kausalen Regularität nicht; denn diese behauptet nur, dass die Variable auf der linken Seite sich ändern würde, wenn eine Intervention stattfinden würde, die den Wert einer der Variablen auf der rechten Seite ändert, *ohne gleichzeitig den Wert einer der anderen Variablen zu ändern*. Die gleichzeitige Verabreichung von Insulin und einem Gegenspieler dazu ist keine solche Intervention.[83]

Für unser Thema relevant ist, dass aufgrund dieser Analyse klar wird, dass manche biologischen „Gesetze" (wenn wir kausale Regularitäten überhaupt weiterhin so bezeichnen wollen) nicht evolutionär kontingent sind und auch keine so genannten „Ausnahmen" zulassen. Diese Gesetze lassen sich auch nicht „verändern". Sie sind ebenso unveränderlich und gelten ebenso ausnahmslos wie physikalische Gesetze; der Unterschied zu den letzteren besteht lediglich darin, dass ihr Invarianzbereich wesentlich kleiner ist (physikalische Gesetze weisen die größtmögliche Invarianz auf). Evolutionär kontingent im Sinne John Beattys sind lediglich solche Gesetze, die *Verteilungen* ausdrücken. Doch genau die kausalen Regularitäten, mit denen die proximaten Ursachen des Alterns beschrieben werden, sind keine Verteilungen. Sie geben vielmehr an, was *notwendigerweise* geschehen würde, wenn bestimmte Bedingungen erfüllt wären. Beispielsweise geben sie an, dass reaktive Arten von Sauerstoff zwangsläufig zu Schäden an der Zelle führen, ob diese repariert werden oder nicht. Und sie geben auch an, dass der Organismus unter bestimmten Bedingungen nicht genügend von diesen Schäden reparieren wird, um Altern zu verhindern. In diesem Sinn erweist sich Altern eben doch als notwendig. Als notwendig erweist sich jedoch doch nur die kausale Wirkweise der Mechanismen, die das Altern hervorrufen, sofern diese Mechanismen einmal gegeben sind. Die Existenz dieser Mechanismen und ihre Geschwindigkeit – und in diesem Sinne das Altern und sein Tempo – bleibt dabei dennoch evolutionär kontingent.

Wir müssen uns also von der Idee verabschieden, dass wir die Möglichkeit radikaler Lebensverlängerung mittels eines Begriffs der evolutionären Kontingenz begründen können. Evolutionäre Kontingenz besagt lediglich, dass auch ganz andere Organismen existieren könnten als die, die wir tatsächlich vorfinden; unter anderem Organismen, die langsamer oder überhaupt nicht altern. Das ist notwendig, aber nicht hinreichend für die Möglichkeit radikaler Lebensverlängerung. Es impliziert jedoch bereits immerhin, dass ein längeres Leben physikalisch möglich ist.

Doch die vorgelegte Analyse kausaler Regularitäten hilft uns dabei, auch hinreichende Bedingungen für die radikale Lebensverlängerung anzugeben. Dies wird im nächsten Abschnitt dargelegt.

2.6.6 Zur medizinischen Verwertbarkeit biologischen Wissens: Ein kausaltheoretisches Argument

Die Biogerontologie hat bereits eine große Zahl von kausalen Regularitäten aufgedeckt, die den Alterungsprozess betreffen. Die bekanntesten sind vermutlich die kalorische Restriktion sowie die vielen Genmutationen, die die Lebensspanne von Modellorganismen beträchtlich verlängern können. Wie wir gesehen haben (Abschn. 2.6.2), sind die meisten der Mechanismen, die für diese kausalen Regularitäten verantwortlich sind, auch beim Menschen vorhanden. Es lässt sich nun auf dieser Grundlage folgende These aufstellen:

Wenn die Ursachen des Alterns beim Menschen dieselben sind wie bei den Modellorganismen, so ist eine radikale Lebensverlängerung im Prinzip möglich.

Die Begründung dieser These sieht folgendermaßen aus: Die Existenz von Ursachen des gleichen Typs impliziert, dass beim Menschen auch entsprechende kausale Regularitäten gelten, z.B., dass die Geschwindigkeit des Alterns davon abhängt, wie aktiv gewisse Reparaturmechanismen sind, etwa solche, die die durch ROS hervorgerufene Schäden beseitigen. Diese kausalen Regularitäten ihrerseits implizieren, dass es mögliche Interventionen gibt, die das Tempo des Alterns verändern. Denn nach Woodwards Analyse beschreiben kausale Regularitäten die invariante Abhängigkeit gewisser Variablen von Interventionen, die den Wert anderer Variablen ändern. Wenn also die Ursachen des Alterns teilweise bekannt sind, so garantiert dies die Möglichkeit der Intervention im Prinzip.

Die Qualifikation „im Prinzip" darf natürlich nicht übersehen werden. Unsere These ist lediglich die, dass, bei allem, was wir heute wissen, die Naturgesetze – und zwar nicht bloß die physikali-

schen, sondern auch die biologischen Gesetze – eine radikale Lebensverlängerung nicht nur zulassen, sondern positiv *ermöglichen*,
und zwar deshalb, *weil manche dieser Gesetze nichts Anderes sind
als invariante Beziehungen zwischen möglichen Interventionen
und dem Alterungsprozess.* Doch wenn wir von „möglichen Interventionen" sprechen, so meinen wir damit nicht, dass diese Interventionen auch *technisch realisierbar* sind. Es könnte immer noch
sein, dass unsere Technologie stets zu krude bleibt, um die feinen,
punktgenauen Interventionen, die dazu notwendig wären, auf gefahrlose Weise – und unter Ausschaltung sämtlicher unerwünschter Nebenwirkungen – durchzuführen. Wenn man sich jedoch die
enormen Fortschritte in der Molekularbiologie und der Biotechnologie der letzten Jahrzehnte anschaut, so erscheint dies – zumindest unter einer langfristigen Perspektive betrachtet – eher unwahrscheinlich und eine entsprechende Annahme jedenfalls nicht ohne
weiteres begründbar.

Es ist also zu erwarten, dass die Biogerontologie früher oder
später als Beispiel für die allgemeine These wird gelten können,
dass die modernen Naturwissenschaften in der Regel *technisch
verwertbares Wissen* produzieren.[84] Der tiefere Grund dafür ist in
der Tatsache zu suchen, dass die modernen Naturwissenschaften
nach Beziehungen suchen, die im oben ausgeführten Sinn invariant
sind, d.h. nach kausalen Regularitäten, die in einem großen Bereich
von Bedingungen gültig sind. Es sind genau solche Beziehungen,
die durch *Experimente* gewonnen werden, die ja immer auch Interventionen beinhalten. Deshalb sind die kognitiven Ziele und die
zu ihrer Erreichung eingesetzten Methoden eng an die Möglichkeit
von Interventionen geknüpft.

2.7 Hat die Biologie des Alterns normative Implikationen?

Es ist grundsätzlich Vorsicht dabei geboten, aus Tatsachenwissen über die Natur irgendwelche normativen Schlüsse in Bezug
auf menschliches Handeln zu ziehen. Es droht dabei immer ein
so genannter „naturalistischer Fehlschluss". Gerade deshalb ist es
angebracht, zum Schluss dieser wissenschaftstheoretischen und
metaphysischen Betrachtungen zu fragen, wie es im Falle der Biogerontologie um solche normativen Implikationen bestellt ist.

2.7.1 Neue Handlungsmöglichkeiten machen neue ethische Überlegungen notwendig

Eine potentielle Implikation liegt auf der Hand: Es gibt Dinge, die sich dem Zugriff durch menschliche Handlungen entziehen und deshalb auch nicht moralisch bewertet werden können (z.B. Erdbeben oder Tsunamis). Mit dem Altern verhielt es sich bisher ebenso; man konnte vielleicht die Tatsache, dass wir altern bzw. dass niemand länger als etwa 120 Jahre lebt, positiv oder negativ *bewerten*, aber wir konnten nichts und niemanden dafür zur *Verantwortung* ziehen. Dies ändert sich grundlegend, sobald wir durch den medizinischen und biotechnologischen Fortschritt neue Handlungsmöglichkeiten erhalten.[85] Es könnte z.b. sein, dass mit der Möglichkeit zur Lebensverlängerung durch medizinisch-technisches Handeln auch eine *Pflicht* in die Welt kommt, Leben nach Möglichkeit zu verlängern (die aber natürlich, sollte sie tatsächlich bestehen, immer noch gegen andere Pflichten abgewogen werden müsste).[86] Komplementär dazu entsteht durch diese Möglichkeit eventuell ein *Recht* oder ein *Anspruch* darauf, lebensverlängernde Behandlungen zu erhalten. Ebenso muss die unterschiedliche Lebensdauer von Menschen, die aus den neuen Interventionsmöglichkeiten resultieren könnte, zum Gegenstand von Gerechtigkeitsüberlegungen gemacht werden.[87] Und nicht zuletzt wird dadurch die für eine prudentielle Ethik des guten Lebens relevante Frage aufgeworfen, ob man sich eine Verlängerung seines Lebens vernünftigerweise *wünschen* kann, eine Frage, die im dritten Kapitel des vorliegenden Buches ausführlich behandelt wird.

Wir möchten nun im folgenden Abschnitt noch die Frage klären, ob man Altern als Krankheit betrachten soll, denn dieser Begriff hat spezifische normative Implikationen.

2.7.2 Altern und Krankheit

Der Begriff der Krankheit war und ist Gegenstand ausführlicher philosophischer und medizintheoretischer Debatten, die wir hier nicht im Detail Revue passieren lassen können. Grob gesagt lassen sich in dieser Debatte zwei Lager ausmachen:[88] Das eine der beiden Lager vertritt eine *naturalistische* Krankheitstheorie. Eine solche lässt sich ungefähr so charakterisieren, dass sich Krankheit unabhängig von unseren Werten und Einstellungen definieren lässt – etwa so, wie die Begriffe „Gen" oder „Kraft". Dabei wird in der Regel so vorgegangen, dass Krankheit auf die eine oder andere Weise am Begriff der biologischen Funktion festgemacht wird. Da es von diesem wiederum verschiedenen Versionen gibt, ergeben sich verschiedene naturalistische Krankheitstheorien.[89] Das andere Lager hält Krankheit für einen *wertbeladenen* oder *normativen* Begriff, der nicht von unseren Einstellungen unabhängig ist.[90] Dies ist mehr als bloß eine philosophische oder akademische Debatte, da eine Krankheitsdiagnose immer auch moralische und legale Folgen hat; insbesondere folgt aus ihr ein Anspruch auf medizinische Leistungen, die durch die Solidargemeinschaft einer Krankenkasse und/oder (in manchen Ländern wie z.B. Großbritannien) durch staatliche Gesundheitsdienste erbracht werden.

Unbestritten ist nun, dass Altern das Risiko für viele Krankheiten ansteigen lässt, darunter Herz/Kreislauf-Krankheiten, Krebs und neurodegenerative Erkrankungen. Strittig ist jedoch die Frage, ob Seneszenz *selbst* als Krankheit angesehen werden soll. Auch dies ist keine rein akademische Frage; denn wenn Altern selbst eine Krankheit ist, so fallen medizinische Behandlungen, die das Altern verlangsamen, unter den Begriff einer medizinisch indizierten Behandlung im engeren Sinn, und die Kosten wären dementsprechend durch Krankenkassen zu decken. Andernfalls müssten solche Behandlungen als *enhancement* betrachtet werden, für das der oder die Behandelte selbst aufkommen müsste.

Wir können die vielen Facetten dieser komplexen Thematik hier nicht vertiefen.[91] Wir möchten lediglich auf zwei Implikationen der biogerontologischen Forschung der letzten Jahre hinweisen.

Erstens hat David Gems darauf hingewiesen, dass auf der molekularen Ebene Seneszenz und die Krankheiten des Alters nicht unterscheidbar sind.[92] Beide sind auf eine Akkumulation molekularer Schäden zurückzuführen, die hauptsächlich durch ROS entstanden sind. Warum soll man also einen ethischen Unterschied machen zwischen Alterskrankheiten und dem Altern selbst?

Zweitens lässt sich Altern als Ergebnis des Versagens biologischer Funktionen beschreiben, und zwar gemäß allen gängigen Analysen des Begriffs der Funktion. Denn wie wir gesehen haben (Abschn. 2.3.2), verfügt jede Zelle über Reparaturmechanismen, deren Funktion darin besteht, durch reaktive Arten von Sauerstoff (ROS) verursachte sowie auch andere Schäden zu beheben. Es scheint, dass (zumindest bei den Modellorganismen) diese Mechanismen so aktiviert werden können, dass der Organismus weniger schnell altert (z.b. bei kalorischer Restriktion oder bei gewissen Mutanten). Doch selbst wenn dies nicht der Fall wäre, könnte man sagen, dass das Altern eine Folge davon ist, dass diese Mechanismen ihre Funktion nicht zu 100% erfüllen.[93] Die Gründe dafür, warum sie das nicht tun, haben wir kennen gelernt: Für den evolutionären Erfolg lohnt sich dies schlicht nicht (gemäß der Theorie des „Wegwerfkörpers", siehe Abschn. 2.2.5), oder aber es liegt an der antagonistischen Pleiotropie (Abschn. 2.2.4). Trotzdem kann man Altern auf das Versagen dieser Funktionen zurückführen.

Dies gilt unabhängig davon, ob man Funktionen ätiologisch oder als Beiträge zum Überleben des Individuums versteht (vgl. Abschn. 1.4.2). Nur wenn das Altern das Ergebnis einer direkten Adaptation wäre (siehe Abschn. 2.2.6), wäre diese Beschreibung unangemessen, weil man dann sagen könnte, diese Mechanismen hätten die (ätiologische) Funktion, den Organismus altern zu lassen. Doch gerade diese ultimate Erklärung des Alterns findet am wenigsten Anhänger in der Biogerontologie.

Wir möchten in Bezug auf den Krankheitsbegriff hier keine bestimmte Position einnehmen. Deshalb beschließen wir diese Metaphysik des Alterns mit einer moderaten These, die sich aus unseren hier angestellten Überlegungen ergibt: *Wenn* eine Konzeption von Krankheit als Versagen biologischer Funktionen angemessen ist, *dann* ist Altern eine Krankheit.

2.8 Schlussbetrachtungen

Wir haben in diesem Teil darzustellen versucht, wie die moderne Biologie das Altern und die intrinsische Mortalität der meisten Lebewesen erklärt. Es hat sich dabei gezeigt, dass man die Frage „Warum altern Lebewesen?" oder „Warum altert der Mensch?" auf verschiedene Weisen verstehen kann. Man kann zunächst zweierlei Fragen unterscheiden: die Frage nach *proximaten* und die nach *ultimaten* Ursachen. Erstere fragt nach den Mechanismen, die das Altern in jedem Individuum bewirken, letztere nach den evolutionären Prozessen, die dazu geführt haben, dass viele Lebewesen Seneszenzerscheinungen zeigen. Weiter haben wir gesehen, dass es nicht nur eine, sondern viele Erklärungen der Seneszenz gibt, die sich nicht zu einer einheitlichen Erklärung zusammenfassen lassen (explanatorischer Pluralismus). Der Grund hierfür liegt darin, dass wir es nicht mit einem einzigen Phänomen zu tun haben, sondern mit vielen, wobei die einzelnen Erklärungen der verschiedenen Phänomene unterschiedliche Abstraktionen ihrer Gegenstände vornehmen.

Wir haben weiter die Bedeutung von gewissen teleologischen Begriffen untersucht, die in der Biogerontologie häufig verwendet werden, darunter den Begriff eines „Programms" sowie den Begriff der „Regulation". Während sich der letztere gut in Begriffen von biologischen Funktionen explizieren lässt, halten wir den ersteren Begriff für eine bloße Metapher. Daraus folgt, dass die in der Biogerontologie geführte Debatte, ob Altern „programmiert" sei oder nicht, müßig ist.

Schließlich haben wir die genaue Bedeutung modaler Aussagen analysiert, die von Biogerontologen gemacht werden, nämlich Aussagen der Art „Altern ist biologisch nicht notwendig" oder „Radikale Lebensverlängerung ist möglich". Wir haben dabei festgestellt, dass die bloße *physikalische* Möglichkeit von radikal langlebigen (oder sogar potentiell unsterblichen) Organismen die *biologische* Möglichkeit nicht impliziert. Es könnte Einschränkungen geben, die auf biologischen Gesetzmäßigkeiten beruhen, denen gewisse Typen von Organismen unterworfen sind (obgleich es auch Organismen geben könnte, die diesen Gesetzmäßigkeiten nicht unterliegen). Studien an Modellorganismen zeigen aber klar, dass diese Grenzen innerhalb einer gewissen Spanne verrückbar sind. Weiter haben wir ein kausaltheoretisch fundiertes Argument gegeben, warum Befunde mit langlebigen Modellorganismen auf den Menschen extrapolierbar sein könnten.

Zu guter Letzt haben wir noch untersucht, wie weit die neuen biogerontologischen Erkenntnisse normative Implikationen haben. Zum einen haben wir gesehen, dass es nach manchen Interpretationen des Krankheitsbegriffs möglich ist, Seneszenzerscheinungen als Krankheiten zu betrachten, was einen möglichen Grund liefert, lebensverlängernde Maßnahmen medizinisch, rechtlich und moralisch wie andere Krankheitstherapien zu behandeln. Zweitens werden wir durch die am Horizont aufziehenden neuen Interventions- und Handlungsmöglichkeiten in die Pflicht genommen, moralische und lebenspraktische Fragen in Bezug auf die Wünschbarkeit und mögliche ethische Probleme der Lebensverlängerung zu diskutieren. Der dritte und letzte Teil dieses Buchs wird zur Erörterung eines wichtigen Teils dieser Fragen ein begriffliches Instrumentarium bereitstellen.

3. Radikale Lebensverlängerung

3.1 Die ethische Herausforderung durch die Zukunftsvisionen der Anti-Ageing-Forschung

Wie wir im vorangehenden Kapitel dargelegt haben, halten Vertreter der molekularbiologischen und biogerontologischen Forschung in Zukunft einen technologischen Durchbruch im Bereich der Biomedizin für denkbar, der die Möglichkeit bieten könnte, das menschliche Leben auch über die gegenwärtige Maximallebensdauer von ca. 120 Jahren hinaus zu verlängern. Sogar von Lebensspannen, die etliche Jahrhunderte überdauern, ist in den kühnen Visionen mancher Wissenschaftler die Rede.[1] Eine leitende Vorstellung ist dabei die Annahme, wachsende Detailkenntnisse der komplexen Ursachen des Alterungsprozesses könnten uns eines Tages in die Lage versetzen, diese Ursachen entweder präventiv außer Kraft zu setzen oder zumindest deren unmittelbare Auswirkungen durch wiederholte zielgenaue Reparaturmaßnahmen langfristig zu kompensieren.[2]

Dieses vorläufig noch spekulative Projekt einer radikalen Verlängerung des menschlichen Lebens durch eine mögliche High-Tech-Anti-Ageing Medizin der Zukunft wirft eine ganze Reihe ethischer Fragen auf. Wäre ein wesentlich längeres Leben für die davon betroffenen Personen tatsächlich wünschenswert? Wäre, mit anderen Worten, ein längeres Leben auch ein besseres Leben? Und falls ja, wäre dies auch für die Gesellschaft im Ganzen gut? Schließlich verursacht die gestiegene Lebenserwartung bei gleichzeitigem Geburtenrückgang bereits heute eine Reihe gravierender ökonomischer und verteilungspolitischer Probleme.[3] Ferner stellt sich die Frage, ob bereits bestehende Gerechtigkeitsprobleme innerhalb unserer Gesellschaften nicht dramatisch verschärft würden, falls sich in Zukunft beispielsweise nur solche Personen, die über ein besonders hohes Einkommen verfügen, teure lebensverlängernde Therapien leisten könnten.

Diese vielfältigen Fragen deuten lediglich an, wie außerordentlich komplex das ethische Entscheidungsproblem ist, mit dem man sich bei dem Versuch konfrontiert sieht, Klarheit darüber zu erzielen, ob die biomedizinische Forschung nach der Entwicklung lebensverlängernder medizinischer Technologien streben sollte, und in welchem Umfang unsere Gesellschaften entsprechende Bestrebungen gegebenenfalls finanziell unterstützen sollten. Sowohl prudentielle als auch moralische Gesichtspunkte sind dabei zu berücksichtigen. Insofern handelt es sich um ein Problem der angewandten Ethik in einem denkbar umfassenden Sinne. Den größten Teil der dabei relevanten Fragen können wir im begrenzten Rahmen des vorliegenden Buchs nicht erörtern. Das begrenzte Ziel der systematischen Überlegungen, die wir in diesem abschließenden Kapitel anstellen wollen, besteht darin, unter einer rein *individualethischen* Perspektive zu untersuchen, ob und, falls ja, in welchen Hinsichten ein radikal verlängertes Leben für die davon *betroffenen* Personen ein *wünschenswertes Ziel* wäre. *Sozialethische* Aspekte oder jene Gesichtspunkte des genannten Entscheidungsproblems, die auf *gesamtgesellschaftliche Interessen* Bezug nehmen, sollen dabei ausgeblendet bleiben.

Dieser einleitende Abschnitt beginnt jedoch zunächst mit zwei allgemeineren Vorüberlegungen. Als erstes möchten wir begründen, warum wir es für erforderlich halten, eine ethische Debatte über die mögliche Steigerung der menschlichen Lebensdauer bereits zum gegenwärtigen Zeitpunkt zu führen (3.1.1). Anschließend folgt dann ein grober Überblick über die unterschiedlichen Gesichtspunkte, die bei dieser Debatte insgesamt zu berücksichtigen sind (3.1.2).

3.1.1 Die ethische Aktualität der Option radikaler Lebensverlängerung

Wie wir im letzten Kapitel gesehen haben, herrscht unter Biowissenschaftlern gegenwärtig noch Uneinigkeit darüber, ob es eines Tages tatsächlich möglich sein wird, eine radikale Verlängerung der menschlichen Lebensdauer technisch zu realisieren. Waren Jungbrunnen-Versprechen sowie die Behauptung, das Altern lasse sich besiegen, viele Jahrhunderte über das Geschäft unseriöser Quacksalber oder Alchemisten[4], werden entsprechende Zielsetzungen seit einigen Jahrzehnten jedoch erstmals im Rahmen einer rationalen Wissenschaftskultur ins Auge gefasst und diskutiert. Die so verän-

derte Situation hat dazu geführt, dass die ethische Reflexion dieser
Ziele heute nicht länger den Charakter einer in praktischer Hinsicht
vollkommen irrelevanten Gedankenspielerei hat. Dass diese Einschätzung Verbreitung findet, zeigt sich nicht zuletzt daran, dass
der ethische Diskurs über die technische Option eines radikalen
Anti-Ageing zu denjenigen Themen gehört, die sich die von Prä-
sident George W. Bush im Jahre 2001 berufene bio- und medizinethische Gutachterkommission auf ihre Agenda gesetzt hat.[5]

Dennoch müssen die Stimmen, die vor allzu übertriebenen oder
voreiligen Hoffnungen warnen, im Kontext einer ethischen Reflexion natürlich ernst genommen werden. Wie in Abschnitt 2.6.3
dargelegt wurde, könnte eine der Hauptschwierigkeiten bei dem
Versuch, in die Ursachen des menschlichen Alterungsprozesses
einzugreifen, darin liegen, dass die in Tierversuchen bereits erziel-
ten Ergebnisse nicht einfach auf den Menschen und dessen kom-
plexeren Organismus übertragbar sind. Dies gilt für alle im vorigen
Kapitel besprochenen Ansätze, von Eingriffen in das Erbgut bis hin
zu einer Reduktion der Freisetzung freier Radikale im Stoffwechsel. Hinzu kommt, wie wir gesehen haben, das Problem, dass bei
den verwendeten Modellorganismen in vielen Fällen unerwünschte
und teils gravierende Nebenwirkungen auftreten, die sich bisher
nicht gezielt ausschalten lassen. Deren Unkalkulierbarkeit würde
im Falle einer voreiligen Anwendung ähnlicher Methoden auf den
Menschen zweifellos ein unvertretbares Risiko darstellen.

Allerdings ließen sich diejenigen Probleme, die sich aus der
Komplexität der Ursachen des Alterns sowie aus unerwünschten
und unkontrollierbaren Nebenwirkungen entsprechender manipu-
lativer Eingriffe ergeben, vielleicht umgehen. Denn der Versuch, die
Ursachen des Seneszenzprozesses systematisch einzudämmen oder
zu beseitigen, stellt nicht die einzige denkbare Strategie zur Lebensverlängerung dar. Stattdessen könnte auf das alternative Verfahren
gesetzt werden, die jeweils *eingetretenen* alterstypischen Schäden
und Degenerationserscheinungen kontinuierlich zu beheben. Bei
diesem alternativen Verfahren bräuchten die komplexen Ursachen
dieser Schäden nicht einmal genau bekannt zu sein. Die *grobkör-
nigste* Variante einer solchen Reparaturstrategie bestünde darin,
komplette Organe und Gewebe (wie Lungenflügel, die Leber, das
Herz, Hautpartien oder Arterien) nach ihrem jeweiligen chrono-
logischen Verschleiß regelmäßig zu ersetzen. Techniken des thera-
peutischen Klonens, wie sie derzeit in der Stammzellenforschung
entwickelt werden, könnten womöglich in Zukunft dazu verwen-

det werden, entsprechende immunverträgliche Ersatzorgane und
-gewebe zu liefern.[6] Freilich ist das Verfahren einer restaurativen
Lebensverlängerung durch Organsubstitution einer entscheidenden Einschränkung unterworfen. Sie besteht darin, dass im Falle
einer Ersetzung des *Gehirns* zwar der *Organismus*, offenkundig jedoch nicht die jeweilige individuelle *Person* überleben würde.

Um den altersbedingten Verschleiß des menschlichen Gehirns
zu beheben, müsste daher eine *feinkörnigere* Reparaturstrategie
zum Einsatz gebracht werden, die auf zellulärer oder molekularer Ebene ansetzt. Eine feinkörnige Strategie dieses Typs, die auf
den kompletten Organismus Anwendung finden soll, hat etwa der
Cambridger Biogerontologe Aubrey de Grey entworfen. De Grey
unterscheidet sieben charakteristische Folgeschäden des Alterungsprozesses, deren Behebung er im Rahmen einer zukünftigen Medizin für möglich hält. Die betreffenden Maßnahmen reichen von
Impfungen, die das Immunsystem zur Bekämpfung extrazellulärer
Plaqueablagerungen anregen sollen, bis hin zu gentherapeutischen
Eingriffen und Stammzellenkuren.[7] De Grey, dessen Thesen allerdings in Fachkreisen höchst umstritten sind und von vielen Biogerontologen abgelehnt werden[8], geht von der extrem optimistischen
Erwartung aus, bei geeigneter Forschungsanstrengung könne es
bereits im Laufe des 21. Jahrhunderts möglich werden, die durch
den Alterungsprozess hervorgerufenen Schäden permanent zu reparieren und dadurch die Lebensdauer menschlicher Organismen
bis zu einer Spanne von über 1000 Jahren auszudehnen.[9] Eine *noch
feinkörnigere* Reparaturstrategie für den menschlichen Körper als
diejenige, die de Grey entwirft, halten darüber hinaus jene Autoren
für möglich, die für die Zukunft eine nanotechnologische Revolution der Medizin prognostizieren. Ihrer technikutopistischen Vi-
sion zufolge könnten eines Tages intelligente, computergesteuerte
Nanoroboter durch unsere Körper schwärmen und auf molekularer Ebene sämtliche altersbedingte Schäden unseres Organismus
auf unbegrenzte Dauer beheben.[10]

Erwähnt sei an dieser Stelle schließlich noch ein Denkmodell,
demzufolge eine systematische Verkettung von Überbrückungs-
maßnahmen dazu führen könnte, dass eine signifikante Ausdehnung der menschlichen Lebensspanne bereits in relativ naher Zukunft in unsere Reichweite rückt. Wie die Anhänger dieser Idee
hervorheben, bräuchten nämlich Techniken, die uns in die Lage
versetzen, das Leben sehr weitgehend zu verlängern, nicht unbedingt bereits innerhalb der nächsten Jahrzehnte entwickelt zu wer-

den, damit heute bereits geborene Menschen noch imstande wären, von ihnen zu profitieren. Es würde vielmehr genügen, wenn in Zukunft wiederholt rechtzeitig Mittel zur Verfügung stünden, um das Leben jeweils schrittweise bis zur nächsten medizintechnischen Innovation zu verlängern. So wäre es z. B. denkbar, dass jemand aufgrund einer gesunden Lebensführung in einem ersten Schritt bis zu einem zukünftigen Zeitpunkt überlebt, an dem Krankheiten wie Krebs, Parkinson oder Herzinfarkte, die heute zumeist noch tödlich verlaufen, entweder verhinderbar oder vollkommen heilbar sind. Die dadurch hinzugewonnenen Lebensjahre könnten dann ausreichen, um bis zum Zeitalter der Verfügbarkeit geklonter Ersatzorgane fortzuleben. Das Surplus an Lebensdauer, das durch die Substitution verschlissener Organe ermöglicht würde, könnte dann seinerseits wiederum genügen, um den Zugang zu gentherapeutischen oder nanomedizinischen Reparaturmöglichkeiten zu eröffnen, die erst zu einem noch späteren Zeitpunkt verfügbar werden und die geeignet sind, das Leben um Jahrhunderte zu verlängern. Auf diese Weise könnten einige bereits heute lebende Personen spät genug geboren sein, um von einer Fluchtgeschwindigkeit des technischen Fortschritts zu profitieren, die ausreicht, um sie vollständig aus dem Gravitationsfeld der naturwüchsigen biologischen Sterblichkeit hinauszutragen.[11]
Angesichts der vorläufigen Unklarheit darüber, wie realistisch dieses und andere Zukunftsszenarien sind, mag man einwenden, es mache wenig Sinn, eine philosophische Untersuchung zu führen, die sich auf einer derart hypothetischen Basis bewege. Es sei vernünftiger, abzuwarten, bis eine entsprechende Technik gegebenenfalls entwickelt sei und erst im Anschluss daran darüber nachzudenken, ob ihre Anwendung aus individueller und gesellschaftlicher Perspektive wünschenswert sei. Jedoch sprechen durchaus verschiedene Gründe dafür, bereits zum gegenwärtigen Zeitpunkt mit einer ethischen Debatte über die Konsequenzen einer möglichen zukünftigen Praxis radikaler Lebensverlängerung zu beginnen. Erstens trifft es nicht zu, dass wir erst dann relevante Entscheidungen zu treffen hätten, wenn Techniken zur Lebensverlängerung tatsächlich eines Tages zur Verfügung stünden. Vielmehr können und müssen wir heute bereits die konsequenzenreiche Entscheidung darüber fällen, ob die Entwicklung entsprechender Technologien in Forschung und Industrie angestrebt werden sollte und mit welcher Ressourcenintensität sie betrieben und möglicherweise gesellschaftlich subventioniert werden sollte. Ob und ab welchem zu-

künftigen Zeitpunkt wir in der Lage sein werden, den menschlichen Seneszenzprozess mit biomedizinischen Mitteln zu verlangsamen, hängt vermutlich unter anderem davon ab, wie wir in dieser Frage entscheiden.[12]

Zweitens wäre der Einsatz derartiger Technologien kaum zu verhindern, wären wir erst einmal in ihren Besitz gelangt.[13] Schließlich ist der Wunsch, das eigene Leben zu verlängern oder gar den biologischen Tod ad infinitum hinauszuzögern, ein archaischer Menschheitstraum. Daher bestünde fraglos bei vielen Menschen ein gewaltiger Drang, ihn in die Tat umzusetzen, sobald die erforderlichen medizinischen Mittel dafür existieren würden. Den betreffenden Personen den Zugang zu diesen Mitteln gewaltsam vorzuenthalten, erschiene zudem in einer solchen Situation unter moralischen Gesichtspunkten ähnlich unzulässig, wie menschlichen Individuen den Zugang zu überlebenswichtiger Nahrung zu verweigern. Denn in beiden Fällen würde das Fortleben von Menschen dadurch verhindert, dass ihnen der Zugang zu dafür notwendigen Ressourcen verwehrt würde. Moralisch gesehen, gäbe es daher zwischen beiden Fällen keinen grundsätzlichen Unterschied.

Die einzige Möglichkeit, den Einsatz lebensverlängernder Technologien auf eine praktisch wirksame und moralisch vertretbare Weise zu verhindern, bestünde folglich darin, die Erforschung ihrer biomedizinischen Grundlagen sowie ihre anschließende Entwicklung zu unterlassen. Sollte es gute Gründe geben, ein längeres Leben *all things considered* nicht für wünschenswert zu halten, können wir uns daher nur gegenwärtig noch effektiv und ohne gravierendere Bedenken gegen den möglichen künftigen Einsatz lebensverlängernder Techniken entscheiden, indem wir uns dagegen entscheiden, ihren Besitz anzustreben.

Zieht man diese pragmatischen und normativen Zusammenhänge in Betracht, wird die ethische Aktualität des Diskurses über die Frage deutlich, ob es sich bei der radikalen Ausdehnung der menschlichen Lebensspanne um ein wünschenswertes Ziel handelt. Es erscheint jedoch nicht allein unter den genannten *pragmatischen* und *moralischen* Gesichtspunkten geboten, diesen Diskurs bereits heute zu führen: Auch unter *kognitiven* Gesichtspunkten dürfte die Ausgangslage dafür zum gegenwärtigen Zeitpunkt besonders günstig sein.

Auf der einen Seite befinden wir uns nämlich noch in *einer ausreichenden zeitlichen Distanz* zu einer möglichen zukünftigen Situation, in der lebensverlängernde Technologien verfügbar sein könnten, um imstande zu sein, dieses potentielle Zukunftsszenario einer vorurteilsfreien kritischen Bewertung zu unterziehen. So sind etwa unsere biographischen Standards für einen *normalen* Lebensverlauf, die unser Urteil darüber beeinflussen, ab welchem Alter ein menschliches Leben ausreichend Zeit zur Selbstverwirklichung geboten hat, um seine Beendigung durch den Tod akzeptabel zu finden, noch nicht von jener wesentlich längeren Durchschnittslebensdauer geprägt, die im Falle eines Eingriffs in den natürlichen Seneszenzprozess zukünftig zu erwarten wäre. Ferner besteht derzeit auch noch nicht die Gefahr, dass unser Urteil von der verführerischen praktischen Aussicht verzerrt wird, den archaischen Jungbrunnentraum unmittelbar am eigenen Leibe realisieren zu können.

Auf der anderen Seite sind wir, die wir den gegenwärtigen Diskurs führen, jedoch bereits *spät genug geboren*, um in der Lage zu sein, entweder uns selbst oder aber unsere nachgeborenen Angehörigen, an deren Schicksal wir persönlichen Anteil nehmen, zumindest als *potentielle Betroffene* einer signifikanten Lebensverlängerung zu betrachten. Dies gilt jedenfalls dann, wenn wir von der zuvor erwähnten Möglichkeit einer sukzessiven Verkettung von Anti-Ageing-Maßnahmen ausgehen, die das Leben jeweils bis zur nächsten lebensverlängernden medizinischen Innovation ausdehnen. Dies eröffnet uns die Aussicht, dass nicht nur die Interessen ferner zukünftiger Generationen, sondern eventuell bereits unsere eigenen Interessen oder zumindest die Interessen uns nahestehender Personen positiv tangiert sind. Dadurch entgehen wir der Gefahr, unser Urteil durch ein unterschwelliges Ressentiment über den vermeintlich einseitigen Vorteil verzerren zu lassen, den zukünftige Profiteure radikaler Lebensverlängerung aus der Logik einer technologischen Fortschrittsgeschichte beziehen könnten, die sich zu den vorangehenden Generationen stets unfair verhält.

3.1.2 Mögliche Gesichtspunkte einer evaluativen und normativen Beurteilung

Bei dem Versuch, die mögliche medizintechnische Option einer signifikanten Steigerung der menschlichen Lebensdauer aus dem Blickwinkel praktischer Vernunft zu beurteilen, ist es wichtig, zwei Fragen voneinander zu unterscheiden. Dabei handelt es sich erstens um die *evaluative* Frage, ob einer möglichen zukünftigen

Situation, in der Menschen erheblich länger leben würden als zum
gegenwärtigen Zeitpunkt, im Vergleich zum derzeitigen Status quo
ein positiver Wert zukäme. Gefragt wird also danach, ob diese Situation in irgendeiner Hinsicht eine *bessere* Situation und somit
ihre mögliche Herbeiführung ein *wünschenswertes* Ziel wäre. Davon zu unterscheiden ist zweitens die *normative* Frage, ob wir die
erforderlichen Schritte unternehmen *sollten*, um diese bessere Situation herbeizuführen oder zumindest praktisch anzustreben.

Eine mögliche positive Antwort auf die erste Frage impliziert
nicht automatisch auch eine positive Antwort auf die zweite Frage.
Nehmen wir an, wir würden zu dem Urteil gelangen, dass der Ge-
samtzustand der Welt ein besserer wäre, wenn Menschen ein sehr
viel höheres Alter erreichen würden. Von diesem Urteil könnten
wir zwar zu der Behauptung übergehen, dass dieser alternative
Weltzustand im Prinzip wünschenswert wäre. Es würde daraus jedoch nicht per se das *normative* Gebot folgen, derart veränderte
Verhältnisse in unserer individuellen oder gesellschaftlichen Praxis
auch anzustreben. Denn zum einen ist nicht gesagt, dass eine entsprechende praktische Zielsetzung im prudentiellen *Interesse* derjenigen heute lebenden Personen läge, die darüber eine Entscheidung
zu treffen hätten. Schließlich könnte es der Fall sein, dass diese von
der Verlängerung der menschlichen Lebensspanne gar nicht mehr
selbst betroffen wären. Ebenso wenig würde sich aus dem anfäng-
lichen Werturteil die automatische Folgerung ergeben, heute existierende Personen seien *ethisch verpflichtet*, an der Verwirklichung
dieses Ziels zu arbeiten. Das positive evaluative Urteil würde daher als solches weder einen *prudentiellen* noch einen *moralischen*
Grund für das Gebot liefern, einen entsprechend veränderten Weltzustand anzustreben.

Es wäre sogar denkbar, dass sowohl prudentielle als auch moralische Gründe *gegen* eine solche praktische Zielsetzung sprächen.
So ließe sich aus *prudentieller* Perspektive gegebenenfalls einwenden, ein allzu aufwändiges Engagement für ein Projekt, dessen
Früchte erst zukünftigen Generationen zugute kämen, laufe zu sehr
den eigenen Interessen zuwider. Ein *moralisches* Hindernis könnte
sich außerdem dann ergeben, wenn auf dem Weg zu dem Ziel, allen
Menschen ein längeres Leben zu ermöglichen, asymmetrische Ver-
teilungssituationen in Kauf genommen werden müssten, die wir als
extrem ungerecht betrachten würden. Letzteres wäre beispielsweise der Fall, wenn lebensverlängernde Technologien in einer ersten
Phase ihrer Entwicklung mit so hohen Kosten verbunden wären,

dass sie allein einer privilegierten Minderheit besonders wohlhabender Personen zur Verfügung stünden.

Diese Überlegungen zeigen, dass die *evaluative* Frage, ob ein längeres Leben *wünschenswert* wäre, und die *normative* Frage, ob wir eine Steigerung der menschlichen Lebensdauer *praktisch anstreben sollten*, in zwei eigenständigen Schritten erörtert werden müssen. Sowohl bei einer Beantwortung der evaluativen Frage als auch bei der Beantwortung der normativen Frage gilt es zudem, eine komplexe Gemengelage unterschiedlicher entscheidungsrelevanter Gesichtspunkte und Kriterien im Blick zu behalten. Es lassen sich hierbei zunächst drei allgemeine Gesichtspunkte voneinander unterscheiden, die in den bisherigen Ansätzen zu einer philosophischen Debatte über Lebensverlängerung eine wesentliche Rolle gespielt haben. Dabei handelt es sich um:

1) die Interessen individueller Personen
2) gesamtgesellschaftliche Interessen bzw. das Wohl der menschlichen Gattung als Ganzer, und
3) interessenunabhängige Werte und Normen.

Was die erste dieser drei Rubriken angeht, so kommt natürlich eine besondere Relevanz den Interessen derjenigen Individuen zu, die von einer möglichen Ausdehnung der menschlichen Lebensspanne insofern unmittelbar betroffen wären, als sie selbst in den Genuss eines längeren Lebens kämen. Die Mitglieder dieser spezifischen Teilklasse von Individuen werden wir im folgenden auch einfach abkürzend als *die* von einer möglichen Lebensverlängerung *Betroffenen* bezeichnen. Daneben müssen jedoch auch die Interessen spezifischer anderer Personengruppen in die Betrachtung einbezogen werden. Hierzu zählen etwa die bereits zuvor erwähnten Interessen der gegenwärtig existierenden Generationen, die sich mit den aufgeworfenen evaluativen und praktischen Fragen konfrontiert sehen. Allerdings sind für eine ethische Beurteilung der Option gesteigerter Langlebigkeit die Interessen der *Betroffenen* von grundlegender Bedeutung. Denn läge ein längeres Leben *nicht* in deren Interesse, wäre kaum zu erkennen, aus welchen Gründen es überhaupt vernünftig oder vertretbar sein könnte, eine Ausdehnung der menschlichen Lebensspanne für wünschenswert zu halten oder praktisch anzustreben.

Der zweite der drei oben genannten Beurteilungsaspekte ist der Gesichtspunkt *gesellschaftlicher Interessen* bzw. *des Wohls der Menschheit als Ganzer*. Er findet hier vor allem deshalb Erwäh-

nung, weil er häufig in den Argumenten von Autoren eine Rolle
spielt, die einer gesteigerten Lebensdauer kritisch gegenüberstehen.
So vertritt beispielsweise Hans Jonas die Auffassung, ein längeres
Leben menschlicher Individuen würde der menschlichen *Gattung*
Schaden zufügen. Die Begründung hierfür lautet, dass aus bevöl-
kerungspolitischen Gründen der individuellen Lebensverlängerung
ein allgemeiner Geburtenrückgang korrespondieren müsste. Daher
würde, so Jonas, die Menschheit einen Teil der für sie wertvollen
Innovationskraft und Spontaneität der Jugend einbüßen.[14] In einer
analogen Überlegung appelliert Francis Fukuyama an *gesamtgesellschaftliche* Interessen, wenn er davor warnt, dass bei einer Verlängerung der individuellen Lebensspannen unsere sozialen Gemein-
schaften durch demographische Überalterung geistig und politisch
immobil werden und ihre Selbsterneuerungskräfte verlieren könnten.[15] Freilich mag man bezweifeln, dass die Gesellschaft oder die
Gattung tatsächlich in einem plausiblen Sinne als Trägersubjekt
eines eigenständigen Gesamtinteresses konzeptualisierbar ist.[16] Es
liegt eher nahe, dieses vermeintliche Gesamtinteresse am Ende auf
die Interessen der einzelnen Individuen zurückzuführen, die Mitglieder der Gesellschaft bzw. der Gattung sind. Als Prima-facie-
Unterscheidung dürfte die Differenzierung zwischen individuellem
Interesse und Gemeinwohl dennoch von Nutzen sein.

Der dritte der drei oben genannten Gesichtspunkte, der bei der
Beurteilung einer möglichen Praxis radikaler Lebensverlängerung
in Betracht zu ziehen ist, ist der Bereich *interessenunabhängiger
Normen* und *Werte*. Dieser Bereich umfasst sowohl *moralische* als
auch *außermoralische* Gebote und Wertorientierungen. Ein wichtiger *moralischer* Wert, auf den in der bisherigen Debatte des öfteren
Bezug genommen wurde, ist der Wert der Gerechtigkeit. Ein wiederholt artikuliertes Bedenken gegen die Entwicklung von Technologien, die eine Ausdehnung der menschlichen Lebensspanne ermöglichen würden, besteht in der bereits erwähnten Befürchtung,
es drohe womöglich eine verschärfte Ungerechtigkeit zwischen Ar-
men und Reichen, falls sich zukünftig allein Menschen, die über ein
hohes Einkommen verfügen, teure lebensverlängernde Therapien
leisten könnten.[17] Ein mögliches Beispiel für ein *außermoralisches*
Werturteil, auf das man sich bei der philosophischen Beurteilung
des Strebens nach Lebensverlängerung stützen könnte, wäre hingegen die Behauptung, das menschliche Leben sei als Produkt eines
göttlichen Schöpfungsvorgangs etwas Heiliges und ihm komme
daher ein unbedingter Wert zu. Wer sich diese evaluative Prämisse

zueigen macht, mag aus ihr etwa folgern, das Leben eines Menschen sei unabhängig davon, ob es zukünftig Freuden oder Leiden bereithält, und auch unabhängig von den Präferenzen dieses Menschen ein möglichst dauerhaft zu bewahrendes Gut.[18]

Sowohl die Bezugnahme auf die individuellen Interessen der Betroffenen als auch der Rekurs auf gesamtgesellschaftliche Interessen als auch der Appell an interessenunabhängige Werte und Normen können im Prinzip jeweils eine doppelte Begründungsrolle spielen. Zum einen können sie eine mögliche Rechtfertigungsgrundlage für eine positive oder negative *evaluative* Beurteilung eines radikal verlängerten Lebens liefern; zum anderen können sie mögliche Gründe für oder gegen das *normative* Gebot bereitstellen, eine Ausdehnung der menschlichen Lebensspanne in der Praxis anzustreben. Dabei ist nicht zu erwarten, dass diese möglichen Gründe pro oder contra in jedem Fall den Charakter *zwingender* Begründungen haben werden, die uns bereits auf eine bestimmte evaluative oder normative Schlussfolgerung *festlegen*. Sofern sie jeweils nur einem der drei genannten Gesichtspunkte entspringen, wird es sich eher um vorläufige Argumente handeln, die nur solange eine Rechtfertigungsgrundlage für ein entsprechendes evaluatives oder normatives Urteil liefern, wie sie nicht von entgegenstehenden Gründen überwogen werden, die bei Einbeziehung der jeweils anderen beiden Gesichtspunkte ins Spiel kommen mögen. Dies bedeutet, dass am Ende gegebenenfalls verschiedene derartige Gründe gegeneinander abgewogen werden müssen, bevor eine definitive Antwort auf die Frage gegeben werden kann, ob ein verlängertes Leben all things considered wünschenswert ist bzw. ob es von uns praktisch angestrebt werden sollte.

Die nachfolgenden Überlegungen verfolgen nicht das Ziel, bereits einen Beitrag zu einem solchen komplexen Abwägungsprozess zu leisten. Ebenso wenig werden wir hier den Versuch unternehmen, einen Überblick über die Vielzahl der möglichen Gründe zu liefern, die dabei gegeneinander abzuwägen wären, sofern sämtliche zuvor genannten Gesichtspunkte Berücksichtigung fänden. Unser bescheideneres Ziel besteht vielmehr darin, einen begrenzten Teilaspekt des Problems zu beleuchten, indem wir genauer untersuchen möchten, ob und, falls ja, in welchen Hinsichten ein radikal verlängertes Leben im Interesse derjenigen Personen läge, deren Lebensdauer gesteigert würde.

Wie bereits betont, kommt dieser Fragestellung deshalb eine besonders grundlegende Bedeutung zu, weil zumindest prima facie wenig dafür spräche, eine Ausdehnung der menschlichen Lebensspanne anzustreben, falls ein längeres Leben den Betroffenen überhaupt keinen signifikanten Vorteil brächte. Ein weiterer Grund, aus dem sich die folgende Untersuchung auf den spezifischen Gesichtspunkt der Interessen der Betroffenen konzentrieren soll, besteht darin, dass dieser zentrale Aspekt in der bisherigen Debatte häufig nur relativ knapp und oberflächlich behandelt wurde. Zwar legt bereits die von den antiken Autoren Hippokrates und Theophrast überlieferte Behauptung, das menschliche Leben sei zu kurz, die Schlussfolgerung nahe, dass es besser wäre, länger zu leben.[19] Doch die hierfür überlieferte Begründung erschöpft sich in der vagen These, das Erreichen der Vollkommenheit in den Tätigkeitsfeldern der Kunst und der Wissenschaft erfordere eine längere Lebensspanne.[20] Ebenso begegnet man bei verschiedenen zeitgenössischen Autoren der Auffassung, ein längeres Leben sei für die individuellen Betroffenen durchaus ein attraktives Ziel. An die Stelle einer genaueren Analyse, die im Detail erklärt, inwiefern dies für die Betroffenen attraktiv oder wünschenswert wäre, tritt dabei jedoch häufig nicht mehr als eine skizzenhafte Begründung.[21] Statt dessen konzentrieren sich die meisten Debattenbeiträge darauf, soziale oder ethische Probleme zu diskutieren, die einer Ausdehnung der menschlichen Lebensspanne entgegenstehen könnten.[22] Auch Anhänger prolongevitistischer Bewegungen, die in Internetpublikationen eindringlich für eine medizintechnische Überwindung der biologischen Sterblichkeit werben, stützen ihr Plädoyer für ein längeres Leben oftmals nicht auf eine genauere Angabe von Gründen, warum dies für die Betroffenen *im allgemeinen* erstrebenswert wäre.[23]

Zwar mag die Intuition stark sein, dass es im Prinzip eine gute Sache wäre, länger zu leben. Dennoch ist es nicht selbstevident, dass bzw. aus welchen Gründen es sich so verhält. Daher lohnt es sich, genauer zu untersuchen, in welchen Hinsichten ein längeres Leben den Betroffenen Vorteile brächte. Dies soll in den folgenden Abschnitten des vorliegenden Kapitels geschehen. Dabei werden wir durchgängig von der hypothetischen Prämisse ausgehen, dass die Ausdehnung der jeweiligen Lebensspanne durch eine *Verlangsamung* des Seneszenzprozesses zustandekäme. Nicht berücksichtigen werden wir dagegen das in Kap. 2.6.1 ebenfalls erwähnte, weitaus utopischere Szenario einer *seneszenzstoppenden* Form der Lebensverlängerung, bei der der natürliche Alterungsprozess des menschlichen Organismus komplett zum Stillstand gebracht würde.

3.2 Systematische Vorüberlegungen

Wir beginnen in diesem Abschnitt mit einer Reihe vorbereitender
Überlegungen. Deren Zweck besteht darin, zunächst abstrakt zu
bestimmen, unter welchen generellen Bedingungen eine verlängerte Lebensspanne im Interesse der Betroffenen läge. Dazu ist es
in einem ersten Schritt erforderlich, zwei grundlegende Dimensionen menschlichen Wohlergehens voneinander zu unterscheiden
(3.2.1 und 3.2.2). Auf der Basis dieser Differenzierung lassen sich
anschließend unterschiedliche Weisen spezifizieren, wie eine Ausdehnung der menschlichen Lebensspanne im objektiven Interesse
der Betroffenen liegen könnte (3.2.3 bis 3.2.5).

3.2.1 Innerlebensgeschichtliche Wohlfahrt

Es ist offenkundig, dass es spezifische Bedingungen gibt, unter
denen wir einem menschlichen Wesen ein genuines *Wohlergehen*
zuschreiben können. Ferner lassen sich verschiedene Dinge benennen, die mögliche *konstitutive Elemente* dieses Wohlergehens sind.
Relativ unkontroverse Beispiele hierfür sind *genussvolle Erlebnisse* sowie das *Erreichen* selbstgesteckter *Ziele*. Wenn etwa Fritz ein
leckeres Vier-Gänge-Menü zu sich nimmt, dann ist der kulinari-
sche Genuss, den Fritz dabei erfährt, ein konstitutives Element
des Wohlergehens, das wir ihm in diesem Augenblick zuschreiben
können. Ebenso ist der erfolgreiche Abschluss der Diplomarbeit,
den seine Freundin Petra über Monate hinweg angestrebt hat, ein
konstitutives Element des Wohlergehens, das wir Petra zu dem
Zeitpunkt zuschreiben können, an dem sie dieses Ziel erreicht. Von
derartigen konstitutiven Elementen des Wohlergehens können wir
sagen, dass sie in einem wohlfahrtsbezogenen Sinne *intrinsisch gut*
für die jeweilige Person sind. Umgekehrt gibt es auch Dinge, die
in einem wohlfahrtsbezogenen Sinne *intrinsisch schlecht* für eine
Person sind, indem sie konstitutive Elemente des *Unwohlergehens*
der betreffenden Person sind. Naheliegende Beispiele hierfür wären
etwa das Erleiden starker Zahnschmerzen oder das Verfehlen eines
wichtigen selbstgesteckten Ziels.

Dinge, die für eine Person P intrinsisch gut sind, und Dinge, die
für P intrinsisch schlecht sind, haben jeweils einen *positiven* bzw.

negativen prudentiellen Wert für P. Im ersten Fall können wir von
einem *benefiziellen* Wert sprechen, im zweiten Fall von einem *malefiziellen* Wert. Dieser jeweilige Wert kann höher oder niedriger
ausfallen. Beispielsweise würden wir dem Erreichen eines lange
angestrebten Karriereziels einen größeren benefiziellen Wert zuerkennen als der Erfüllung des spontanen Wunsches, zum Frühstück
ein Croissant mit Erdbeermarmelade zu verzehren. Ebenso wenig
würden wir zögern, einer mehrmonatigen starken Depression einen weitaus größeren malefiziellen Wert zuzuschreiben als einem
kurzfristigen störenden Juckreiz.

Bei denjenigen Dingen, die intrinsisch gut oder schlecht für eine
Person P sind, handelt es sich gewöhnlich um Dinge, die in einem
sehr allgemeinen Sinne *Teil der Lebensgeschichte* von P sind, indem
sie entweder zu bestimmten Zeitpunkten oder während bestimmter Zeitphasen dieser Lebensgeschichte datierbar sind.[24] Dasjenige
Wohlergehen, das aus der Gesamtheit der intrinsisch guten Dinge
resultiert, die im Leben einer Person P vorkommen, werden wir
dementsprechend die *innerlebensgeschichtliche Wohlfahrt* von P
nennen.

Dem benefiziellen Gesamtwert der Summe der intrinsisch guten Dinge, die einer Person P im Laufe ihrer Lebensgeschichte widerfahren, lässt sich der malefizielle Gesamtwert der Summe der
intrinsisch schlechten Dinge gegenüberstellen, die P im Laufe ihres
Lebens erleidet. Das Verhältnis dieser beiden Werte kann als die *innerlebensgeschichtliche Wohlfahrtsbilanz* von P bezeichnet werden.
Ist der benefizielle Gesamtwert der guten Lebensinhalte größer als
der malefizielle Gesamtwert der negativen Lebensinhalte, ist die
resultierende innerlebensgeschichtliche Wohlfahrtsbilanz positiv;
liegt der erste Wert dagegen niedriger als der zweite Wert, fällt die
innerlebensgeschichtliche Wohlfahrtsbilanz negativ aus.

Dieser Gedanke einer differenziell bestimmbaren Wohlfahrtsbilanz mag auf den ersten Blick wie ein abstraktes und irreführendes
Konstrukt erscheinen, das der qualitativ komplexen Lebenswirklichkeit menschlicher Biographien einen quantifizierenden Kalkül
bloß äußerlich überstülpt. Gleichwohl scheint zumindest eine vage
Form eines solchen Kalküls der auch im Alltag verbreiteten Auffassung zugrunde zu liegen, dass ein menschliches Leben sich unter
bestimmten Bedingungen lohnt bzw. lebenswert ist, während es
sich unter anderen Bedingungen nicht lohnt bzw. nicht lebenswert
ist: nämlich je nachdem, ob die guten Lebensinhalte die schlechten
Lebensinhalte an Gewicht überwiegen oder ob es sich umgekehrt

verhält. Z. B. fällen Menschen ihr Urteil darüber, ob sie angesichts leidvoller Lebensumstände weiterleben möchten oder ob sie im Falle einer schweren Erkrankung künstlich am Leben erhalten werden möchten, nicht selten auch im Lichte einer Abwägung der zu erwartenden Wohlfahrtsbilanz für die zur Disposition stehende verbleibende Lebensspanne, wenngleich es sich dabei häufig um nicht mehr als ein sehr grobes intuitives Kalkül handelt. Daher werden sich auch unsere nachfolgenden Überlegungen der Idee einer innerlebensgeschichtlichen Wohlfahrtsbilanz bedienen – im kritischen Bewusstsein der Einschränkungen, denen dieses Konzept unterliegt.

Der in diesem Zusammenhang gebrauchte, ein wenig buchhalterisch klingende Begriff der *„Bilanz"*, der dem englischen Ausdruck „balance" in dem Terminus „welfare *balance"* entspricht, verdient eine zusätzliche Erläuterung. Er ist nicht so zu verstehen, dass seine Verwendung die Unterstellung beinhaltet, das Verhältnis der positiven und negativen Lebensgüter lasse sich in irgendeiner Form *quantitativ exakt* bestimmen. Es ist damit nicht die Idee verbunden, die benefeziellen Werte einzelner intrinsischer Lebensgüter sowie die malefiziellen Werte intrinsischer Übel ließen sich auf einer *kardinalen* Skala gegeneinander verrechnen und seien in diesem Sinne miteinander *kommensurabel*. Eine solche Kommensurabilitätsunterstellung ist nämlich im Prinzip nicht erforderlich, um beispielsweise die Behauptung zu rechtfertigen, eine größere buntgemischte Menge positiver und negativer Lebensinhalte ergebe unter dem Strich eine positive innerlebensgeschichtliche Wohlfahrts*bilanz*. Zu diesem Zweck genügt es vielmehr, jedem negativen Lebensinhalt einen positiven gegenüberstellen zu können, der ersteren an Gewicht überwiegt. Ist diese Bedingung erfüllt, folgt, dass auch der Gesamtwert der positiven Lebensinhalte den der negativen Lebensinhalte überwiegt. Um die zugrunde liegenden Einzelvergleiche vorzunehmen, braucht man jedoch lediglich auf alltagspraktische *Komparabilitäts*urteile über die Werte einzelner Lebensinhalte zurückzugreifen, die – wie in dem oben als Beispiel erwähnten Vergleich zwischen dem Juckreiz und der Depression – lediglich eine *ordinale* Gewichtung vornehmen, ohne ein kardinales *Maß* dieser Gewichtung anzugeben. Es genügt, zu sagen, dass der positive Wert des Lebensinhalts A den negativen Wert des Lebensinhalts B überwiegt, ohne dass bestimmt werden muss, um welchen quantitativen Faktor A B an Wert überwiegt. Ferner ist es möglich, in elementaren Komparabilitätsurteilen *einzelne* Lebensgüter *Gruppen* von

Übeln gegenüberzustellen, wie etwa in dem Urteil, dass die tiefe Befriedigung über einen gelungenen Theaterauftritt in benefizieller Hinsicht schwerer wiegt als der malefizielle Gesamtwert eines mehrmalig auftretenden unangenehmen Juckreizes. Nach diesem Muster lässt sich in dem Leben einer Person P unter Umständen auch dann eine positive innerlebensgeschichtliche Wohlfahrtsbilanz ausmachen, wenn innerhalb von Ps Lebensgeschichte die negativen Vorkommnisse die positiven rein zahlenmäßig überwiegen.

Ausgehend von dem Begriff der innerlebensgeschichtlichen Wohlfahrtsbilanz lässt sich in einem nächsten Schritt der Begriff eines innerlebensgeschichtlichen *Wohlfahrtsgewinns* definieren. Dieser Begriff entspringt dem Vergleich zweier alternativer möglicher Lebensverläufe. Wir können sagen, dass ein Lebensverlauf L1 gegenüber einem alternativen möglichen Lebensverlauf L2 genau dann einen *innerlebensgeschichtlichen Wohlfahrtsgewinn* bietet, wenn die innerlebensgeschichtliche Wohlfahrtsbilanz im Falle von L1 besser ausfällt als im Falle von L2.[25]

Auch dieses Konzept einer möglichen Steigerung der innerlebensgeschichtlichen Wohlfahrt beinhaltet nicht die Unterstellung, das *Maß* eines solchen Zugewinns sei *quantitativ exakt* bestimmbar: Eine verbesserte innerlebensgeschichtliche Wohlfahrtsbilanz liegt beispielsweise einfach dann vor, wenn das Leben zusätzliche Lebensgüter enthält. Dabei kann völlig unbestimmt bleiben, wie hoch der benefizielle Wert dieser zusätzlichen Lebensgüter im Vergleich zu den bereits gegebenen Lebensgütern ist.

3.2.2 Lebensholistische Wohlfahrt

Als nächstes wollen wir eine grundlegende Unterscheidung einführen, von der unsere nachfolgenden Erörterungen ausgehen werden: die Unterscheidung nämlich zwischen der jeweiligen positiven oder negativen Qualität der einzelnen *Inhalte* des Lebens einer Person und der Qualität des *Lebens* dieser Person. Wir können einerseits sagen, dass bestimmte Dinge, die einer Person P *innerhalb* ihres Lebens widerfahren, für P *gut* oder *schlecht* sind. Wie wir gesehen haben, bestimmen diese intrinsisch guten und schlechten Lebensinhalte die innerlebensgeschichtliche Wohlfahrtsbilanz von P. Andererseits können wir jedoch auch urteilen, dass das *Leben* von P in seiner Eigenschaft als ein *diachrones Ganzes*, welches sich zeitlich von der Geburt bis zum Tod erstreckt, für P ein mehr oder weniger *gutes* oder *schlechtes* Leben ist. Diese Qualität, die das Leben einer Person *für* diese Person selbst hat, lässt sich als die *eudaimonistische Qualität* ihres *Lebensganzen* charakterisieren.[26]

Um die eudaimonistische Qualität des *Lebensganzen* einer Person P zu bezeichnen, werden wir im Folgenden auch den Begriff der *lebensholistischen Wohlfahrt* von P verwenden. Was die spezifischen Kriterien betrifft, die bei alltäglichen Urteilen über die lebensholistische Wohlfahrt eines Menschen zur Anwendung gelangen, so sind diese Kriterien offenkundig vielfältig und komplex. Ein relativ einschlägiges Beispiel für ein solches Kriterium ist jedoch das des *Glücks*. Wenn wir zwei mögliche Lebensverläufe L1 und L2 einer Person P miteinander vergleichen und zu dem Urteil gelangen, dass das Leben von P im Falle von L1 ein *glücklicheres* Leben ist als im Falle von L2, dann ist dies für uns normalerweise ein starker Grund zu sagen, dass Ps Leben in der ersten der beiden Varianten *ceteris paribus* auch ein *besseres* Leben ist. Gleichwohl gibt es neben dem Kriterium des Glücks noch eine Reihe weiterer Kriterien, die bei der Beurteilung der eudaimonistischen Qualität eines Lebensganzen zum Einsatz kommen. Im Abschnitt 3.4.2 dieses Kapitels werden wir einige rekonstruktive Vorschläge unterbreiten, wie die einzelnen Elemente dieser differenzierten kritialen Landschaft genauer zu verstehen sind.

Analog zu dem weiter oben eingeführten Begriff eines innerlebensgeschichtlichen Wohlfahrtsgewinns lässt sich auf der Basis der bisherigen Definitionen auch der Begriff eines *lebensholistischen Wohlfahrtsgewinns* bilden: Ein Lebensverlauf L1 bietet gegenüber einem alternativen möglichen Lebensverlauf L2 genau dann einen *lebensholistischen Wohlfahrtsgewinn*, wenn die lebensholistische Wohlfahrt im Falle von L1 besser ausfällt als im Falle von L2.

3.2.3 Besserstellung und Bevorteilung

Auf der Grundlage der bisherigen Begriffsbestimmungen lassen sich in einem weiteren Schritt unserer vorbereitenden Überlegungen zwei Art und Weisen voneinander unterscheiden, wie eine Person P durch einen Sachverhalt S – beispielsweise durch den Sachverhalt, dass ihr Leben verlängert wird – *bessergestellt* werden kann.

1) P kann zum einen durch einen Sachverhalt S in der Weise bessergestellt werden, dass aufgrund des Bestehens von S ihre *innerlebensgeschichtliche Wohlfahrt* gesteigert wird. Wir wollen dies eine *innerlebensgeschichtliche Besserstellung* nennen.

2) P kann zweitens durch einen Sachverhalt S in der Weise bessergestellt werden, dass aufgrund des Bestehens von S *ihr Leben als Ganzes* betrachtet für sie zu einem besseren Leben wird und somit ihre *lebensholistische Wohlfahrt* eine Steigerung erfährt. Dies soll im folgenden als *lebensholistische Besserstellung* bezeichnet werden.

Welches systematische Verhältnis zwischen diesen beiden Formen der Besserstellung besteht, lässt sich der Unterscheidung als solcher freilich noch nicht entnehmen. Eine genauere Analyse dieses Verhältnisses muss insbesondere klären, ob erstens eine innerlebensgeschichtliche Besserstellung eine *notwendige* Bedingung für eine lebensholistische Besserstellung ist, und ob sie zweitens dafür eine *hinreichende* Bedingung ist. Auf diese beiden Fragen werden wir im Abschnitt 3.4.4 zurückkommen.

An dieser Stelle sei lediglich hervorgehoben, dass die Idee einer innerlebensgeschichtlichen Besserstellung nicht bereits ihrem Begriff nach eine Form der lebensholistischen Besserstellung meint. Denn obwohl bei einer Bestimmung der Gesamtbilanz der innerlebensgeschichtlichen Wohlfahrt das *gesamte* Leben hinsichtlich seiner Inhalte in den Blick genommen werden muss, wird dabei nicht das Leben als Ganzes *bewertet*, sondern evaluiert werden nur die einzelne Inhalte, die in diese Bilanz einfließen. Ebenso wird bei der Rede von einer innerlebensgeschichtlichen Besserstellung die *Bilanz* dieser einzelnen Lebensinhalte als *besser* charakterisiert, nicht jedoch bereits das *Leben* selbst in seiner Gesamtheit.

Für die nachfolgenden Analysen wird es fernerhin nützlich sein, zusätzlich zu den beiden gerade eingeführten Begriffen der *Besserstellung* zwei spezifische Begriffe der *Bevorteilung* zur Verfügung zu haben. Ausgehend von unseren bisherigen konzeptuellen Erläuterungen lassen sich zwei Art und Weisen voneinander unterscheiden, wie eine Person P durch einen Sachverhalt S *bevorteilt* werden kann:

1) P kann erstens durch einen Sachverhalt S in der Weise bevorteilt werden, dass P aufgrund des Bestehens von S *de facto* (entweder innerlebensgeschichtlich oder lebensholistisch) bessergestellt wird. Wir wollen dies eine *effektive Bevorteilung* nennen.

2) P kann zweitens durch einen Sachverhalt S in der Weise bevorteilt werden, dass P aufgrund des Bestehens von S eine *Chance* erhält, (entweder innerlebensgeschichtlich oder lebensholistisch) bessergestellt zu werden, ohne zugleich aufgrund des Bestehens von S ein entsprechend hohes *Risiko* einzugehen, in analogem Maße (innerlebensgeschichtlich bzw. lebensholistisch) schlechtergestellt zu werden. Diese zweite Form der Bevorteilung kann als *opportunale Bevorteilung* bezeichnet werden.

Ein Beispiel für eine *opportunale* Bevorteilung, bei der die Chancen, bessergestellt zu werden, die Risiken einer Schlechterstellung überwiegen, wäre etwa die folgende Situation: Hans wird als einziger qualifizierter Bewerber zu einem Vorstellungsgespräch für eine Projektleiterstelle in einem Unternehmen eingeladen. Der Sachverhalt, dass Hans dieser Einladung nachkommt, eröffnet ihm eine gute Chance, die gewünschte Stelle zu erhalten und durch die Erfüllung dieses Wunsches hinsichtlich seiner innerlebensgeschichtlichen Wohlfahrt bessergestellt zu werden. Zugleich beinhaltet das Gespräch kein Risiko, dass Hans einen gravierenden Schaden erleidet. Insofern können wir sagen, dass Hans sich durch sein Erscheinen bei dem Vorstellungsgespräch in eine Lage begibt, die für ihn einen opportunalen Vorteil bedeutet. Anders wäre die Situation dagegen zu beurteilen, falls sich das Vorstellungsgespräch in einem umkämpften Stadtviertel eines Bürgerkriegsgebiets abspielen würde und ein erhebliches Risiko bestünde, dass das Firmengebäude im Laufe des Gesprächs in die Luft gesprengt wird. In diesem Fall würde sich Hans durch sein Erscheinen bei dem Vorstellungsgespräch keinen opportunalen Vorteil verschaffen.

Die Chance, bessergestellt zu werden, die im Falle einer opportunalen Bevorteilung gegeben sein muss, kann im Prinzip zwei unterschiedliche Formen annehmen: Es kann sich entweder um eine rein *statistische* Chance oder aber um eine *effektive* Chance handeln, deren Realisierung allein von den eigenverantwortlichen Handlungen und Entscheidungen der betreffenden Person abhängt und somit effektiv in ihrer Macht liegt. Ein Beispiel dafür, dass jemand eine entsprechende statistische Chance besitzt, wäre etwa dessen Teilnahme an einer Lotterie, bei der jeder Mitspieler über eine Gewinnchance von 30% verfügt. Die Einladung zu einem Vorstellungsgespräch, bei dem der Erfolg der Bewerbung allein vom

gewohnt sicheren eigenen Verhalten und Auftreten abhängt, ist im
Gegensatz dazu ein Beispiel für den Besitz einer effektiven Chance.

3.2.4 Lebensverlängerung und objektives Interesse

Die vorangehenden begrifflichen Erläuterungen stellen einen konzeptuellen Rahmen bereit, innerhalb dessen sich allgemeine Bedingungen spezifizieren lassen, unter denen ein radikal verlängertes
Leben im objektiven Interesse der Betroffenen läge. Zu diesem
Zweck ist es nicht erforderlich, den Begriff des objektiven Interesses vollständig zu explizieren. Es genügt vielmehr, hinreichende Bedingungen dafür zu benennen, dass ein Sachverhalt im objektiven
Interesse einer Person liegt.

Im Sinne einer solchen Spezifikation *hinreichender* Bedingungen werden wir bei unseren weiteren Überlegungen in diesem Kapitel von dem folgenden Prinzip (I) ausgehen:

(I) Ein Sachverhalt S liegt immer dann im *objektiven Interesse* einer Person P, wenn
P durch das Bestehen (bzw. die Verwirklichung) von S *entweder* eine *effektive oder*
eine *opportunale Bevorteilung* erfährt (bzw. erfahren würde).

Der Begriff des objektiven Interesses wird dabei relativ weit gefasst.
Danach können auch viele Dinge im objektiven Interesse einer Person P liegen, an denen P kein *subjektives Interesse* hat. Dies gilt
u. a. für alle von P nicht explizit gewünschten Dinge, durch die P
entweder de facto oder der Chance nach innerlebensgeschichtlich
oder lebensholistisch bessergestellt wird. So liegt beispielsweise ein
Wellnessaufenthalt in einem Luftkurort, der P's körperliches und
seelisches Wohlbefinden steigert, ohne P irgendwelche anderweitigen Einbußen an innerlebensgeschichtlicher Wohlfahrt zu bescheren, auch dann im objektiven Interesse von P, wenn dieser Aufent-
halt nicht Gegenstand eines Wunsches von P ist.

Wird die in (I) enthaltene allgemeine Spezifikation von Bedingungen, unter denen ein Sachverhalt dem objektiven Interesse einer Person entspricht, auf das mögliche Szenario einer radikalen
Lebensverlängerung angewendet, ergibt sich die Schlussfolgerung,
dass ein längerfristiger Aufschub des Todes dann im objektiven Interesse der Betroffenen läge, wenn diese durch den Zugewinn an
Lebenszeit entweder opportunal oder effektiv bevorteilt würden.

3.2.5 Zwei Teilfragen

Es stehen uns jetzt genügend konzeptuelle Ressourcen zur Verfügung, um in differenzierter Form untersuchen zu können, in welchen Hinsichten eine gesteigerte Langlebigkeit den Interessen der Betroffenen entgegenkäme. Orientiert man sich an den beiden möglichen Modi der Besserstellung, die weiter oben voneinander unterschieden wurden, lässt sich diese Frage in zwei Teilfragen untergliedern, die in den nächsten beiden Abschnitten dieses Kapitels ausführlicher erörtert werden sollen:

1) Inwiefern würden Personen durch eine radikale Verlängerung ihres eigenen Lebens hinsichtlich ihrer *innerlebensgeschichtlichen Wohlfahrt* bevorteilt?
2) Inwiefern würden Personen durch eine radikale Verlängerung ihres eigenen Lebens hinsichtlich ihrer *lebensholistischen Wohlfahrt* bevorteilt?

Bei der ersten Frage geht es darum, ob ein Zugewinn an Lebenszeit in der *spezifischen Weise* im *objektiven Interesse* der Betroffenen läge, dass diese aufgrund der Verlängerung ihrer Lebensspanne entweder *de facto* oder der *Chance* nach *innerlebensgeschichtlich* bessergestellt würden. Demgegenüber fragt die zweite Frage danach, ob ein chronologischer Zugewinn in der *alternativen Weise* im *objektiven Interesse* der Betroffenen läge, dass diese aufgrund ihrer gesteigerten Langlebigkeit entweder *de facto* oder der *Chance* nach *lebensholistisch* bessergestellt würden.

Was die Beantwortung beider Fragen betrifft, so ist hervorzuheben, dass man sich dabei nicht allein auf begriffliche Analysen und konzeptuelle Argumente stützen kann. Vielmehr wird in beiden Fällen ein wesentlicher Teil der Antwort die Form *empirischer Plausibilitätserwägungen* annehmen, die nicht genuin philosophischer Natur sind. Der spezifisch *konzeptuelle* Orientierungsbeitrag, den die systematischen Überlegungen der folgenden Abschnitte in diesem Zusammenhang leisten sollen, besteht jedoch darin, einen möglichst präzisen begrifflichen Rahmen zu schaffen, in dem sich diese empirischen Plausibilitätserwägungen bewegen können.

3.3 Würde eine radikale Lebensverlängerung die Betroffenen hinsichtlich ihrer innerlebensgeschichtlichen Wohlfahrt bevorteilen?

Wir wollen nun versuchen zu klären, ob und in welcher Form eine radikale Lebensverlängerung die betroffenen Individuen hinsichtlich ihrer innerlebensgeschichtlichen Wohlfahrt bevorteilen würde. In diesem Zusammenhang ist es zunächst erforderlich, genauer zu bestimmen, welche Arten von Dingen, die Teil der Lebensgeschichte einer menschlichen Person sein können, für Menschen *im allgemeinen intrinsisch gut* oder *intrinsisch schlecht* sind. Denn wie wir gesehen haben, konstituieren Lebensinhalte, auf die diese evaluativen Beschreibungen zutreffen, die innerlebensgeschichtliche Wohlfahrtsbilanz einer Person.

Sofern es kategorial verschiedene Arten intrinsisch positiver und negativer Lebensinhalte gibt, die jeweils mögliche konstitutive Elemente des Wohlergehens bzw. Unwohlergehens einer Person sind, lassen sich verschiedene *Teilbereiche* der innerlebensgeschichtlichen Wohlfahrt voneinander unterscheiden, indem jeder dieser Kategorien ein entsprechender Teilbereich zugeordnet wird. Mit dem Versuch, eine solche begriffliche Kartographie unterschiedlicher Bereiche des Wohlergehens zu erstellen, beginnen unsere nachfolgenden Überlegungen. (3.3.1) Mit Blick auf jeden einzelnen dieser Bereiche lässt sich anschließend die empirische Frage erörtern, ob ein radikal verlängertes Leben die Betroffenen in diesem spezifischen Bereich de facto oder der Chance nach innerlebensgeschichtlich besserstellen würde oder nicht.(3.3.2 u. 3.3.3) Wie sich zeigen wird, besitzt eine solche separate Vorgehensweise den Vorzug, dass die jeweiligen empirischen Plausibilitätserwägungen in hinreichend übersichtlicher Form durchgeführt werden können.

3.3.1 Bereiche innerlebensgeschichtlicher Wohlfahrt

Zunächst besteht unsere Aufgabe also darin, diejenigen möglichen Lebensinhalte zu identifizieren, die für das Wohlergehen einer menschlichen Person von zentraler Bedeutung sind. Ausgangspunkt ist dabei die Annahme, dass das *Leben* als solches *kein* konstitutives Element des Wohlergehens darstellt. Danach kann der bloßen Tatsache, *bewusst am Leben zu sein*, unabhängig von den konkreten Lebens*inhalten* kein intrinsischer benefizieller Wert zugeschrieben werden. Vielmehr kommt ein solcher intrinsischer Wert *allein* spezifischen Inhalten eines menschlichen Lebens zu. Dies bedeutet, dass es für eine Person noch nicht in einem wohlfahrtsbezogenen Sinne gut sein kann, am Leben zu sein, solange dieses Leben ausschließlich aus empfindungsmäßig neutralen und gleichgültig durchlebten Erfahrungen besteht und nicht zum Beispiel zumindest einige freudvolle Erlebnisse oder die Erfüllung von Wünschen beinhaltet.[27]

Utilitaristische Intuitionen

Wir wollen zunächst zwei Arten von Lebensinhalten betrachten, denen insbesondere utilitaristische Wohlfahrtstheorien eine konstitutive Rolle für menschliches Wohlergehen zuerkennen und die wir bereits im vorangehenden Abschnitt als naheliegende Beispiele für Dinge angeführt haben, die für Menschen von intrinsischem benefiziellen Wert sind. Dabei handelt es sich erstens um *Präferenzerfüllungen* – wie etwa die Erfüllung von Wünschen oder das Erreichen von Zielen; zweitens um Formen der *hedonistischen Erfüllung* – wie z. B. Erlebnisse des körperlichen und geistigen Genusses. Komplementär dazu lassen sich die *Nichterfüllung von Präferenzen* sowie unterschiedliche Formen des *Leids* als intrinsisch schlechte Lebensinhalte charakterisieren.

Bekanntlich wurden klassische Utilitaristen, wie Jeremy Bentham und John Stuart Mill, von der Überzeugung geleitet, allein Zustände der Lust bzw., etwas allgemeiner gesprochen, Zustände körperlicher und geistiger *Freude* seien intrinsisch gut für Menschen. Im Gegensatz dazu herrscht bei zeitgenössischen Vertretern des Utilitarismus, wie etwa bei Peter Singer, die Auffassung vor, die Erfüllung von Wünschen sei mindestens ein genauso wesentliches konstitutives Element menschlichen Wohlergehens.[28] Für die Abkehr von den streng hedonistischen Prämissen des älteren Utilitarismus lassen sich gute Gründe anführen. So ist beispielsweise unklar, ob es einen generischen Typus eines freudvollen mentalen Zustands gibt, der an sämtlichen Arten von Erfahrungen und Aktivitäten beteiligt ist, die Menschen in ihrem Leben wertschätzen.[29] Hinzu kommt, dass wir nicht unbedingt geneigt wären, einer Person ein genuines *Wohlergehen* zuzuschreiben, der – ähnlich wie in dem Film „Matrix" – lustvolle Erlebnisse durch eine computergesteuerte Maschine induziert werden, die ihr eine Welt genussvoller Erfahrungen in halluzinativer Manier vortäuscht.[30] Umgekehrt sieht sich freilich auch eine einseitig präferenztheoretische Variante des Utilitarismus Einwänden ausgesetzt. Diese machen etwa geltend, dass nicht jede Wunscherfüllung dem Wohlergehen einer Person förderlich ist. Dies gilt beispielsweise dann nicht, wenn sich nachträglich herausstellt, dass der gewünschte Gegenstand uns nicht wirklich befriedigt.[31]

Die genannten Einwände betreffen allerdings allein *reduktionistische* Theorien menschlicher Wohlfahrt, die darauf abzielen, jeweils *alles*, was für Menschen intrinsisch gut ist, *entweder* auf freudvolle Empfindungen *oder* auf Wunscherfüllungen *zurückzuführen*. Von diesen Einwänden nicht betroffen ist dagegen eine differenziertere Theorie, die sowohl freudvollen Erfahrungen als auch Präferenzerfüllungen einen intrinsischen benefiziellen Wert zuschreibt, indem sie *beide* Arten von Lebensinhalten als *aufeinander irreduzible* Bestandteile menschlichen Wohlergehens betrachtet. Diese alternative Auffassung lässt nicht nur Raum für Inhalte des guten Lebens, die keine mentalen Zustände hedonistischer Erfüllung involvieren. Sie ist auch mit der Annahme kompatibel, dass bestimmte Formen der hedonistischen Erfüllung deshalb nicht zu einem größeren Wohlergehen beitragen, weil sie – wie im Beispiel der matrixartigen Erfahrungsmaschine – gleichzeitig unserer Präferenz für authentische Erfahrungen zuwiderlaufen. Ebenso trägt sie der umgekehrten Möglichkeit Rechnung, dass Wunscherfüllungen trotz ihres intrinsischen Wohlfahrtswerts unter dem Strich deshalb nicht zum verbesserten Wohlergehen einer Person beitragen, weil der gewünschte Gegenstand sich entweder selbst als leidvoll und somit als intrinsisch schlecht erweist oder aber längerfristig leidvolle Auswirkungen hat. Darüber hinaus ist diese nichtreduktionistische Auffassung auch nicht darauf festgelegt, von vornherein auszuschließen, dass neben Präferenzerfüllungen und Formen der hedonistischen Erfüllung noch weitere konstitutive Elemente menschlichen Wohlergehens existieren.

Von diesem differenzierten, nichtreduktionistischen Bild wollen wir hier in einem ersten Schritt ausgehen. Im folgenden werden daher sowohl Präferenzerfüllungen als auch Formen der hedonistischen Erfüllung als konstitutive Elemente menschlichen Wohlergehens betrachtet, sowie komplementär dazu die Nichterfüllung von Präferenzen sowie Formen des Leids als intrinsisch negative Lebensinhalte. Eines ist dabei freilich zu betonen: Zwar greift die vorgeschlagene Betrachtungsweise auf eine differenzierte und für systematische Ergänzungen offene Weise Gedanken auf, die utilitaristischen Theorien *individueller Wohlfahrt* entstammen. Sie legt sich damit jedoch keineswegs zugleich auf ein *utilitaristisches Moralprinzip* fest, das die allgemeine *Maximierung* entsprechender positiver Lebensinhalte zur *ethischen Pflicht* erhebt.

Schließlich sei noch hervorgehoben, dass die Begriffe der Präferenzerfüllung und der freudvollen Erfahrung hier jeweils in einem weiten Sinne verstanden werden: Freudvolle Erfahrungen umfassen neben körperlichen Lustempfindungen auch seelische und geistige Genüsse sowie positive Gemütsstimmungen unterschiedlichen Typs, wie etwa Heiterkeit, Stolz und Zufriedenheit. Ebenso bezeichnet der Begriff der Präferenzerfüllung neben der Erfüllung von Wünschen auch die Umsetzung von Plänen, das Erreichen übergeordneter Ziele sowie die Realisierung längerfristiger Projekte. Unter Präferenzen sind, mit anderen Worten, alle intentional gehaltvollen Einstellungen zu verstehen, die – mit John Searle zu sprechen – hinsichtlich ihrer Erfüllungsbedingungen durch eine „Welt-auf-Geist-Ausrichtung" charakterisiert sind.[32]

Objektive-Listen-Theorien

Eine weitere einflussreiche Strömung innerhalb der zeitgenössischen Ethik des guten Lebens bilden neben den utilitaristischen Wohlfahrtstheorien die sogenannten Objektive-Listen-Theorien.[33] Letztere betrachten nicht allein genussvolle Erlebnisse und Präferenzerfüllungen, sondern beispielsweise auch solche Dinge wie Autonomie, Gesundheit oder zwischenmenschliche Beziehungen als wesentliche Bestandteile eines guten menschlichen Lebens. Diese verschiedenartigen Dinge fügen sich zu einer objektiven Liste materialer Lebensinhalte zusammen, von denen unterstellt wird, dass sie für alle menschlichen Wesen gut sind. Als klassisches Vorbild dient dabei die Eudaimonia-Konzeption von Aristoteles, die ebenfalls annimmt, dass sich spezifische materiale Lebensinhalte – wie zum Beispiel Formen des theoretischen und praktischen Vernunftgebrauchs – als allgemeingültige Elemente menschlichen Wohlergehens identifizieren lassen.[34]

Sofern die neoaristotelischen Objektive-Listen-Konzeptionen beanspruchen, eine echte systematische Alternative zu hedonistischen Theorien oder Präferenztheorien utilitaristischer Provenienz darzustellen, müssen sie von der Prämisse ausgehen, dass die von ihnen aufgelisteten Lebensinhalte ihren konstitutiven Wohlfahrtswert nicht einfach bloß dem Umstand verdanken, dass durch sie Präferenzen erfüllt werden bzw. dass sie Zustände hedonistischer Erfüllung involvieren oder Zustände des Leids ausschließen. Vielmehr müssen sie unterstellen, dass diese Lebensinhalte unabhängig von der Tatsache zu einem guten Leben beitragen, dass durch sie unter normalen Umständen die individuelle Bilanz im Bereich der Präferenzerfüllung oder der hedonistischen Erfüllung verbessert wird.

Auf den verschiedenen objektiven Listen, die u. a. von Autorinnen wie Martha Nussbaum und Angelika Krebs ausgearbeitet worden sind, tauchen nun zusätzlich zu Schmerzfreiheit und Lustempfindung, denen bereits utilitaristische Wohlfahrtstheorien eine zentrale Bedeutung für ein gutes Leben zuerkennen, im wesentlichen die folgenden Lebensinhalte auf:

- Gesundheit, Ernährung und Obdach
- Sicherheit von Leib und Leben
- Freiheit zur Ortsveränderung
- Kognitive Aktivität (Sinneswahrnehmung, Denken und Phantasieren)
- Emotionale Nahbeziehungen (Liebe und Freundschaft)
- Praktische und politische Autonomie
- Soziale Zugehörigkeit und soziale Anerkennung
- Besonderung in Form von Privatheit und Individualität[35]

Folgt man der Prämisse, nach der die Inhalte der Liste jeweils eine unmittelbare Wohlfahrtsrelevanz besitzen, bietet es sich an, die aufgelisteten Lebensinhalte zunächst zwei Teilklassen zuzuordnen:

Die erste dieser beiden Teilklassen umfasst solche Dinge, die *intrinsisch gut* für Menschen sind. Sie können wir als *intrinsische Lebensgüter* bezeichnen. Lustvolle Erlebnisse sind hierfür ein besonders unstrittiges Beispiel. Ein ebenso plausibler Kandidat für die Mitgliedschaft in der Teilklasse der intrinsischen Lebensgüter scheinen zudem die emotionalen Nahbeziehungen zu sein. Jedenfalls würden vermutlich die meisten Personen die Pflege von Liebes- und Freundschaftsbeziehungen als konstitutives Element ihrer positiven Lebensqualität betrachten. Von emotionalen Nahbeziehungen scheint darüber hinaus zu gelten, dass sie nicht nur im allgemeinen gut für Menschen sind, sondern dass ihre komplette Entbehrung auch ein Übel darstellt. Zumindest handelt es sich bei emotionaler Isolation um einen Zustand, dem die meisten Menschen einen äußerst negativen Wert zuschreiben würden.

Die zweite der beiden Teilklassen umfasst dagegen solche Dinge, die zwar nicht intrinsisch gut für Menschen sind, deren *Entbehrung* jedoch *intrinsisch schlecht* für Menschen ist. Diese Dinge lassen sich als *protektive* bzw. *abwehrende Lebensgüter* bezeichnen. Naheliegende Beispiele hierfür sind Gesundheit, Wohlgenährtheit, Obdach, Sicherheit von Leib und Leben sowie die Freiheit zur Ortsveränderung. Denn ein Leben, das diese Dinge beinhaltet, bietet zwar die notwendigen *Voraussetzungen* für eine positive Lebensqualität; dennoch würden wir beispielsweise Gesundheit oder Wohlgenährtheit nicht bereits per se zu den *positiven* Inhalten eines menschlichen Lebens rechnen. Es erscheint jedoch intuitiv plausibel, Krankheit, Unterernährtheit, Obdachlosigkeit, die permanente Bedrohung von Leib und Leben sowie Freiheitsentzug als intrinsische *Übel* für alle Menschen zu charakterisieren.

Wir wollen im folgenden weiterhin davon ausgehen, dass der Bereich von Freude und Leid sowie der Bereich der Präferenzerfüllung zentrale intrinsische Bereiche menschlicher Wohlfahrt darstellen.[36] Von denjenigen Lebensinhalten, die die Objektive-Listen-Theorien zusätzlich als wesentliche Elemente eines guten Lebens anführen, sollen außerdem in unsere weitere Betrachtungen etwas ausführlicher die emotionalen Nahbeziehungen einbezogen werden. Denn letztere lassen sich nicht nur besonders eindeutig der Kategorie der intrinsischen Lebensgüter zuordnen, sondern sie dürften von den meisten Menschen auch als *zentrale* Bestandteile einer positiven Lebensqualität gewertet werden. Auf die *protektiven* Lebensgüter, die auf den objektiven Listen der oben erwähnten Autoren zu finden sind, soll dagegen nur am Rande eingegangen werden. Die übrigen Listenpunkte, bei denen eine eindeutige Zuordnung zu einer der beiden hier unterschiedenen Teilklassen schwieriger erscheint, werden ganz ausgeklammert bleiben.[37] Zugegebenermaßen verleiht dies den weiteren Überlegungen in diesem Abschnitt einen vorläufigen und unvollständigen Charakter. Aus Platzgründen müssen wir uns hier jedoch auf stichprobenartige Analysen beschränken.

Ebenfalls aus Platzgründen soll im vorliegenden Kontext auf eine weitere Erörterung der Frage verzichtet werden, ob die Objektive-Listen-Theorien tatsächlich eine systematische Alternative – oder zumindest eine Ergänzung – zu Präferenztheorien und hedonistischen Theorien menschlicher Wohlfahrt darstellen, oder ob sie nur eine anthropologisch universale materiale *Interpretation* dieser Theorien liefern, die sich auf einer empirischen Anwendungsebene bewegt. Letzteres wäre dann der Fall, wenn sich der spezifische Wohlfahrtswert der auf den objektiven Listen verzeichneten Lebensinhalte darin erschöpfen würde, dass durch diese Lebensinhalte aufgrund des Bestehens allgemeiner empirischer Korrelationen das Wohlergehen sämtlicher Menschen in den Bereichen der Präferenzerfüllung oder der hedonistischen Erfüllung gefördert würde. Bei den nachfolgenden Überlegungen soll hingegen offen bleiben, ob den in Ergänzung zu diesen beiden Bereichen erörterten emotionalen Nahbeziehungen ein eigenständiger benefizieller Wert zukommt, den diese unabhängig von der Tatsache besitzen, dass sie allgemein geteilte Präferenzen erfüllen oder dass sie gewöhnlich Zustände hedonistischer Erfüllung beinhalten oder hervorrufen.[38]

3.3.2 Methodische Vorgehensweise

Wie zuvor betont wurde, ist die Frage, ob eine radikale Lebensverlängerung die Betroffenen hinsichtlich ihrer innerlebensgeschichtlichen Wohlfahrt tatsächlich bevorteilen würde, keine rein philosophische Frage. Vielmehr ist sie zu wesentlichen Teilen empirischer Natur. Der spezifische Beitrag, den die Philosophie zur Beantwortung dieser Frage leisten kann, erschöpft sich darin, eine möglichst exakte Bestimmung der zugrundeliegenden Begriffe der innerlebensgeschichtlichen Wohlfahrt und der Bevorteilung zu liefern sowie verschiedene Teilbereiche innerlebensgeschichtlicher Wohlfahrt voneinander zu unterscheiden. Dennoch sollen im nächsten Abschnitt zusätzlich eine Reihe konkreter empirischer Plausibilitätserwägungen angestellt werden. Durch sie lässt sich zumindest exemplarisch demonstrieren, welche Art von empirischer Überlegung zu einer Beantwortung unserer Frage führen kann.

Bevor diese exemplarischen Erörterungen in Angriff genommen werden können, muss allerdings noch etwas genauer bestimmt werden, unter welchen spezifischen Bedingungen eine Ausdehnung der Lebensspanne einen innerlebensgeschichtlichen Wohlfahrtsgewinn zur Folge hätte. Auf den ersten Blick mag man vielleicht annehmen, ein längeres Leben könne den betroffenen Individuen einfach dadurch einen innerlebensgeschichtlichen Wohlfahrtsgewinn verschaffen, dass den bisherigen Lebensinhalten während der hinzugewonnenen Jahre zusätzliche intrinsische Lebensgüter hinzugefügt werden. Dieses rein additive Bild wäre jedoch zu simpel. Denn die zusätzliche Zeitspanne wird unter normalen Umständen sowohl positive als auch negative Lebensinhalte umfassen. So werden einer Person, die anstelle eines Alters von 80 Jahren ein Alter von 150 Jahren erreicht, während der hinzugefügten Jahrzehnte nicht bloß zusätzliche Präferenzerfüllungen und zusätzliche freudvolle Erlebnisse zuteil werden. Vielmehr wird ihre Lebensgeschichte, insbesondere in der Phase des biologisch fortgeschritteneren Alters, unausweichlich auch um leidvolle Erfahrungen sowie um Wünsche ergänzt werden, die unerfüllt bleiben.

Es liegt nahe, in Reaktion auf diesen Einwand ein verfeinertes Kriterium vorzuschlagen, wonach eine verlängerte Lebensspanne dann zu einem innerlebensgeschichtlichen Wohlfahrtsgewinn führt, wenn die positiven Lebensinhalte, die während des hinzugefügten Lebensabschnitts erfahren werden, in ihrer Gesamtheit an Gewicht diejenigen negativen Lebensinhalte überwiegen, die während dieser Zeitspanne in Kauf zu nehmen sind. Dieses Kriterium würde erfordern, dass die partielle Wohlfahrtsbilanz, die aus der Teilmenge der zusätzlichen positiven und negativen Lebensinhalte resultiert, unter dem Strich positiv ausfallen muss. Würde dann diese partielle positive Wohlfahrtsbilanz derjenigen eudaimonistischen Teilbilanz hinzugefügt, die sich aus den zeitlich vorangehenden Lebensinhalten ergibt, hätte dies eine verbesserte Gesamtbilanz der innerlebensgeschichtlichen Wohlfahrt zur Folge.

Doch auch dieses differenziertere Bild ist noch zu einfach. Denn es trägt noch nicht der spezifischen empirischen Bedingung für ein radikal verlängertes Leben Rechnung, die als Prämisse der vorliegenden Überlegungen in Anschlag gebracht wurde. Gemäß dieser Prämisse wird die Ausdehnung der Lebensspanne durch eine künstliche Verlangsamung des Seneszenzprozesses bewirkt, die zu jenem Zeitpunkt einsetzt, an dem eine Person in ihr vitales Erwachsenenalter eintritt. Dieser Eingriff in den normalen Alterungsprozess hat jedoch unweigerlich zur Folge, dass das verlängerte Leben bereits ab diesem frühen Zeitpunkt einen inhaltlich *anderen* Verlauf nimmt, als ihn das nicht-verlängerte Leben genommen hätte. Dies bedeutet, dass die resultierende Lebensgeschichte nicht nur während des zeitlich hinzugewonnenen Abschnitts zusätzliche positive und negative Dinge beinhaltet, sondern dass der betreffenden Person bereits während der vorangehenden Zeitspanne der Seneszenzverlangsamung sowohl andere erfreuliche Dinge als auch andere Übel widerfahren als es der Fall gewesen wäre, wenn ihr Leben nicht verlängert worden wäre. Würde nun während dieser vorangehenden Phase das verlängerte Leben sehr viel unglücklicher verlaufen als im alternativen Fall des nichtverlängerten Lebens, bestünde die Möglichkeit, dass selbst durch eine positive Wohlfahrtsbilanz, die innerhalb der hinzugefügten Jahre erzielt würde, unter dem Strich keine verbesserte Gesamtbilanz der innerlebensgeschichtlichen Wohlfahrt zustande käme.

Um mit diesen komplexen Verhältnissen in begrifflich übersichtlicher Form umgehen zu können, ist es von Vorteil, die beiden gerade unterschiedenen Phasen eines künstlich verlängerten Lebens auch terminologisch auseinanderzuhalten. Zu diesem Zweck wollen wir diejenige Phase des verlängerten Lebens, die sich von jenem Zeitpunkt, an dem die Seneszenzverlangsamung einsetzt, bis zu dem Zeitpunkt erstreckt, an dem das nichtverlängerte Leben geendet hätte, als die *Differenzphase* bezeichnen. Dieser Terminus trägt dem Umstand Rechnung, dass das Leben während dieser Zeitspanne aufgrund des langsamer fortschreitenden Alterungsprozesses einen inhaltlich *anderen* Verlauf nimmt, als ihn das nichtverlängerte Leben genommen hätte. Ferner soll derjenige Abschnitt des verlängerten Lebens, der sich an diese Differenzphase anschließt und der zu jenem Zeitpunkt beginnt, an dem das nichtverlängerte Leben geendet hätte, die *Surplusphase* heißen.

Auf der Grundlage der expliziten Unterscheidung der Differenzphase und der Surplusphase lässt sich nun eine spezifische Bedingung dafür formulieren, dass die innerlebensgeschichtliche Wohlfahrtsbilanz eines verlängerten Lebens besser ausfällt als die alternative Wohlfahrtsbilanz, die sich im Falle eines Verzichts auf eine Ausdehnung der Lebensspanne ergeben hätte. Wie wir gesehen haben, liefert eine positive Wohlfahrtsbilanz innerhalb der *Surplusphase* noch keine Garantie für eine verbesserte Gesamtbilanz der innerlebensgeschichtlichen Wohlfahrt, da es geschehen kann, dass sich innerhalb der *Differenzphase* die Wohlfahrtsbilanz gegenüber derjenigen partiellen Wohlfahrtsbilanz verschlechtert, die während derselben Zeitspanne im Falle des natürlichen Fortgangs eines nichtverlängerten Lebens erzielt worden wäre. Daraus folgt jedoch im Umkehrschluss, dass ein radikal verlängertes Leben auf jeden Fall unter den folgenden beiden Voraussetzungen einen innerlebensgeschichtlichen Wohlfahrtsgewinn bietet: Es gilt *erstens*, dass die betreffende Person während der Differenzphase bezüglich ihrer Wohlfahrt *nicht schlechter* dasteht als während der analogen Zeitspanne im Falle eines nichtverlängerten Lebens; und es gilt *zweitens*, dass ihre Wohlfahrtsbilanz während der anschließenden Surplusphase *positiv* ausfällt.

Diese Überlegung liefert uns mithin das folgende Kriterium (K):

(K) Ein radikal verlängertes Leben einer Person P bietet im Vergleich zu dem möglichen nichtverlängerten Leben von P auf jeden Fall dann einen innerlebensgeschichtlichen Wohlfahrtsgewinn, wenn 1) P während der Differenzphase bezüglich ihrer Wohlfahrt nicht schlechtergestellt ist und wenn 2) Ps Wohlfahrtsbilanz während der Surplusphase positiv ausfällt.

(K) beschreibt eine *hinreichende* Bedingung für einen innerlebensgeschichtlichen Wohlfahrtsgewinn. Es soll den nachfolgenden empirischen Plausibilitätserwägungen als Grundlage dienen. Ein methodischer Vorteil seiner Anwendung besteht in der relativen Übersichtlichkeit seiner beiden voneinander getrennten Teilbedingungen: Es ist einfacher, isolierte Urteile über die jeweiligen partiellen Wohlfahrtsbilanzen der Differenzphase und der Surplusphase eines möglichen verlängerten Lebens zu fällen als ein holistisches Gesamturteil über dessen komplette veränderte Wohlfahrtsbilanz.

Diese separaten Urteile zu fällen, bleibt freilich immer noch ein relativ kompliziertes Unterfangen, solange dabei mehrere Teilbereiche der innerlebensgeschichtlichen Wohlfahrt, wie wir sie weiter oben voneinander unterschieden haben, gleichzeitig in Betracht gezogen werden. Dies gilt insbesondere dann, wenn man zusätzlich zu dem Bereich der Präferenzerfüllung und dem Bereich von Freude und Leid noch weitere Wohlfahrtsfaktoren berücksichtigt, wie sie von den einschlägigen Objektive-Listen-Theorien ins Feld geführt werden.

Aus diesem Grund bietet es sich an, in einem ersten Schritt für jeden der fraglichen Teilbereiche *einzeln* zu überlegen, ob ein verlängertes Leben in diesem Bereich zu einem innerlebensgeschichtlichen Wohlfahrtsgewinn führen würde oder nicht, und erst in einem zweiten Schritt eine kritische Gesamtbilanz ins Auge zu fassen. Im folgenden sollen solche partiellen empirischen Plausibilitätserwägungen zunächst für den Bereich der Präferenzerfüllung sowie anschließend für den Bereich von Freude und Leid vorgenommen werden. Daraufhin werden wir die Möglichkeit, durch einen Aufschub des Todes die eigene Wohlfahrt zu steigern, auch noch mit Blick auf den Bereich der emotionalen Nahbeziehungen erörtern. Dadurch wird zusätzlich in exemplarischer Form eine zentrale Dimension des Wohlergehens aus der Liste derjenigen Lebensinhalte mit in die Betrachtung einbezogen, denen neoaristotelische Theorien des guten Lebens eine intrinsische eudaimonistische Signifikanz zuerkennen.

Insgesamt werden sich also unsere empirischen Plausibilitätserwägungen auf die folgenden drei eudaimonistischen Teilbereiche konzentrieren, innerhalb deren jeweils innerlebensgeschichtliche Besser- bzw. Schlechterstellungen erfolgen können:

1) auf den Bereich der *Präferenzerfüllung* (mit Präferenzerfüllung als intrinsisch positivem und der Nichterfüllung von Präferenzen als intrinsisch negativem Lebensinhalt)
2) auf den Bereich von *Freude und Leid* (mit Freude bzw. Lust als intrinsisch positivem und Leiden als intrinsisch negativem Lebensinhalt)
3) auf den Bereich der *emotionalen Nahbeziehungen* (mit Liebe und Freundschaft als positivem und emotionaler Einsamkeit als negativem Lebensinhalt)

3.3.3 Empirische Plausibilitätserwägungen

Wie also würde sich ein radikal verlängertes Leben in den drei genannten Bereichen des Wohlergehens auswirken? Um zu einer konkreten Antwort auf diese Frage zu gelangen, wollen wir mit zwei generellen Überlegungen beginnen. Die erste von ihnen betrifft die empirischen Rahmenbedingungen, unter denen sich das verlängerte Leben vollziehen würde. Die zweite Überlegung bezieht sich auf die Art der individuellen Bevorteilung, über die sich eine allgemeingültige empirische Aussage machen lässt.

Was den ersten Punkt angeht, so liegt eines auf der Hand: Ob und in welchem Umfang Individuen von einer Ausdehnung ihrer Lebensspanne profitieren würden, hängt entscheidend davon ab, unter welchen ökonomischen und sozialen Rahmenbedingungen sie ihr verlängertes Leben zu führen hätten. Von besonderer Wichtigkeit ist in diesem Zusammenhang die Frage, ob ihnen durch ihr gesamtes Leben hindurch ein ausreichender Zugang zu Nahrung, zu Wohnraum, zu medizinischer Versorgung sowie zu relativ sicheren Lebensumständen garantiert wäre. Ebenso ausschlaggebend ist ferner, ob sich ihr Leben auf der Basis einer ausreichenden Bildung vollziehen könnte, die dazu befähigt, das eigene Dasein nach Maßstäben praktischer Autonomie klug und umsichtig zu gestalten. Die Beantwortung unserer Ausgangsfrage kann daher sinnvollerweise nur *relativ* zu spezifischen ökonomischen und sozialen Randbedingungen erfolgen, die dabei als gegeben unterstellt werden müssen. Aus diesem Grund ist eine Entscheidung darüber zu treffen, welche empirischen Rahmenbedingungen den weiteren Plausibilitätserwägungen als Grundlage dienen sollen.

Wir werden im folgenden von der Prämisse ausgehen, dass im Laufe eines verlängerten Lebens durchgängig mindestens die in den heutigen westlichen Industrienationen üblichen *äußeren Wohlstands- und Autonomiebedingungen* erfüllt wären.[39] Dies würde u. a. bedeuten, dass diejenigen Individuen, die in den Genuss einer verlängerten Lebensspanne kämen, fortgesetzten Zugang zu medizinischer Versorgung, zu Nahrung, zu Wohnraum sowie zu relativ sicheren Lebensumständen hätten. Es würde ferner bedeuten, dass sie Bewegungsfreiheit genießen würden und dass sie mit einer Grundbildung ausgestattet wären, auf deren Basis sie ihre praktische Autonomie entfalten könnten. Der Grund für die Wahl dieser spezifischen Hintergrundannahme ist die – zugegebenermaßen optimistische – Unterstellung, dass ein solches Szenario empirisch *wahrscheinlicher* ist als das alternative Szenario verschlechterter Wohlstands- und Autonomiebedingungen. Hierfür spricht erstens die Annahme, dass in Zukunft ein permanenter technischer Fortschritt dazu verhelfen wird, drohende ökonomische Abwärtstrends (die beispielsweise durch die Auswirkungen zunehmender Klimainstabilität bedingt sein könnten) zumindest zu kompensieren. Ein länger währendes Leben, das sich entsprechend weiter in die Zukunft erstreckt, wäre daher voraussichtlich nicht von anhaltenden Rezessionen des allgemeinen Lebensstandards betroffen. Zweitens würde der Prozess der Seneszenz*verlangsamung*, dem sich die gesteigerte Langlebigkeit verdanken würde, die Möglichkeit bieten, die individuellen Lebensarbeitszeiten ebenfalls auszudehnen. In diesem Fall bräuchte es nicht zu Wohlstandsverlusten durch eine wachsende Gruppe von Rentenempfängern zu kommen, die durch immer weniger aktive Berufstätige finanziert werden müssten. Durch die Vorentscheidung für dieses optimistische Szenario bleibt freilich die Reichweite der folgenden empirischen Plausibilitätserwägungen begrenzt. Eine auf größere Vollständigkeit hin angelegte Untersuchung der Frage, ob ein längeres Leben den betroffen

Individuen zugute käme, müsste zusätzlich auch das potentielle Alternativszenario verschlechterter Wohlstandsbedingungen in die Betrachtung einbeziehen.

Immerhin verbindet sich mit der Entscheidung, von unveränderten externen Wohlstands- und Autonomiebedingungen auszugehen, ein Vorzug. Sie versetzt uns in die Lage, ein einfaches Urteil darüber zu fällen, auf welche Weise ein zeitlich länger währendes Dasein die individuelle Wohlfahrtsbilanz in dem weiter oben erwähnten Bereich der protektiven Lebensgüter (Wohlgenährtheit, Gesundheit, Sicherheit etc.) beeinflussen würde. Denn offenkundig hätten unveränderte externe Wohlstands- und Autonomiebedingungen zur Folge, dass Personen, deren Langlebigkeit gesteigert würde, in diesem Bereich im Großen und Ganzen keine Schlechterstellung zu erdulden hätten, sofern sie diese nicht durch eine unkluge Lebensführung selbst verschulden. Eine gewisse Ausnahme bildet dabei lediglich das protektive Gut der Gesundheit. Denn für die Vermeidung von Erkrankungen liefert eine kluge Lebensführung alleine noch keine Garantie. Allerdings würde durch die unterstellte Verlangsamung des Seneszenzprozesses die Anfälligkeit für altersbedingte Krankheiten zeitlich hinausgezögert. Daher ist auch in diesem Bereich das mögliche Risiko einer signifikanten Schlechterstellung insgesamt gering zu veranschlagen.

Damit kommen wir zu der zweiten grundsätzlichen Überlegung, die unseren empirischen Plausibilitätserwägungen als Richtschnur dienen soll. Sie betrifft die Art der möglichen Bevorteilung, die Menschen mit einer gesteigerten Lebenserwartung zuteil würde: Generell gilt, dass die bloße Tatsache am Leben zu sein, nicht per se schon impliziert, dass über das Minimum der elementaren leiblichen Bedürfnisbefriedigung hinaus positive Lebensinhalte erfahren oder negative Lebensinhalte vermieden werden. Ebenso wenig lassen sich empirische Umstände spezifizieren, die garantieren, dass dies der Fall ist. Denn welchen konkreten inhaltlichen Verlauf eine menschliche Lebensgeschichte nimmt, hängt in hohem Maße von der individuellen Lebensgestaltung der betreffenden Person sowie von kontingenten Einflüssen ab, die sich menschlicher Kontrolle entziehen. Beides sind Faktoren, die sich nicht generell vorhersehen lassen. Diese Unsicherheitsfaktoren bleiben auch dann bestehen, wenn unterstellt wird, dass während des gesamten Lebens die weiter oben spezifizierten Wohlstands- und Autonomiebedingungen erfüllt sind.

Aus demselben Grund kann auch eine *Ausdehnung* der menschlichen Lebensspanne niemals eine Garantie dafür liefern, dass in-

nerhalb der hinzugewonnenen Zeit die Bilanz der innerlebensgeschichtlichen Wohlfahrt eine Verbesserung erfährt. Die einzige
Behauptung, deren Verteidigung daher im Rahmen einer allgemeinen empirischen Prognose denkbar wäre, ist die Behauptung, dass
ein verlängertes Leben den Betroffenen eine *gute Chance* böte,
einen innerlebensgeschichtlichen Wohlfahrtsgewinn zu erzielen.
Diese Einschränkung ist allerdings im vorliegenden Kontext, in
dem es um die Beantwortung der Frage geht, ob eine Verlängerung
der menschlichen Lebensspanne im *Interesse* der Betroffenen läge,
unproblematisch. Denn gemäß dem weiter oben eingeführten Prinzip (I) läge ein radikal verlängertes Leben auch dann im objektiven
Interesse einer Person, wenn diese durch den Zugewinn an Lebenszeit zwar nicht automatisch innerlebensgeschichtlich bessergestellt
würde, aber gleichwohl eine signifikante Chance auf eine solche
Besserstellung erhielte, ohne ein äquivalentes Risiko der Schlechterstellung einzugehen. In diesem Fall würde das verlängerte Leben
diese Person hinsichtlich ihrer innerlebensgeschichtlichen Wohlfahrt zwar nicht *effektiv*, aber dennoch *opportunal* bevorteilen.
Die nachfolgenden Überlegungen werden sich dementsprechend
darauf konzentrieren, der Reihe nach zu klären, ob eine dauerhaftere Existenz den betroffenen Individuen innerhalb der drei weiter
oben aufgelisteten eudaimonistischen Teilbereiche jeweils eine *gute
Chance* eröffnen würde, eine Besserstellung zu erzielen.

Präferenzerfüllung

Beginnen wir mit dem Bereich der Präferenzerfüllung. Da die bloße Tatsache, länger am Leben zu bleiben, im allgemeinen keine
positiven Lebensinhalte *garantieren* kann, gewährleistet sie – mit
Ausnahme des spezifischen Wunsches weiterzuleben sowie der
Befriedigung überlebenswichtiger Grundbedürfnisse – per se auch
nicht die zusätzliche Erfüllung von *Präferenzen*. Sieht man von den
erwähnten Grundbedürfnissen ab, die mit dem organischen Lebensprozess als solchem verbunden sind, impliziert das Fortleben
noch nicht einmal die *Ausbildung* spezifischer Präferenzen. Ferner
ist das eigene Fortleben auch nicht in jedem Fall eine *Voraussetzung*
für die Erfüllung einer Präferenz. Beispielsweise gilt dies nicht für
den Wunsch, die Menschheit möge in der Zukunft irgendwann einmal Astronauten zum Mars senden. Betroffen ist vielmehr nur jene

Teilklasse von Präferenzen, die ein eigenes Tun oder Erleben zum Gegenstand haben.

Mit Blick auf diese wichtige und umfangreiche Teilklasse von Präferenzen, deren Erfüllung oder Nichterfüllung für das Wohlergehen einer Person zweifellos von erheblicher Bedeutung ist, erscheinen jedoch die folgenden beiden empirischen Einschätzungen plausibel, von denen sich die erste auf die *Differenzphase* (D) und die zweite auf die *Surplusphase* (S) des verlängerten Lebens bezieht:

(D) Unter den weiter oben spezifizierten Wohlstands- und Autonomiebedingungen besäßen Personen, deren Lebensdauer gesteigert würde, eine gute Chance, dass ihre Bilanz im Bereich der Präferenzerfüllung während der Differenzphase des verlängerten Lebens zumindest nicht schlechter ausfiele als diejenige Bilanz, die sie während derselben Zeitspanne eines nichtverlängerten Lebens erzielt hätten.

Für diese Annahme sprechen zwei Gründe. Erstens könnten sich die Betroffenen während der Differenzphase aufgrund ihrer länger anhaltenden Vitalität manche Wünsche leichter erfüllen und manche Ziele leichter erreichen. Daher wären sie imstande, sich sowohl vergleichsweise marginale Präferenzen, deren Befriedigung für sie von geringerem Wert wäre, als auch gewichtigere Präferenzen, auf deren Erfüllung es für ihr Wohlergehen stärker ankäme, jeweils in mindestens ebenso großem Umfang zu erfüllen wie dies der Fall wäre, wenn ihre Lebensspanne nicht verlängert würde.[40] Zweitens sähen sie sich aufgrund ihrer unverminderten Fähigkeit zur praktischen Autonomie einer klugen Lebensführung in der Lage, die Ausbildung unerfüllbarer Wünsche und unrealistischer Zielsetzungen während der Differenzphase in demselben Umfang zu vermeiden wie im Falle eines natürlichen Seneszenzverlaufs. Daher besäßen sie insgesamt eine gute Chance, während dieser Phase nicht mehr unerfüllte Präferenzen in Kauf nehmen zu müssen als während derselben Zeitspanne eines nichtverlängerten Lebens.

(S) Während der anschließenden Surplusphase des verlängerten Lebens erhielten die Betroffenen unter den vorausgesetzten Rahmenbedingungen eine gleichermaßen gute Chance, ihre eigene Existenz so zu gestalten, dass dabei die Erfüllung von Präferenzen unterschiedlichen Gewichts jeweils die Nichterfüllung von Präferenzen des entsprechenden Typs überwiegt.[41]

Die Gründe hierfür sind ebenfalls naheliegend: Zwar würden die längerfristig wirksamen Vitalitätsverluste während der proportional gedehnten Phase des körperlichen Verfalls die Erfüllung bestimmter Präferenzen über einen entsprechend längeren Zeitraum hinweg erschweren. Dennoch böte der unverminderte Besitz praktischer Klugheit die fortgesetzte Möglichkeit, die individuelle Ausbildung von Wünschen und Zielsetzungen an die so veränderten Umstände anzupassen. Dafür, dass auch im fortgeschritteneren biologischen Alter weiterhin die Möglichkeit zu einer Lebensführung gegeben wäre, die in Sachen Wunscherfüllung insgesamt positiv zu Buche schlägt, spricht nicht zuletzt die Tatsache, dass Analoges bereits für die Altersphase innerhalb der heute üblichen Lebensspanne gilt. Zwar wird dieser Sachverhalt gelegentlich anders beurteilt. Häufig dürfte diese Sichtweise jedoch dem falschen und ageistischen Vorurteil geschuldet sein, das Leben hochbetagter Menschen sei nicht mehr wirklich lohnend.[42]

Fassen wir zusammen: Individuen, die eine verlängerte Lebensspanne durchlaufen würden, besäßen eine gute Chance, bei der Erfüllung ihrer Präferenzen erstens während der Differenzphase mindestens so gut dazustehen wie während derselben Zeitspanne des nichtverlängerten Lebens sowie zweitens während der Surplusphase eine positive Bilanz zu erzielen. Gemäß der additiven Logik, die dem weiter oben formulierten Kriterium (K) zugrunde liegt, böte ein radikaler Aufschub des Todes ihnen daher insgesamt eine gute Chance, im Bereich der Präferenzerfüllung einen innerlebensgeschichtlichen Wohlfahrtsgewinn zu erzielen. Allerdings handelt es sich bei dieser *guten* Chance selbst unter der Voraussetzung exzellenter Wohlstands- sowie uneingeschränkter Autonomiebedingungen nicht um eine *effektive* Chance. Denn im individuellen Fall kann ein ungünstiger Verlauf der Lebensgeschichte in diesem Bereich stets auch zu gescheitertem Bemühen, erzwungenem Verzicht und Frustration führen. Das Risiko, aufgrund schicksalhafter Umstände innerhalb eines verlängerten Lebens in Sachen Präferenzerfüllung insgesamt schlechter dazustehen, dürfte im allgemeinen dennoch geringer einzuschätzen sein als die Chance auf eine Besserstellung.

Alles in allem lässt sich daher die Schlussfolgerung ziehen, dass Menschen durch ein verlängertes Leben im Bereich der Präferenzerfüllung *opportunal bevorteilt* würden. Diese Bevorteilung wäre umso größer, je weiter die Lebensspanne ausgedehnt würde. Denn je mehr zusätzliche Lebenszeit innerhalb der Surplusphase zur Verfügung stünde, desto mehr Raum würde das Leben für die mögliche Ausbildung und Erfüllung zusätzlicher Präferenzen bieten, die an Anzahl oder Gewicht jene zusätzlichen Präferenzen überwiegen könnten, die unerfüllt blieben.

Freude und Leid

Was für den Bereich der Präferenzerfüllung gilt, lässt sich im Prinzip auf den Bereich von Freude und Leid übertragen. Von Formen der hedonistischen Erfüllung – wie z. B. von sinnlichen Genüssen und seelischen Freuden – trifft ebenfalls zu, dass jemand unter den vorausgesetzten Wohlstandsbedingungen sowie bei kluger Lebensführung gute Aussichten hätte, sie innerhalb eines verlängerten Lebens in Relation zu demjenigen Leiden, das unvermeidlich bleibt, zu vermehren: Erstens böte die vitalere *Differenzphase* eine gute Chance, in den Genuss von jeweils mindestens ebenso vielen hedonistischen Erfüllungserlebnissen größerer und geringerer Intensität zu gelangen wie im Falle eines natürlichen Seneszenzverlaufs, ohne zugleich in größerem Umfang Leid erdulden zu müssen; und zweitens bestünde eine gute Chance, innerhalb der *Surplusphase* zusätzliche Freuden zu erfahren, die das zusätzliche Leid überwiegen.

Umgekehrt wäre das unvermeidliche Risiko, innerhalb des verlängerten Lebens Opfer eines ungünstigen Schicksals zu werden, das zu einer insgesamt verschlechterten Bilanz im Bereich von Freude und Leid führt, unter den vorausgesetzten Rahmenbedingungen vergleichsweise gering. Unter dem Strich lässt sich daher festhalten, dass im Bereich der hedonistischen Erfüllung eine gesteigerte Lebensdauer ebenfalls eine *opportunale Bevorteilung* der Betroffenen zur Folge hätte. Ebenso wie im Bereich der Präferenzerfüllung fiele diese Bevorteilung umso größer aus, je weiter das Leben verlängert würde. Denn je mehr zusätzliche Lebenszeit innerhalb der Surplusphase zur Verfügung stünde, desto mehr Raum würde für die Erfahrung zusätzlicher Freuden geboten, die jeweils das zusätzliche Leiden überwiegen würden.

Emotionale Nahbeziehungen

Wie angekündigt, wollen wir schließlich noch einen Blick auf den Bereich der emotionalen Nahbeziehungen werfen und überlegen, ob ein radikal verlängertes Leben die betroffenen Individuen auch in diesem Bereich befähigen würde, einen innerlebensgeschichtlichen Wohlfahrtsgewinn zu erzielen. Zu diesem Zweck ist es erforderlich, zunächst verschiedene Formen der emotionalen Nahbeziehung voneinander zu unterscheiden. Außerdem muss geklärt werden, welche Kriterien für mögliche Besserstellungen innerhalb dieser zentralen Dimension des guten Lebens gelten.

Es lassen sich grob drei Arten emotionaler Nahbeziehungen voneinander unterscheiden: romantische Liebe, familiäre Liebe und Freundschaft.⁴³ Betrachten wir dabei vor allem die romantische Liebe ein wenig genauer. Sofern es sich bei dem Involviertsein in eine romantische Paarbeziehung um ein Gut handelt, dem ein intrinsisch benefizieller Wert zukommt, stellt sich zunächst die Frage, auf welche Weise ein menschliches Leben eine gesteigerte Menge dieses Guts enthalten kann. In diesem Zusammenhang erscheinen drei Überlegungen plausibel, die das komplexe Phänomen zwischenmenschlicher Liebe freilich nur sehr holzschnittartig in den Blick nehmen:

1) Eine zeitlich länger anhaltende sowie weiterhin glückliche Beziehung zu *demselben Partner* beinhaltet *ceteris paribus* eine insgesamt größere „Portion" des Guts Liebe als eine kürzere Variante derselben Liebesbeziehung. Durch die Fortsetzung einer erfüllenden romantischen Partnerschaft wird daher die innerlebensgeschichtliche Wohlfahrtsbilanz der Beteiligten aufgebessert. Diese Betrachtungsweise darf allerdings nicht so verstanden werden, dass sich ihr zufolge die längere Beziehung aus einer größeren Menge begrifflich selbstständiger „Einheiten" des Phänomens Liebe zusammensetzt. Denn natürlich lassen sich die zeitlich aufeinanderfolgenden Phasen einer Liebesbeziehung nicht sinnvollerweise als partielle Liebesbeziehungen auffassen.

2) Eine zunehmende Zahl zeitlich aufeinanderfolgender Liebesbeziehungen zu *verschiedenen Partnern*, die dem Muster der seriellen Monogamie entsprechen, beschert dem Leben einer Person zwar nicht automatisch auch eine größere Menge des Guts Liebe. Denn ständig neu eingegangene Beziehungen zu neuen Partnern können gegebenenfalls den Effekt haben, den verbindlichen Ernst und damit den romantischen Charakter der vorangehenden Beziehungen rückwirkend zu dementieren. Dennoch versehen zusätzliche Liebesverhältnisse, die jeweils auf Partnerschaften folgen, die in sich einen *plausiblen Abschluss* erreicht haben (bedingt etwa durch Entwicklungsprozesse der Beteiligten), ein menschliches Leben unter sonst gleichen Umständen ebenfalls mit einer größeren „Gesamtportion" des intrinsischen

Guts Liebe. Daher sind sie ebenfalls geeignet, die innerlebensgeschichtliche Wohlfahrtsbilanz der betroffenen Person (*ceteris
paribus*) aufzubessern.

3) Eine Vermehrung des Guts Liebe innerhalb eines menschlichen
Lebens kann nicht nur durch die *längere Dauer* einer bestehenden Partnerschaft oder durch *zusätzliche* Liebesbeziehungen
zustande kommen, die auf in sich abgeschlossene Partnerschaften folgen, sondern auch durch die *Vertiefung* einer bestehenden
Beziehung und der darin geteilten Gefühls- und Handlungswelt.[44] Eine solche Vertiefung hat allerdings normalerweise eine
entsprechend längere zeitliche Dauer der betreffenden Partnerschaft zur Voraussetzung.

Bei dem Versuch, im Lichte dieser drei Vorüberlegungen die Frage zu beantworten, ob ein verlängertes Leben auch im Bereich der
romantischen Liebe der innerlebensgeschichtlichen Wohlfahrt förderlich wäre, lässt sich die bisherige methodische Aufgliederung in
Differenzphase und Surplusphase nicht schlüssig aufrechterhalten.
Denn bei Liebesbeziehungen – wie auch bei anderen emotionalen
Nahbeziehungen – handelt es sich fraglos um Lebensinhalte, die
sich in sehr vielen Fällen zeitlich über beide Phasen hinweg erstre-
cken würden. Die folgende empirische Einschätzung bezieht daher
ihr Urteil von vornherein auf den gesamten Zeitraum eines verlängerten Lebens.

Sie besagt, dass eine Ausdehnung der Lebenspanne unter den
hier vorausgesetzten Rahmenbedingungen eine gute Chance bieten
würde, das Leben auch im Bereich der romantischen Liebe insgesamt ertragreicher zu gestalten. Denn zum einen würde der unverminderte ökonomische Wohlstand dauerhaft genügend Freizeit für
die Partnersuche sowie für die Gestaltung von Partnerschaften bieten. Zum anderen würde die fortwährende Kompetenz zur klugen
Lebensführung wenigstens im Prinzip die fortgesetzte Fähigkeit
einschließen, passende Partnerschaften einzugehen und Beziehungen erfüllend zu gestalten. Somit würde sich durch die gesteigerte
Lebensdauer die realistische Möglichkeit ergeben, entweder bereits
bestehende Paarbeziehungen zeitlich auszudehnen – und diese dadurch gegebenenfalls auch weiter zu vertiefen – oder aber zusätzliche erfüllende Liebesbeziehungen zu neuen Partnern einzugehen.[45]
In beiden Fällen hätte die daraus resultierende Vermehrung des
Guts der romantischen Liebe einen Zugewinn an innerlebensgeschichtlicher Wohlfahrt zur Folge.

Diese Überlegungen sind im Prinzip auf die beiden anderen oben aufgelisteten Formen der emotionalen Nahbeziehung, die familiäre Liebe und die Freundschaft, übertragbar. Unter den vorgestellten Rahmenbedingungen würde eine längerfristige Existenz zweifellos eine gute Chance eröffnen, bestehende Freundschaften zeitlich auszudehnen und zu vertiefen, zusätzliche Freundschaften zu gewinnen sowie liebende Verwandtschaftsbeziehungen längerfristig aufrechtzuerhalten. In sämtlichen Fällen würde das spezifische Gut, in entsprechende emotionale Nahbeziehungen involviert zu sein, innerhalb des verlängerten Lebens vermehrt.

Insgesamt lässt sich daher schlussfolgern, dass ein signifikanter Zugewinn an Lebenszeit den Betroffenen eine gute Chance böte, im Bereich der emotionalen Nahbeziehungen einen innerlebensgeschichtlichen Wohlfahrtsgewinn zu erzielen. Auf der anderen Seite bestünde bei einem verlängerten Leben in diesem Bereich kaum ein Risiko der Schlechterstellung. Denn intrinsisch schlecht für Menschen ist offenbar nur deren vollständige emotionale Isolation, nicht jedoch z. B. eine Lebensphase ohne romantische Partnerschaft. Unter der Voraussetzung ausreichender praktischer Autonomie und seelischer Gesundheit ergäbe sich jedoch nur eine äußerst geringe Wahrscheinlichkeit, im Laufe eines längerfristigen Fortlebens aufgrund einer fortdauernden Koinzidenz von Singledasein, sozialem Einzelgängertum sowie fehlender familiärer Bindung eine insgesamt größere Zeitspanne in emotionaler Einsamkeit verbringen zu müssen. Alles in allem scheint daher die Schlussfolgerung gerechtfertigt, dass unter den hier vorausgesetzten sozialen und ökonomischen Rahmenbedingungen ein verlängertes Leben die Betroffenen auch im eudaimonistischen Teilbereich der emotionalen Nahbeziehungen *opportunal bevorteilen* würde.[46]

3.3.4 Zwischenergebnis

Unser bisheriges Resümee lautet, dass eine signifikante Ausdehnung der menschlichen Lebensspanne den Betroffenen in allen drei Teilbereichen der innerlebensgeschichtlichen Wohlfahrt, die wir hier in Betracht gezogen haben, eine gute Chance bieten würde, eine Besserstellung zu erzielen. Dies gilt unter der Voraussetzung, dass diejenigen Wohlstands- und Autonomiebedingungen fortbestehen, die in den heutigen Industrienationen garantiert sind. Diese

Einschätzung bleibt zwar insofern unvollständig, als nicht sämtliche Arten von Lebensinhalten, die nach Auffassung der handelsüblichen Objektive-Listen-Theorien das menschliche Wohlergehen wesentlich bestimmen, in die Betrachtung einbezogen wurden. Jedoch handelt es sich auch bei den hier nicht berücksichtigten Faktoren wie sozialer Zugehörigkeit, individueller Besonderung oder kognitiver Aktivität durchgängig um solche Aspekte des menschlichen Lebens, die von einer Person, die die vorausgesetzte Fähigkeit zur rationalen und selbstbestimmten Lebensführung besitzt, kaum verfehlt werden können.[47] Aus diesem Grund erscheint die Hypothese plausibel, dass es bei einem verlängerten Leben in diesen zusätzlichen Bereichen des Wohlergehens mit hoher Wahrscheinlichkeit zumindest zu *keiner Schlechterstellung* käme.

Unter dem Strich gelangen wir somit zu folgendem Urteil: Personen, deren Leben radikal verlängert würde, erhielten unter den vorausgesetzten empirischen Rahmenbedingungen erstens eine gute Chance, in zentralen Bereichen der innerlebensgeschichtlichen Wohlfahrt einen Zugewinn zu verbuchen, ohne in diesen Bereichen zugleich ein nennenswertes Risiko der Schlechterstellung einzugehen; zweitens besäßen sie eine ebenso gute Chance, in keinem der übrigen Bereiche, die für ihr Wohlergehen ausschlaggebend sind, Einbußen zu erleiden. Daraus folgt, dass eine signifikante Steigerung der menschlichen Lebenserwartung den betroffenen Individuen hinsichtlich ihrer innerlebensgeschichtlichen Wohlfahrt alles in allem einen opportunalen Vorteil bescheren würde.

Allerdings sei an dieser Stelle erwähnt, dass es weniger leicht fiele, zu einem solchen umfassenden Gesamturteil zu gelangen, wenn bei einem verlängerten Leben in einem oder in mehreren Bereichen der innerlebensgeschichtlichen Wohlfahrt eher mit einer Schlechterstellung zu rechnen wäre. Um dies zu verdeutlichen, sei hypothetisch angenommen, dass Individuen, die durch eine Verlangsamung ihrer Seneszenz ein Alter von weit über 120 Jahren erreichen würden, zwar im Bereich der Präferenzerfüllung aufgrund eines Surplus an Wunscherfüllungen bessergestellt wären, dass sie jedoch im Bereich von Freude und Leid aufgrund erheblicher zusätzlicher körperlicher und seelischer Schmerzen unter dem Strich mit einer schlechteren Bilanz dastünden. Angesichts solcher gegenläufiger Effekte wäre es ein schwieriges Unterfangen, zu bestimmen, ob dabei alles in allem ein innerlebensgeschichtlicher Wohlfahrtsgewinn oder ein innerlebensgeschichtlicher Wohlfahrtsverlust zustande käme. Denn um ein entsprechendes Urteil zu fällen, müsste man imstande sein festzustellen, ob der benefizielle Gesamtwert der zusätzlichen Präferenzerfüllungen den malefiziellen Gesamtwert des zusätzlichen Leidens überwiegt oder nicht. Dies wiederum würde die Möglichkeit voraussetzen, kategorial so unterschiedliche Lebensinhalte wie Präferenzerfüllungen und leidvolle Erfahrungen hinsichtlich ihrer positiven und negativen prudentiellen Werte auf einer einheitlichen ordinalen Skala gegeneinander abzuwägen. Ob eine entsprechende Komparabilität wohlfahrtsrelevanter Faktoren über die begrifflichen Grenzen der eudaimonistischen Teilbereiche hinweg ohne weiteres gegeben ist, mag jedoch in Zweifel gezogen werden.[48]

Dass die in diesem Abschnitt angestellten Plausibilitätserwägungen ohne größere Komplikationen in ein Gesamturteil bezüglich der Frage münden können, ob ein verlängertes Leben die betroffenen Individuen hinsichtlich ihrer innerlebensgeschichtlichen Wohlfahrt bevorteilen würde oder nicht, ist also nicht zuletzt dem kontingenten Umstand zu verdanken, dass aus den partiellen Überlegungen, die dabei mit Blick auf einzelne Teilbereiche des Wohlergehens angestellt wurden, keine einander entgegengesetzten Resultate hervorgehen. Dadurch wird das problematische Erfordernis vermieden, einen evaluativen Vergleich der Lebensinhalte über die Bereichsgrenzen hinweg vorzunehmen.

3.4 Würde ein radikal verlängertes Leben die Betroffenen hinsichtlich ihrer lebensholistischen Wohlfahrt bevorteilen?

In diesem Abschnitt wollen wir die zweite der beiden in Abschnitt 3.2.5 gestellten Teilfragen aufgreifen und überlegen, ob ein verlängertes Leben die betroffenen Individuen nicht nur hinsichtlich ihrer *innerlebensgeschichtlichen* Wohlfahrt, sondern auch hinsichtlich ihrer *lebensholistischen* Wohlfahrt bevorteilen würde. In diesem Zusammenhang ist es zunächst hilfreich, sich Klarheit über die allgemeine begriffliche Situation zu verschaffen, in der man sich bei dem Versuch befindet, Urteile über die eudaimonistische Qualität eines menschlichen Lebensganzen zu fällen (3.4.1). Sodann ist es erforderlich zu klären, anhand welcher Kriterien entsprechende Qualitätsurteile möglich sind. Wie wir sehen werden, lassen sich verschiedene derartige Kriterien identifizieren, die sich auf unterschiedliche Dimensionen lebensholistischer Wohlfahrt beziehen

(3.4.2 u. 3.4.3). Die Rekonstruktion dieser Kriterien liefert uns zugleich eine geeignete Grundlage, um auf die in Abschnitt 3.2.3 aufgeworfene Frage zurückzukommen, welche Art von Bedingungsverhältnis zwischen innerlebensgeschichtlichen Wohlfahrtsgewinnen und einem verbesserten Lebensganzen besteht (3.4.4). Der letzte Teilabschnitt schließlich wird wiederum eine Reihe empirischer Plausibilitätserwägungen enthalten. Sie sollen Aufschluss darüber geben, ob ein Zugewinn an Lebensjahren eine Person befähigen würde, ihre lebensholistische Wohlfahrt zu optimieren (3.4.5).

3.4.1 Vorüberlegung zur begrifflichen Ausgangslage

Gemäß der weiter oben eingeführten Terminologie handelt es sich bei der lebensholistischen Wohlfahrt einer Person P um die eudaimonistische Qualität, die Ps Leben als einem diachronen Ganzen zukommt, das sich zeitlich von Ps Geburt bis zu Ps Tod erstreckt. Um nun die Frage beantworten zu können, ob ein verlängertes Leben die Chance bieten würde, diese eudaimonistische Qualität zu verbessern, müssen Kriterien zur Verfügung stehen, die zweierlei Merkmale aufweisen. Sie müssen erstens festlegen, unter welchen Bedingungen ein menschliches Leben als Ganzes betrachtet ein gutes Leben ist. Zweitens muss aus ihnen hervorgehen, unter welchen Bedingungen die positive Qualität eines Lebensganzen gegebenenfalls eine Steigerung erfahren würde. Zu einem Großteil lässt sich dabei auf Kriterien zurückgreifen, die der Common Sense bereitstellt und die unser intuitives Urteil über diachrone Lebensqualität auf einer vorphilosophischen Ebene anleiten. Zusätzliche Kriterien dieses Typs, die weniger eindeutig im Common Sense verankert sind, sind darüber hinaus in der philosophischen Literatur ausgearbeitet worden.

Diejenigen Kriterien, von denen der Common Sense Gebrauch macht, erscheinen zunächst eher vage und explikationsbedürftig. So lässt sich eine ganze Familie evaluativer Begriffe identifizieren, die dazu dienen, Aspekte diachroner Lebensqualität zu beschreiben, deren jeweilige Verwendung sich jedoch ihrerseits auf keine allzu scharf umrissenen Regeln eines allgemein anerkannten Typs zu stützen scheint. Auf drei Mitglieder dieser Familie, die bei der vortheoretischen Beurteilung diachroner Lebensqualität zweifellos eine besonders zentrale Rolle spielen, wollen wir im folgenden unser Augenmerk richten. Dabei handelt es sich erstens um den Begriff des *erfüllten Lebens*, zweitens um den Begriff des *gelungenen Lebens* sowie drittens um den Begriff des *glücklichen Lebens*. Offenkundig besitzen alle drei Begriffe nicht bloß einen *deskriptiven*, sondern zugleich einen *evaluativen* Sinn, indem sie Formen eines *guten* Lebensganzen charakterisieren. Genauer gesagt bezeichnen sie Formen eines guten Lebensganzen, dessen positive Qualität anspruchsvolleren Bedingungen genügt als bloß den eudaimonistischen Minimalbedingungen einer menschenwürdigen Existenz.[49] Sie können daher als Begriffe betrachtet werden, die als Kriterien dafür fungieren, wann ein menschliches Leben in diesem anspruchsvollen Sinne als ein im Ganzen gutes Leben gelten kann.

Darüber hinaus lassen alle drei Begriffe eine *komparative* Verwendung zu, der eine mögliche komparative Verwendung des auf ihnen implizit aufsitzenden allgemeineren Begriffs diachroner Lebensqualität korrespondiert. So sprechen wir von einem *mehr oder weniger* erfüllten Leben, von einem *mehr oder weniger* gelungenen Leben und von einem *mehr oder weniger* glücklichen Leben. Gestützt auf diese komparativen Redeweisen können wir auf einer generelleren Beschreibungsebene jeweils auch von einem *besseren oder weniger guten Lebensganzen* reden. Erfülltheit, Gelingen und Glück betrachten wir demzufolge als unterschiedliche Dimensionen, in denen diachrone Lebensqualität steigerbar ist. Wie sich diese Dimensionen exakt zueinander verhalten, ist dabei nicht von vornherein klar ersichtlich. Im folgenden Abschnitt wird jedoch eine Rekonstruktion der entsprechenden Begriffe geliefert, wonach diese Begriffe Aspekte diachroner Lebensqualität bezeichnen, die weitgehend voneinander unabhängig sind.

Wie bereits deutlich wurde, gehen unsere nachfolgenden Überlegungen von der Prämisse aus, dass die jeweiligen Kriterien, an denen wir uns bei der Anwendung der Begriffe des erfüllten, des gelungenen und des glücklichen Lebens innerhalb unserer vortheoretischen Urteilspraxis orientieren, ihrerseits weder besonders scharf umrissen noch intersubjektiv eindeutig etabliert sind.[50] Sofern diese Annahme zutrifft, folgt aus ihr, dass die explizite *Rekonstruktion* dieser Kriterien, die wir hier vorschlagen werden, zwangsläufig einen gewissen Anteil an *grammatischer Normierung* für einen terminologisch geschärften Gebrauch dieser Begriffe beinhaltet. Dasselbe gilt in noch stärkerem Maße für den allgemeineren Begriff des *guten Lebensganzen* und dessen komparative Derivate. Da es sich

hierbei von vornherein um einen eher *terminologischen* Ausdruck
handelt, kann sich die Rede von einem „guten" oder „besseren Lebensganzen" offenbar erst recht nicht auf den sicheren Grund einer
grammatisch unzweideutig eingespielten lebensweltlichen Urteilspraxis stützen. Auch wenn die Begriffe des erfüllten, gelingenden
und glücklichen Lebens hier so interpretiert werden, dass sie implizit Formen eines *guten* Lebensganzen beschreiben, legt uns diese
grammatische Verknüpfung nicht darauf fest, den Begriff des guten
Lebensganzen so zu fassen, dass von einem besseren Lebensganzen ausschließlich dann die Rede sein kann, wenn das betreffende
Leben erfüllter, glücklicher oder gelungener ist. Vielmehr scheint
sich der Begriff eines guten Lebensganzen durch eine grammatische
Offenheit auszuzeichnen, dank derer ein legitimer Spielraum für
die Konstruktion zusätzlicher Kriterien besteht, die dem Gebrauch
dieses Ausdrucks zugrunde gelegt werden können.

Dies würde bedeuten, dass im Zuge einer individualethischen
Grundsatzreflexion weitere Aspekte eines guten Lebensganzen
bestimmbar sind, die weniger stark in Common-Sense-Urteilen
verankert sind als die drei genannten Dimensionen der Erfülltheit,
des Gelingens und des Glücks. Solche zusätzlichen Aspekte sind
in der philosophischen Literatur zum Teil debattiert worden. Eine
Auffassung, die in diesem Zusammenhang immer wieder zur Gel-
tung gebracht wurde, besagt, die Gesamtqualität eines menschlichen Lebens hänge auch davon ab, ob die erzählbare *Geschichte*
dieses Lebens gut oder weniger gut verlaufe.[51] Dieses biographische
Kriterium, das auf das Leben in seiner Eigenschaft als *narratives*
Gebilde Bezug nimmt, soll daher im folgenden ebenfalls in unsere
Betrachtungen einbezogen werden. Den Sachverhalt, dass die Lebensgeschichte einer Person P in eudaimonistischer Hinsicht gut
verläuft, wollen wir dabei als die *narrative Wohlgeratenheit* von Ps
Leben bezeichnen.

Die hier unterstellte begriffliche Vagheit und partielle Unbestimmtheit, die den Schlüsselkategorien anhaftet, von denen die
nachfolgenden Überlegungen Gebrauch machen, hat eine wichtige systematische Konsequenz, die ausdrücklich hervorzuheben
ist. Aus ihr folgt nämlich, dass die Resultate dieser Überlegungen
nicht allein auf rekonstruktiven begrifflichen *Einsichten* und empirischen *Plausibilitätserwägungen* beruhen können, sondern unausweichlich auch von konzeptuellen *Entscheidungen* über begriffliche Normierungen und Präzisierungen abhängen, zu denen es
mögliche Alternativen gibt. Unsere Antwort auf die Frage, ob und,

falls ja, in welcher Form Individuen von einem verlängerten Leben hinsichtlich der Qualität ihres Lebensganzen profitieren würden, hängt dann u. a. von *Entscheidungen* darüber ab, in welche genaue Richtung wir unser systematisch unabgeschlossenes begriffliches Verständnis eines guten Lebensganzen sowie unser vorläufiges Vorverständnis von Kriterien wie Erfülltheit, Gelingen oder Glück entwickeln wollen, die unsere Urteile über ein gutes Lebensganzes anleiten. Dementsprechend wirken sich diese Entscheidungen auch darauf aus, wie die Antwort auf die übergeordnete Frage ausfällt, ob ein verlängertes Leben im objektiven Interesse der Betroffenen läge. Wer bezüglich der exakten Ausbuchstabierung der zugrundeliegenden konzeptuellen Gehalte *alternative* begriffliche Entscheidungen trifft, mag daher bei der Beantwortung dieser Frage durchaus zu anderen Resultaten gelangen. In einem solchen Fall bestünde nicht ohne weiteres die Möglichkeit, zwischen den konkurrierenden Alternativen eine Entscheidung herbeizuführen, die sich auf zwingende Argumente stützt.

3.4.2 Dimensionen lebensholistischer Wohlfahrt

In Abgrenzung von den verschiedenen Bereichen innerlebensgeschichtlicher Wohlfahrt, die Gegenstand unserer Überlegungen in Abschnitt 3.3 waren, lassen sich die unterschiedlichen Aspekte eines guten Lebensganzen als *Dimensionen lebensholistischer Wohlfahrt* bezeichnen. Der Reihe nach sollen nun die vier zuvor angeführten Dimensionen lebensholistischer Wohlfahrt einer eingehenderen kriterialen Analyse unterzogen werden. D. h. wir wollen überlegen, unter welchen Bedingungen ein menschliches Leben jeweils im Ganzen als ein *erfülltes Leben*, als ein *gelungenes Leben*, als ein *narrativ wohlgeratenes Leben* und als ein *glückliches Leben* charakterisierbar ist. Diese begriffliche Untersuchung liefert uns zugleich die Kriterien, die für die komparative Rede von einem vergleichsweise erfüllteren, gelungeneren, narrativ wohlgerateneren und glücklicheren Leben gelten.

Das erfüllte Leben:

Betrachten wir als erstes den vorphilosophischen Begriff eines *erfüllten Lebens*, dem man in Alltagsreflexionen über die Qualität eines Lebensganzen häufig begegnet. Dieser Begriff ist nicht zu verwechseln mit dem eher technischen Erfüllungsbegriff, der in dem Terminus „Präferenzerfüllung" enthalten ist. Die uns hier interessierende Verwendungsweise des Konzepts eines erfüllten Lebens ist wesentlich komparativ. Sie lässt sich so explizieren, dass es zwei allgemeine *Hinsichten* gibt, in denen ein menschliches Leben stärker oder weniger stark erfüllt sein kann. Diese beiden Hinsichten bilden zwei unterschiedliche Teildimensionen der Erfüllungssteigerung. Dabei handelt es sich erstens um eine Dimension der *Diversifikation* sowie zweitens um eine Dimension der *Vertiefung*.

In der Dimension der *Diversifikation* können wir von zwei möglichen Leben einer Person P dasjenige als das erfülltere Leben charakterisieren, das eine *größere* Bandbreite *qualitativ verschiedenartiger* Aktivitäten und Erfahrungen aus dem Gesamtspektrum genuin menschlicher Handlungs- und Erfahrungsmöglichkeiten beinhaltet. Dabei müssen diese Aktivitäten und Erfahrungen die zusätzliche Bedingung erfüllen, entweder intrinsisch gut für P zu sein, oder aber zumindest die menschliche Natur mit ihren charakteristischen Fähigkeiten und Ausdrucksformen zur Entfaltung zu bringen, ohne für P intrinsisch schlecht zu sein.

Betrachten wir zur Illustration dieses begrifflichen Explikationsvorschlags das Leben des konsumorientierten Buchhalters Norbert, das allerlei Präferenzerfüllungen und genussvolle Momente enthält. Norbert ist ein zufriedener Single, fährt einen Sportwagen, besitzt eine umfangreiche Pop-CD- und DVD-Sammlung und verzehrt für sein Leben gerne Sushi. Er ist ein Fan der Harald-Schmidt-Show und besucht regelmäßig die Heimspiele des VfB Stuttgart. Gelegentlich leistet er sich im Anschluss an einen Diskothekenbesuch einen One-Night-Stand. Vergleichen wir nun Norberts Leben mit dem Leben seines Vorgesetzten Gilbert, das vergleichbare Präferenzerfüllungen und genussreiche Erfahrungen enthält wie das Leben von Norbert. Zusätzlich beinhaltet Gilberts Leben jedoch auch noch Formen der kreativen Betätigung, der romantischen Nahbeziehung, der sportlichen Aktivität, der Selbst- und Weltreflexion, des Reisens und der spielerischen Entspannung: Gilbert war früher Mitglied einer Theatergruppe und improvisiert jetzt einmal pro Woche abends in einer Jazzband. Er war der Reihe nach mit einer Schauspielerin, einer Pastorin und einer Informatikerin liiert und ist seit einigen Jahren mit deren Politologie studierender Schwester verheiratet. Er betreibt Gleitschirmfliegen, spielt Tennis und beteiligt sich an einer psychoanalytischen Selbsterfahrungsgruppe. Er hat sich intensiv mit Schriften von Kierkegaard, Hesse, Stephen Hawking und Hoimar von Ditfurth beschäftigt und ist mit einer Journalistengruppe durch Kirgisien und Ecuador gereist. Nach der Arbeit entspannt er sich manchmal bei Billard und Bridge.

Zweifellos wären wir geneigt, das Leben von Gilbert aufgrund der größeren qualitativen Diversifikation der Lebensinhalte im Vergleich zu dem Leben von Norbert als das *erfülltere* menschliche Leben zu betrachten. Bei diesem Beispiel kann offen bleiben, ob sämtliche zusätzlichen Inhalte von Gilberts Leben Dinge sind, die für Menschen einen intrinsischen benefiziellen Wert haben, oder ob einige von ihnen bloß charakteristische Potenziale der menschlichen Lebensform realisieren. Hingegen ist klar, dass es sich nicht um intrinsisch *schlechte* Lebensinhalte handeln darf: Offenkundig wäre es zynisch, Gilbert ein erfüllteres Leben zuzuschreiben, wenn ihm dieses lediglich reichhaltigere Übel – wie etwa zusätzliche Krankheiten und Krisen – bieten würde.

Eine gesteigerte Diversifikation von Lebensinhalten, die ein menschliches Leben erfüllter macht, kann sich nicht nur durch die *Hinzufügung qualitativ neuartiger* Aktivitäts- und Erfahrungsformen ergeben, sondern auch durch eine *interne Differenzierung* bereits realisierter Lebensmöglichkeiten. So würden wir beispielsweise ein menschliches Leben, das nicht nur *eine* spezifische Sorte *kreativer* Tätigkeit – wie etwa das Malen von Aquarellen – , sondern ein vielfältiges Spektrum schöpferischer Aktivitäten enthält – wie z. B. das Fertigen von Skulpturen, das Verfassen von Gedichten, das Komponieren von Musik und das Erfinden eines neuen Flugzeugantriebs – ebenfalls *ceteris paribus* als ein erfüllteres Leben charakterisieren.

Die zweite Dimension, in der ein menschliches Leben zu größerer Erfülltheit gelangen kann, ist neben der Dimension der Diversifikation die Dimension der *Vertiefung*. Aktivitäten und Erfahrungen, die einen intrinsischen benefiziellen Wert besitzen bzw. charakteristische Potenziale der kulturell geformten menschlichen Natur zur Entfaltung bringen, können sich entweder auf einer eher oberflächlichen Ebene bewegen oder aber eine intensivierte und damit tiefergehende Form annehmen. So ist beispielsweise eine lebenslang gepflegte Liebesbeziehung, in deren Verlauf die Partner im offenherzigen Austausch immer neue Aspekte ihrer Persönlichkeit aneinander entdecken, *ceteris paribus* eine tiefere und intensivere Erscheinungsform des Phänomens Liebe als eine kurze Affäre, bei der die Beteiligten nur spärlich miteinander kommunizieren. Ebenso stellt die virtuose Beherrschung eines Musikinstruments, die das Ergebnis langjähriger hingebungsvoller Übung ist, eine tiefere und eindringlichere Form der musischen Betätigung dar als ein unverbindliches Musizieren nach Feierabend. Ein Leben, in dessen Fortgang bestimmte Lebensinhalte in dieser Weise *vertieft* werden, würden wir ebenfalls *ceteris paribus* als ein *erfüllteres* Leben charakterisieren. Es beinhaltet ebenso eine gesteigerte Form menschlichen Florierens wie ein Leben, das sich durch eine größere qualitative Bandbreite spezifisch humaner Lebensinhalte auszeichnet.

Stellen wir uns, um diesen letzten Punkt zu illustrieren, Herbert vor, der ebenso wie Norbert als Angestellter der von Gilbert geleiteten Firma arbeitet. Ebenso wie Norbert erfüllt sich Herbert in seinem alltäglichen Leben allerlei Wünsche und verschafft sich genussvolle Momente. Ebenso wie Gilbert ist er darüber hinaus kreativ tätig. Im Gegensatz zu Gilbert verbringt Herbert jedoch seine gesamte Freizeit damit, als Gitarrist in einer Jazzband aktiv zu sein. Jeden Abend und jedes Wochenende musiziert er gemeinsam mit einer Gruppe, die in renommierten Jazzclubs auftritt. Er zählt nicht nur zu den fähigsten deutschen Jazzgitarristen im Amateurbereich, sondern seine Band veröffentlicht ihre CDs auch auf einem anerkannten Label und tritt auf europäischen Jazzfestivals auf. Wir würden nun sagen, dass sowohl Herbert als auch Gilbert ein insgesamt erfüllteres Leben leben als Norbert. Das Leben von Herbert floriert punktuell mehr in der Tiefe, das von Gilbert mehr in der Breite. Es dürfte allerdings vergeblich sein, entscheiden zu wollen, ob das Leben von Herbert oder das von Gilbert das erfülltere Leben ist. Vielmehr scheint beiden alternativen Teildimensionen der Erfüllungsmaximierung ein ähnliches Gewicht zuzukommen.

Das gelungene Leben:

Wenden wir uns als nächstes dem Konzept eines *gelungenen Lebens* zu. Die Anwendung dieses Begriffs scheint nicht nur im Rahmen vortheoretischer Alltagsurteile vergleichsweise unscharfen Kriterien zu unterliegen, sondern die Idee des gelingenden Lebensvollzugs wurde auch von verschiedenen philosophischen Autoren seit der Antike auf unterschiedliche Weise ausbuchstabiert.[52] Der folgende Explikationsvorschlag orientiert sich an der Überlegung, dass der Begriff des *Gelingens* darauf verweist, dass das gelingende Leben eine *erfolgreiche Praxis* darstellt, welche sich der Ausübung einer spezifischen *Kunstfertigkeit* oder *Techne* verdankt. Bei dieser Form der Techne handelt es sich um die sogenannte *„Lebenskunst"*, unter der eine Kunst der richtigen Lebens*führung* verstanden werden kann. Der erfolgreiche Einsatz dieser Kunst konstituiert das Gelingen. Diejenige Person, deren Leben als gelungen gelten kann, ist dabei bis zu einem gewissen Grade *verantwortlich* für dieses Gelingen, ebenso wie sie im negativen Fall die Verantwortung für ihr Scheitern trägt.[53] Es liegt nun nahe, eine erfolgreiche Lebensführung ebenfalls als einen Aspekt des spezifisch menschlichen *Wohlergehens* zu betrachten. Denn es ist für die menschliche Lebensform charakteristisch, nicht bloss passiv dahinzuleben, sondern das eigene Leben verantwortlich zu *führen*. Daher erscheint es angemessen, neben der Erfülltheit eines menschlichen Lebens auch das Gelingen eines Lebensganzen zu den maßgeblichen Dimensionen *lebensholistischer Wohlfahrt* zu zählen.

Als Leitfaden für eine Heuristik von Kriterien, die der Verwendung des Konzepts eines gelungenen Lebens zugrunde liegen und die zentrale Teilaspekte einer richtigen Lebensführung spezifizieren, eignen sich Intuitionen über ein *misslingendes* Leben. Aus ihnen lassen sich Standards des Gelingens *ex negativo* rekonstruieren. Dabei können wir zunächst auf eine Reihe von intuitiven Urteilen zurückgreifen, denen zufolge eine missglückte Lebensführung wesentlich in Mängeln und Fehlschlägen bei der *Ausbildung und Verfolgung von Zielen* besteht:

– So würden wir etwa das Leben einer Person P dann als ein misslungenes Leben betrachten, wenn P aufgrund ihrer eigenen unklugen Lebensführung langfristige selbstgesteckte Ziele nicht erreicht, an denen ihr in besonderer Weise liegt und deren Realisierung daher eigentlich ihre Selbstverwirklichung befördern würde. Im diesem Fall besteht der Mangel an Lebenskunst darin, das Leben entsprechend den eigenen wesentlichen Zielsetzungen klug zu gestalten.

– Ferner würden wir Ps Leben dann als misslungen charakterisieren, wenn P einen großen Teil ihres Lebens damit verbracht hat, vergeblich nach der Erfüllung solcher Wünsche zu streben, deren Erfüllung für sie unrealistisch war. In diesem Fall besteht

der Mangel an Lebenskunst in der Ausbildung verfehlter Zielsetzungen und Prioritäten.

– Ebenso würden wir Ps Leben dann für missglückt halten, wenn
P im Laufe ihres Lebens mit Erfolg primär nach solchen Dingen
gestrebt hat, die für sie schädlich waren, und sich umgekehrt
den intrinsisch guten Dingen, die für sie erreichbar gewesen wären, mehrheitlich verschlossen hat. Auch in diesem Fall besteht
der Mangel an Lebenskunst in der Ausbildung falscher Zielsetzungen und Prioritäten.

– Schließlich würden wir Ps Leben als misslungen betrachten,
wenn P ihre wichtigsten Ziele niemals ohne innere Ambivalenz
verfolgt, sondern ihre wesentlichen handlungswirksamen Präferenzen stets durch unterschwellige gegenläufige Präferenzen
konterkariert werden. In diesem Fall könnten wir nicht sagen,
dass sich P „mit vollem Herzen" mit ihren Zielsetzungen identifiziert.[54] Die Folge ist, dass das Erreichen der jeweiligen Ziele
den Charakter authentischer Selbstverwirklichung vermissen
lässt.

An diesen vier Intuitionen lässt sich ex negativo ein wesentlicher
Zug dessen ablesen, was das spezifische Gelingen eines menschlichen Lebens ausmacht. Dieser wesentliche Aspekt des Gelingens
besteht darin, dass eine Person ihr Leben in einer solchen Weise
gestaltet, dass sie (langfristige) Ziele ausbildet, mit denen sie sich
erstens *ungebrochen identifiziert,* deren Erreichung für sie zweitens
realistisch und drittens nicht *schädlich,* sondern von *benefiziellem*
Wert ist, und von denen sie viertens dank einer klugen Lebensführung einen wesentlichen Teil auch tatsächlich *erreicht.*

Ein in diesem Sinne gelungenes Leben muss nicht die sukzessive Realisierung eines umfassenden *Lebensplans* beinhalten.[55] Ein
menschliches Leben kann vielmehr auch dann gelingen, wenn in
seinem Verlauf unvorhergesehene neue Zielsetzungen ausgebildet
und frühere Zielsetzungen korrigiert werden. Dies wird bei den
meisten Menschen der Fall sein, deren Persönlichkeit sich im Laufe des Älterwerdens fortentwickelt. Ebenso gehört die kluge und
erfolgreiche Anpassung der eigenen Ziele an unerwartete schicksal-
hafte Umbrüche der Lebenssituation zum Gelingen eines Lebens.
Die Bewältigung des Wandels der eigenen Prioritäten ist ebenso wie
die Anpassung an veränderte Lebensumstände auch in dem Sinne
eine *Kunst,* dass dabei Intuition und Urteilskraft an die Stelle eines
vorab erlernbaren Regelwerks der Lebensführung treten. Auch In-

tuition und Urteilskraft sind jedoch spezifische *Fähigkeiten* einer Person, auf deren Grundlage dieser Person die *Verantwortung* für das Gelingen ihrer Existenz zugeschrieben werden kann.

Den bisher erörterten zentralen Aspekt eines gelungenen Lebens, der den Entwurf und die Verfolgung von *Zielen* innerhalb des Lebens betrifft, können wir in Anknüpfung an Martin Seel auch den *teleologischen* Aspekt nennen.[56] Wie Seel plausibel darlegt, gibt es daneben jedoch auch noch einen wichtigen *nichtteleologischen* Aspekt des Lebensvollzugs, der ebenfalls zum Gelingen eines Lebensganzen beitragen kann. Dieser besteht in der *Offenheit* für unerwartete Glücksmomente, oder, wie wir allgemeiner sagen könnten: für positive Lebensinhalte, die nicht vorhersehbar sind und die eine Person daher bereit sein muss, spontan zuzulassen. Diese Offenheit des sich spontanen Einlassenkönnens auf erfüllende Augenblicke erfordert die Fähigkeit, bei der Verfolgung der eigenen Ziele innezuhalten und Abweichungen von fixen Planungen zu ertragen.[57] Sie kann unter passenden Umständen das Gelingen eines Lebens steigern, ohne dass wir allerdings sagen sollten, ein Leben, dem diese Offenheit fehle, sei in jedem Fall misslungen.

Bezieht man diesen zuletzt erörterten Aspekt des Gelingens in die vorangehenden Überlegungen mit ein, ergibt sich ein komplexes kriteriales Gesamtbild erfolgreicher Lebensführung. Wie sehr ein menschliches Leben als gelungen bezeichnet werden kann, hängt danach davon ab, bis zu welchem Grade es die erfolgreiche und ambivalenzfreie Verfolgung von sowohl realistischen als auch wohlfahrtsförderlichen Zielen beinhaltet und sich dabei gegebenenfalls spontanen Glücksmomenten öffnet.

Das eunarrative Leben:

Als nächstes wollen wir das Konzept eines Lebens betrachten, das in *narrativer* Hinsicht wohlgeratenen ist. Diesem Konzept liegt eine These zugrunde, die im 20. Jahrhundert von einer Reihe von Autoren vertreten wurde: die These, dass ein menschliches Leben eine *narrative* Struktur besitzt und dass diese Struktur dem Lebensvollzug eine spezifische Form der Einheit verleiht. Bei dieser Einheit handelt es sich um die Einheit der erzählbaren *Geschichte* des jeweiligen Lebens.[58]

Urteile über die Qualität einer menschlichen Biographie lassen
sich unter sehr verschiedenen Gesichtspunkten fällen. Unter einem
narrativ wohlgeratenen Leben soll hier jedoch ein menschliches Leben verstanden werden, dessen erzählbare Geschichte unter spezifisch *eudaimonistischen* Gesichtspunkten als *gute* Lebensgeschichte
charakterisierbar ist. Dies bedeutet, dass die Geschichte dieses Lebens eine Gestalt annimmt, die im weitesten Sinne dem *Wohl* der
betreffenden Person zuträglich ist. Um ein menschliches Leben zu
bezeichnen, dessen erzählbare Geschichte diese Bedingung erfüllt,
werden wir im folgenden auch den lateinisch-griechischen Kunstterminus eines *eunarrativen* Lebens verwenden. Die griechische Vorsilbe „eu" soll dabei dazu dienen, den eudaimonistischen Bezug dieses
Begriffs hervorzuheben. Im Gegensatz zu den beiden bisher erörterten Konzepten des erfüllten und des gelingenden Lebens ist das
Konzept eines eunarrativen Lebens nicht ausdrücklich in evaluativen
Urteilspraktiken des Common Sense verankert. Es ist jedoch u. a.
deshalb im vorliegenden Zusammenhang von Interesse, weil es eine
wichtige Rolle in aktuelleren philosophischen Debatten darüber gespielt hat, unter welchen Bedingungen der Tod ein Übel ist. Von verschiedenen Autoren wurde dabei die Auffassung diskutiert, der Tod
sei gegebenenfalls dann wünschenswert, wenn er ein Leben beende,
dessen narrative Gestalt im Falle des Weiterlebens in bestimmten
Hinsichten Schaden nehmen würde.[59] Dieser Auffassung korrespondiert die implizite Unterstellung, ein Leben, das *narrativ wohlgeratener* sei, besitze als *Ganzes* betrachtet eine *größere Qualität*.
  In Texten, die die eudaimonistischen Implikationen biographischer Strukturen aus philosophischer Perspektive beschreiben, sind
nun mindestens drei verschiedene Teilkriterien für die Eunarrativität eines menschlichen Lebensganzen zu finden. Diese drei Kriterien lassen eine Lesart zu, nach der sie unterschiedliche *Hinsichten*
angeben, in denen die Geschichte eines Lebens gut verlaufen kann.
Das *erste* der drei Kriterien ist das der *narrativen Vollständigkeit*.
Es besagt, dass ein menschliches Leben genau dann in narrativer
Hinsicht vollständig ist, wenn die Geschichte dieses Lebens zu einem sinnvollen Abschluss gelangt ist. Dies wiederum ist dem Kriterium zufolge dann der Fall, wenn die wesentlichen Lebensziele,
die sich eine Person im Laufe ihres Lebens gesetzt hat und an denen
sie ihre Lebensgestaltung orientiert hat, erreicht sind, oder wenn
zentrale Lebensprojekte, mit denen sie sich identifiziert hat, erfolgreich zu Ende geführt wurden.[60] Ein Beispiel hierfür wäre etwa die
Lebensgeschichte eines reisefreudigen und an fremden Kulturen in

teressierten Menschen, der während seines gesamten Berufslebens Geld für eine mehrjährige Weltreise gespart hat, die er dann nach seiner Pensionierung schließlich durchführt. Dieses Leben erfüllt das Kriterium der narrativen Vollständigkeit in höherem Maße als das Leben eines Menschen, der sich mit ähnlichem Ernst jahrzehntelang demselben Ziel verschrieben hat, der jedoch kurz vor Antritt der langersehnten Weltreise verstirbt.

Dabei ist die Unabgeschlossenheit einer Lebensgeschichte nicht einfach bloß ein Makel, der dem Leben an dessen Ende anhaftet, sondern ein Tatbestand, der zeitlich vorangehenden Bemühungen und Aktivitäten ihren Sinn rauben und damit den Beitrag entwerten kann, den diese zum Gang des gesamten Lebens leisten.[61] Umgekehrt gilt dementsprechend, dass durch den Abschluss einer zielorientierten Lebensgeschichte bestimmte vorangehende Lebensinhalte allererst eine spezifische Bedeutung und damit einen positiven Wert für das Lebensganze gewinnen. Ein Leben, dessen Geschichte in diesem Sinne zu einem Abschluss gelangt ist, lässt sich daher insgesamt als ein *im Ganzen besseres* Leben charakterisieren als ein Leben, dessen strukturbildende teleologische *story* unvollendet abbricht.

Ein *zweites* Kriterium für die eudaimonistische Qualität einer Lebensgeschichte, das manche Autoren ins Feld führen, ist der positive oder negative Trend der diachronen Verlaufskurve des Wohlergehens einer Person.[62] Nach diesem Kriterium beinhaltet ein Leben, in dessen Fortgang der innerlebensgeschichtliche Wohlfahrtslevel von der Jugend bis zum Alter kontinuierlich ansteigt, eine bessere Lebensgeschichte als ein Leben, das in Sachen Wohlergehen einen konträren Verlauf nimmt. Betrachten wir als Beispiel die Biographie einer Person, deren Jugend von Armut, Misserfolg und Depression geprägt ist, die sich dann jedoch im Erwachsenenstadium aus ihrer materiellen und psychischen Krise herauskämpft und schließlich im reiferen Alter souveräne Erfolge feiert und einen hohen Lebensstandard genießt. Eine solche Entwicklung des Lebens würden wir für besser halten als die Biographie einer Person, deren Lebenslauf mit einer verwöhnten und sorglosen Jugend beginnt, jedoch im Fortgang der Jahre zu immer mehr Armut, Resignation und Misserfolg führt. Offenkundig wird ein eudaimonistischer Aufwärtstrend der Lebensgeschichte von uns auch dann positiver beurteilt als ein eudaimonistischer Abwärtstrend, wenn die diachrone Gesamtbilanz der innerlebensgeschichtlichen Wohlfahrt in beiden Fällen dieselbe ist.[63]

Ein *drittes* Kriterium für die eudaimonistische Qualität einer menschlichen Lebensgeschichte, das etwa in der medizinethischen Euthanasiedebatte eine Rolle spielt, ist schließlich die *narrative Kohärenz* eines Lebensganzen. Beispielsweise lässt sich die Lebensgeschichte eines kreativen Tatmenschen, zu dessen wesentlichen Persönlichkeitsmerkmalen geistige Aktivität zählt, dann als ein kohärentes Ganzes betrachten, wenn sie bis zu ihrem Ende hin die aktive Verfolgung intellektueller Ziele und schöpferischer Projekte beinhaltet. Würde dagegen bei diesem Menschen auf eine jahrzehntelange Phase aktiver und kreativer Lebensgestaltung im hohen Alter noch eine Phase wohliger, aber passiver Demenz folgen, wäre diese narrative Kohärenz zerstört. Jeff McMahan folgert daraus, dass lebenserhaltende medizinische Maßnahmen in einem Stadium behaglicher, aber irreversibler Demenz nicht unbedingt im Interesse der betroffenen Person liegen.[64] Diese Schlussfolgerung setzt die Unterstellung voraus, dass die Kohärenz einer Lebensgeschichte ein wesentliches Qualitätskriterium für ein Lebensganzes darstellt.

Es wäre freilich wenig plausibel, die narrative Kohärenz eines menschlichen Lebens dadurch zu erklären, dass diese Kohärenz auf der lebensumfassenden *Einheit einer teleologischen Ordnung* von Zielen und Unterzielen beruht. Denn in diesem Fall würde kaum ein menschliches Leben das Qualitätsmerkmal narrativer Kohärenz aufweisen. Schließlich wird unser Leben in den seltensten Fällen von einem einzigen übergreifenden Großprojekt oder Lebensplan strukturiert. Sofern wir unser Leben reflektiert und gezielt führen, orientieren wir uns gewöhnlich eher an einer Pluralität miteinander verflochtener Projekte von unterschiedlicher zeitlicher Dauer und Relevanz. Der systematische Grund für die narrative Kohärenz eines Lebens, von dem das oben erwähnte Beispiel McMahans ausgeht, scheint denn auch weniger in einer teleologischen Superstruktur als vielmehr in der Einheitlichkeit des generellen Lebensstils und des Charakters derjenigen Person zu bestehen, die dieses Leben führt. Diese zugrundeliegende Einheit ist im Falle einer senilen Demenzphase, die sich an ein aktiv gestaltetes Leben anschließt, zerstört. Allerdings mag man sich fragen, ob die übergreifende Kohärenz eines Lebensstils oder Charakters sowie eine Lebensgeschichte, in der sich eine solche Kohärenz manifestiert, tatsächlich zu denjenigen Dingen zählen, die wir *im allgemeinen* positiv evaluieren. Schließlich führen Entwicklungs- und Bildungsprozesse nicht selten zu Veränderungen oder Brüchen des Lebensstils, wobei wir die Entwicklungsgeschichte einer Person, welche im Fortgang

ihres Lebens einen genuinen Bildungsprozess durchläuft, normalerweise gerade eher als eine gute Lebensgeschichte betrachten.

Es soll daher an dieser Stelle offengelassen werden, ob narrative *Kohärenz* neben narrativer *Vollständigkeit* und einer in Sachen
Wohlergehen *positiven Verlaufskurve* der Lebensgeschichte ebenfalls plausiblerweise als ein Kriterium für die Eunarrativität eines
Lebensganzen gelten kann. *Hypothetisch* wollen wir den nachfolgenden Überlegungen dennoch alle drei genannten Kriterien zu-
grundelegen. Es ist leicht zu erkennen, dass jeder der drei genannten Aspekte narrativer Wohlgeratenheit eine Graduierung zulässt:
Die Geschichte eines menschlichen Lebens kann mehr oder weniger vollständig sein, je nachdem, wie viele der zentralen Lebensprojekte zu Ende geführt wurden; sie kann besser oder schlechter verlaufen, je nachdem, wie stark der sukzessive Anstieg oder Abstieg
der innerlebensgeschichtlichen Wohlfahrtskurve ausfällt; und sie
kann mehr oder weniger kohärent sein, je nachdem wie weitgehend
die Kontinuität des Lebensstils bzw. Charakters bis zum Ende gewahrt wurde. In jedem dieser drei Fälle würde dementsprechend
gelten, dass das Ganze des Lebens die Bedingung der Eunarrativität
in stärkerem oder schwächerem Maße erfüllt.

Abschließend sei dabei noch folgender Punkt hervorgehoben:
Wie zuvor bereits erwähnt, lässt sich die Qualität einer Lebensgeschichte unter sehr verschiedenen Gesichtspunkten beurteilen. So
ist ein Lebensplot nicht allein unter *eudaimonistischen* Gesichtspunkten, sondern beispielsweise auch unter *ästhetisch-literarischen*
Aspekten qualifizierbar. Ein in literarischer Hinsicht guter Lebensplot wäre eine Lebensgeschichte, deren Erzählung einen guten Roman abgeben würde. Die eudaimonistische Qualität eines
Lebensplots muss jedoch strikt von dessen möglicher literarischer
Qualität unterschieden werden. Denn ein guter Romanplot bemisst
sich an Kriterien, deren Erfüllung nicht zwangsläufig auch zu einem besseren Lebensganzen der Hauptfigur beiträgt. Orientiert
man sich an handelsüblichen Leitfäden für kreatives Schreiben, so
gilt beispielsweise für die Komposition eines guten Romanplots das
Erfordernis, dem zentralen Streben des Protagonisten erhebliche
Hindernisse gegenüberzustellen, aus denen sich dramatische Span-
nungsbögen ergeben. Eine weitere Regel besagt, die Geschichte
müsse allgemeingültige Aspekte der menschlichen Existenz exem-
plifizieren sowie einen Abschluss finden, der aus der Wertperspek-
tive des Lesers befriedigend erscheint.[65] Die Erfüllung derartiger
Kriterien bleibt der eudaimonistischen Qualität einer Lebensge-

schichte jedoch äußerlich. Betrachtet man die narrative Gestalt eines Lebensganzen als eine mögliche Determinante lebensholistischer Wohlfahrt, muss man daher die eudaimonistische Qualität eines Lebensplots begrifflich auf eine Weise fassen, die diese deutlich von der Idee eines literarisch guten Lebensplots abgrenzt. Andernfalls läuft man Gefahr, einer falschen Ästhetisierung der Kriterien für Lebensqualität Vorschub zu leisten.

Das glückliche Leben:

Als letztes wollen wir noch das Konzept eines *glücklichen Lebens* untersuchen. Dieser Begriff ist zum einen fest im Common Sense verankert und gehört zum anderen seit der Antike zu den zentralen Gegenständen philosophischer Reflexion. Sein Inhalt bleibt jedoch in der Alltagssemantik ebenso vieldeutig, wie er in der philosophischen Theoriebildung umstritten ist. Diese Schwierigkeiten resultieren nicht zuletzt aus dem Umstand, dass die logische Grammatik der unterschiedlichen Redeweisen, in denen der Ausdruck „glücklich" vorkommt, variantenreich und unübersichtlich ist. Zunächst muss ein *eutychistischer* Sinn von „glücklich" (dem im Englischen der Ausdruck „lucky" entspricht) von dem spezifisch *eudaimonistischen* Verständnis dieses Ausdrucks (im Englischen „happy") unterschieden werden. Innerhalb der eudaimonistischen Redeweise lassen sich sodann noch einmal eine Reihe unterschiedlicher Verständnisse voneinander unterscheiden, deren logische Grammatik jeweils voneinander abweicht: Neben den beiden *relationalen* Begriffsvarianten „glücklich sein über x" sowie „glücklich sein darüber, dass p", gibt es beispielsweise die *irrelationalen* Prädikate „sich glücklich fühlen", „eine glückliche Person sein" und „ein glückliches Leben haben".[66]
Was den semantischen Gehalt des eudaimonistischen Glücksbegriffs betrifft, so stimmen trotz der Vielfalt philosophischer Glückstheorien verschiedene zeitgenössische Autoren immerhin darin überein, dass eudaimonistisch verstandenes Glück stets eine *kognitive Komponente* besitzt. Sie besteht darin, dass eine Person, die glücklich ist oder ein glückliches Leben hat, ihre eigene Situation in einer positiv gestimmten Weise als gut bewertet bzw. *beurteilt*.[67] Dagegen gehen die Meinungen darüber auseinander, ob sich das Phänomen des Glücks in dieser *subjektiven* Beurteilungsper-

spektive erschöpft, oder ob die als gut beurteilte Lebenssituation auch *objektiven* Qualitätsstandards genügen muss, damit wir der betreffenden Person zu Recht Glück zuschreiben können. Sumner und Birnbacher plädieren etwa dafür, den Glücksbegriff rein subjektivistisch zu verstehen und berufen sich dabei z. T. auf alltagssprachliche Intuitionen.[68] Im Gegensatz dazu betont Seel, dass die Fremdzuschreibung von Glück zwar dessen Selbstzuschreibung kriterial voraussetzt und insofern stets in einem subjektiven Urteil fundiert sein muss; dennoch rechtfertige die Selbstzuschreibung alleine noch keine Fremdzuschreibung, solange die Möglichkeit besteht, dass sie auf einer Täuschung über die eigenen Lebensumstände und Lebensaussichten beruht.[69] Einen Beleg für diese Auffassung scheint das zuvor bereits erwähnte Gedankenexperiment von Nozick zu liefern, das eine Erfahrungsmaschine beschreibt, die ein rein subjektives Glücksempfinden erzeugt, dem keine objektive Lebenswirklichkeit korrespondiert: Wir würden zumindest zögern, Personen, die an diese Erfahrungsmaschine angeschlossen sind und die die Qualität ihres halluzinierten Daseins positiv beurteilen, als glückliche Menschen zu bezeichnen.

Seels ausführlicher Vorschlag zur Explikation des Glücksbegriffs ist relativ komplex und differenziert. Sein formaler Kern lässt sich jedoch so verstehen, dass ein menschliches Leben als Ganzes betrachtet unter den folgenden beiden Bedingungen glücklich ist:

i) es verläuft im weitesten Sinne *objektiv* günstig,
ii) dieser objektiv günstige Lebensverlauf wird von der betreffenden Person selbst aus der subjektiven Perspektive ihres Lebensvollzugs heraus in retrospektiver und prospektiver Manier wiederholt als Ganzes positiv beurteilt, wobei dieses Urteil zugleich entsprechend positiv gestimmt ist[70].

Glück wäre demzufolge eine Form der reflexiven Einstellung zum eigenen, realiter guten Leben.

Dieser Explikationsvorschlag erscheint zumindest dann plausibel, wenn man ihn auf den spezifischen Begriff des *glücklichen Lebens* bezieht und nicht beansprucht, damit eine Analyse auch anderer eudaimonistischer Verwendungsweisen des Terminus „glücklich" zu liefern, für die – wie vor allem für den Ausdruck „sich glücklich fühlen" – eine rein subjektivistische Theorie adäquater erscheint. Denn offenbar verstehen wir unter einem glücklichen *Leben* nicht einfach bloß das Leben eines Menschen, der glücklich ist oder sich glücklich fühlt, sondern das Leben eines Menschen, der glücklich ist oder sich glücklich fühlt, weil sein Leben ihm *Grund* gibt, glücklich zu sein. Dass das Leben einer Person, der wir ein glückliches Leben zuschreiben, auch objektiv bestimmte Standards erfüllen muss, wird nicht zuletzt dadurch nahegelegt, dass wir in diesem Fall das Prädikat „glücklich" von diesem *Leben* aussagen, und nicht einfach nur von der Person.

Die folgenden Überlegungen zur kriterialen Logik eines glücklichen Lebens werden sich daher an dem formalen Grundgedanken von Seels Analyse orientieren. Das heißt nicht, dass dessen Theorie dabei ohne Modifikation übernommen werden soll. Seel selbst scheint bei einem günstigen bzw. „aussichtsreichen" Verlauf des Lebens, der einen Grund für dessen positive Bewertung liefert, vor allem an eine Entwicklung der Lebensumstände zu denken, die der Erfüllung der eigenen *Wünsche* entgegenkommt und die ein *Gelingen* unseres Lebens im Ganzen erwarten lässt.[71] Es liegt jedoch nahe, den zugrundeliegenden Begriff in zweierlei Hinsicht allgemeiner zu fassen: *Erstens* lässt sich unter einem günstigen Verlauf des Lebens ein Lebensverlauf verstehen, der nicht allein auf dem Gebiet der *Präferenzerfüllung*, sondern im Bereich sämtlicher Lebensgüter einen passablen Umfang an *innerlebensgeschichtlicher Wohlfahrt* bietet oder zumindest in Aussicht stellt; *zweitens* kann als günstig nicht nur ein Gang des Lebens gelten, der in der Dimension des *Gelingens* vielversprechend ausfällt, sondern auch ein Lebensverlauf, der in anderen Bereichen lebensholistischer Wohlfahrt zu einem *im Ganzen guten Leben* tendiert. Dies würde nach unseren bisherigen Überlegungen bedeuten, dass die *Erfülltheit* und die *Eunarrativität* des Lebensganzen, die sich als zwei weitere wesentliche Aspekte *lebensholistischer Wohlfahrt* betrachten lassen, ebenfalls Kriterien für einen günstigen Lebensverlauf bilden.

Legt man diese erweiterte Konzeption zugrunde, ergibt sich die Komparationsmöglichkeit eines *mehr* oder *weniger glücklichen* Lebens aufgrund von zwei Komponenten: zum einen dadurch, dass das Leben einer Person P sowohl hinsichtlich Ps innerlebensgeschichtlicher als auch hinsichtlich Ps lebensholistischer Wohlfahrt objektiv günstiger oder weniger günstig verlaufen kann; zum anderen aufgrund der Tatsache, dass dieser objektiv günstige oder weniger günstige Verlauf zugleich von P selbst aus der Binnenperspektive des Lebensvollzugs heraus wiederholt als entsprechend günstig beurteilt werden kann, und zwar in einer Stimmung, deren freudiger Charakter stärker oder weniger stark ausgeprägt sein kann. Ist sowohl auf der objektiven Seite des Lebensverlaufs als auch auf der subjektiven Seite des stimmungsgetränkten Urteils eine Steigerung hin zum Positiven gegeben, können wir von einem vergleichsweise *glücklicheren* Leben sprechen. Freilich gilt dabei, dass der Grad der positiven Gestimmtheit jeweils in einem angemessenen Verhältnis zu dem Ausmaß stehen muss, in dem das eigene Leben vorteilhaft verläuft.

Der Gedanke, dass ein Leben im Sinne der hier angegebenen Kriterien objektiv günstiger oder weniger günstig verlaufen kann, lässt allerdings zunächst noch zwei unterschiedliche Lesarten zu. Nach der ersten Lesart besagt er, dass der *absolute* Level der Erfüllung dieser Kriterien entweder höher oder niedriger liegt. Danach verläuft ein Leben beispielsweise im Bereich der innerlebensgeschichtlichen Wohlfahrt umso vorteilhafter, je besser die innerlebensgeschichtliche Wohlfahrtsbilanz dieses Lebens *absolut* gesehen ausfällt. Die alternative Lesart, für die wir hier plädieren wollen, versteht hingegen unter einem objektiv günstigeren Lebensverlauf ein Leben, bei dem die genannten Kriterien *relativ* zu den *realistischen Möglichkeiten*, die die betreffende Person in ihrem Leben besitzt, in höherem Maße erfüllt sind. Dieser zweite Begriff eines günstigen Lebensverlaufs ist ein *relationaler* Begriff. Er misst den Level der Erfüllung der fraglichen Kriterien an dem Spektrum derjenigen möglichen Level, die für die betreffende Person *realistischerweise* erreichbar sind. Je näher der tatsächliche Level am oberen Ende dieses Spektrums liegt, desto günstiger ist objektiv gesehen der Lebensverlauf.[72]

Diese relationale Betrachtungsweise besitzt u. a. den Vorzug, der Art und Weise gerecht zu werden, in der Individuen auch subjektiv den Verlauf ihres Lebens beurteilen. Denn als wie zufriedenstellend eine Person ihr Leben betrachtet, hängt psychologisch von den Ansprüchen und Erwartungen ab, die sie an ihr Leben adressiert. Diese Ansprüche und Erwartungen wiederum orientieren sich gewöhnlich – bzw. sollten dies rationalerweise tun – an den realistischen Möglichkeiten, die die Person besitzt. Das Maß des Glücks lässt sich somit sowohl von seiner objektiven als auch von seiner subjektiven Seite her als eine Größe auffassen, die relativ zum jeweiligen Möglichkeitsspielraum bestimmt ist. Dieser relationalen Konzeption zufolge kann beispielsweise ein Mensch, dem aufgrund einer schweren körperlichen Behinderung bestimmte Arten von genussreichen Aktivitäten versagt sind und der darüber hinaus sehr viel Zeit für rein reproduktive Verrichtungen aufwenden muss, ohne weiteres ein genauso glückliches Leben haben wie eine nichtbehinderte Person. Denn *relativ* zu seinen eingeschränkteren Möglichkeiten kann sein Leben in Sachen Wohlfahrt objektiv genauso *günstig* – und infolgedessen auch subjektiv ähnlich *zufriedenstellend* – verlaufen wie das Leben des Nichtbehinderten, dem absolut betrachtet zahlreichere und verschiedenartigere Möglichkeiten des Wohlergehens offenstehen.

Allerdings ist zu bedenken, dass eine solche relationale Beschreibung eine Ideologiegefahr birgt, wenn sie ungerechte und zugleich veränderbare soziale Rahmenbedingungen zu denjenigen Faktoren rechnet, die die realistischen Möglichkeiten einer Person determinieren, und infolgedessen beispielsweise Menschen in Entwicklungsländern, was deren Wohlfahrt angeht, einen ähnlich günstigen Lebensverlauf zuspricht wie manchen Bürgern reicher Industrienationen. Aufgrund dieser Schwierigkeit soll hier die Frage ausgeklammert bleiben, inwieweit auch der jeweilige soziale, kulturelle und institutionelle Kontext eine relevante Determinante der realistischen Möglichkeiten einer Person bildet. Statt dessen werden wir im folgenden allein Restriktionen der *körperlichen und geistigen Fähigkeiten und Potenziale* eines Menschen, die weder durch dessen eigenes Bemühen noch durch soziale Anstrengungen behebbar sind, als Faktoren berücksichtigen, die den Spielraum seiner realistischen Lebensmöglichkeiten beschränken.[73]

Im vorliegenden Kontext, in dem es um die Frage nach dem Verhältnis von Lebensdauer und Lebensqualität geht, ist vor allem die Tatsache relevant, dass zu diesen Restriktionen auch die maximale Lebenserwartung einer Person gehört. Wie wir gesehen haben, bietet eine längere Lebensspanne Platz für mehr innerlebensgeschichtliche Wohlfahrtsgüter als eine kürzere Lebensspanne. Dennoch kann nach der vorgeschlagenen Betrachtungsweise das kürzere Leben unter dem Gesichtspunkt der Wohlfahrtsbilanz genauso *günstig* verlaufen wie das längere Leben, sofern in ihm ein ähnlich hoher *relativer* Anteil der in ihm realistischerweise möglichen innerlebensgeschichtlichen Wohlfahrt verwirklicht wird. Wer etwa durch eine nichttherapierbare genetische Erkrankung nur mit einer vergleichsweise niedrigen Lebensdauer rechnen kann, hat demzufolge wenigstens im Prinzip die Chance, ein ebenso *glückliches* Leben zu führen wie ein gesunder Mensch, dessen Lebenserwartung wesentlich höher ausfällt. Auf diesen Sachverhalt werden wir im Abschnitt 3.4.5. noch zurückkommen.

Fassen wir die wesentlichen Punkte der so weit im Anschluss an Seel entwickelten Konzeption eines glücklichen Lebens noch einmal zusammen: Danach verläuft ein Leben sowohl dann *ceteris paribus* günstiger, wenn in ihm im Rahmen des Möglichen eine bessere innerlebensgeschichtliche Wohlfahrt erzielt wird, als auch dann, wenn es im Rahmen des Möglichen ein erfüllteres oder ein gelungeneres oder ein narrativ wohlgerateneres Lebensganzes darstellt. Sofern diesem günstigeren Verlauf außerdem ein entsprechend zufriedeneres subjektives Urteil über das eigene Leben korrespondiert, handelt es sich in beiden Fällen um ein glücklicheres Leben.

3.4.3 Gedeckelte oder offene Prinzipien?

Im Vorangehenden haben wir vier verschiedene Dimensionen lebensholistischer Wohlfahrt näher betrachtet: Erfülltheit, Gelingen, Eunarrativität und Glück. Die Qualität eines Lebensganzen lässt sich in jeder dieser vier Dimensionen verbessern. Ein Leben, das erfüllter, gelungener, narrativ wohlgeratener oder glücklicher ist, ist jeweils ein im Ganzen besseres Leben.

Daraus folgt allerdings nicht, dass die diachrone Qualität eines menschlichen Lebens unter den vier genannten Gesichtspunkten beliebig steigerbar ist. Denn es könnte jeweils eine Schwelle geben, oberhalb derer ein menschliches Leben als Ganzes weder erfüllter, noch gelungener, noch narrativ wohlgeratener, noch glücklicher werden kann. Träfe dies zu, würde es sich gemäß einer von Raz ins Feld geführten Unterscheidung bei Erfülltheit, Gelingen, Eunarrativität und Glück um *gedeckelte* Prinzipien handeln. Wäre dagegen in diesen vier Dimensionen lebensholistischer Wohlfahrt jeweils eine beliebige Steigerung des eudaimonistischen Levels möglich, hätte man es mit *offenen* Prinzipen zu tun.[74] Wie sich noch zeigen wird, ist die Erkenntnis, welche dieser beiden Alternativen zutrifft, eine wichtige Voraussetzung für die Beantwortung der Frage, ob und in welchem Umfang ein verlängertes Leben die Betroffenen hinsichtlich der eudaimonistischen Qualität ihres Lebensganzen bevorteilen würde. Daher müssen wir zunächst überlegen, ob es sich bei den vier genannten Dimensionen lebensholistischer Wohlfahrt um gedeckelte oder um offene Prinzipien handelt.

Betrachten wir als erstes noch einmal die *Erfülltheit* eines menschlichen Lebens. Deren Grad ist gemäß der weiter oben vorgeschlagenen Begriffsexplikation in zwei unterschiedlichen Teildimensionen steigerbar: in einer Dimension der bereichernden

Diversifikation und in einer Dimension der intensivierenden Vertiefung der jeweiligen Lebensinhalte. Unsere Frage lautet dementsprechend, ob es für diese Form der Diversifikation und Vertiefung ein prinzipielles Limit gibt. Was die Diversifikation von Lebensinhalten angeht, so scheint die Bereicherung eines Lebens durch zusätzliche Aktivitäten und Erfahrungen, die sich von den bereits vorhandenen Aktivitäten und Erfahrungen der *Art* nach unterscheiden – indem jemand etwa neben Malerei auch noch Leistungssport betreibt und religiöses Engagement pflegt –, früher oder später an eine systematische Grenze zu stoßen. Denn die Liste der möglichen Lebensinhalte, zwischen denen wesentliche generische Differenzen bestehen, ist endlich. Hinzutretende Lebensinhalte werden ab einem bestimmten Punkt zur bloßen Wiederholung bereits gegebener Typen von Erfahrungen oder Aktivitäten. Ähnliches gilt offenkundig auch für die qualitative Binnendifferenzierung eines Lebensbereichs. So kann zwar beispielsweise jemand immer neue Unterarten der Malerei erlernen und betreiben; doch ab einem bestimmten Punkt verliert eine derartige Binnendifferenzierung den Charakter einer genuinen *Bereicherung*, da die neu ausdifferenzierten Variationsformen einander bereits zu sehr ähneln. Insgesamt lässt sich somit folgern, dass der bereichernden Diversifikation von Aktivitäten und Erfahrungen innerhalb eines menschlichen Lebens eine systematische Grenze gesetzt ist.

Was die Vertiefung von Lebensinhalten betrifft, so scheint für sie zumindest in etlichen Lebensbereichen ebenfalls ein Limit zu gelten: Ein noch so begabter Musiker kann ab einem bestimmten Punkt nicht mehr wesentlich virtuoser und gekonnter musizieren; ebenso kann die Verflechtung zweier Leben in einer emotionalen Nahbeziehung einen bestimmten Intensitätsgrad nicht überschreiten, ohne in eine ungünstige Form der Verschmelzung umzuschlagen; und auch im Bereich kognitiver Aktivitäten, etwa der Selbst- und Weltreflexion, würde eine immer weiter gesteigerte Intensivierung irgendwann zu ungesunden und wahnhaften Zuständen führen. Diese stichprobenartigen Belege sprechen dafür, dass Menschen ihr Leben nur bis zu einer bestimmten Grenze dadurch zu einem erfüllteren Leben machen können, dass sie ihre Aktivitäten und Erfahrungen vertiefen. Insgesamt bleiben diese Überlegungen zu den Steigerungsmöglichkeiten eines erfüllten Lebens zwar recht skizzenhaft und unvollständig. Bis auf weiteres rechtfertigen sie jedoch die Schlussfolgerung, dass die Erfülltheit eines menschlichen Lebens eher ein gedeckeltes Prinzip als ein offenes Prinzip darzustellen scheint.

Noch eindeutiger handelt es sich bei dem *Gelingen* eines menschlichen Lebens um ein gedecktes Prinzip. Gemäß dem weiter oben unterbreiteten Explikationsvorschlag kann ein Leben als umso gelungener gelten, in je größerem Umfang erstens die in ihm verfolgten Ziele unambivalent, realistisch sowie wohlfahrtsfördernd sind und auch tatsächlich erreicht werden, und je stärker dabei zweitens eine spontane Offenheit für beglückende Momente erhalten bleibt. Zwar lassen diese unterschiedlichen Aspekte des Gelingens jeweils graduelle Abstufungen zu. Denn ihre jeweilige Realisierung kann mit unterschiedlich starken Einschränkungen versehen sein. Sofern sie jedoch in uneingeschränkter Form vorliegen, gibt es keine weitere Optimierungsmöglichkeit mehr. Ein Leben, das wirklich offen ist für spontane Glückserfahrungen, kann nicht noch offener für solche Erfahrungen werden, und das Leben einer Person, die ihre wesentlichen Ziele wirklich mit vollem Herzen verfolgt, bietet keinen Raum mehr für eine weitere Reduktion von Ambivalenz. Ebenso wenig können wir unser Leben, sofern wir in ihm unsere wesentlichen Ziele erreichen, dadurch noch gelungener gestalten, dass wir zusätzliche Ziele ausbilden, die wir ebenso erfolgreich in die Tat umsetzen. Denn im Bereich des *teleologischen Erfolgs* ist das Gelingen des Lebens jeweils *relativ* zu einer *gegebenen Menge* von Lebenszielen definiert.

Auch bei der *Eunarrativität* eines menschlichen Lebens scheint es sich um ein gedecktes Prinzip zu handeln. Denn sofern eine Person ihre wesentlichen Lebensprojekte zum Abschluss gebracht hat, lässt sich die narrative Vollständigkeit ihrer Biographie nicht mehr in signifikantem Maße steigern. Eine solche Steigerung kommt jedenfalls nicht dadurch zustande, dass anschließend noch einmal neue Lebensprojekte in Angriff genommen und ebenfalls zu Ende geführt werden. Denn die narrative Vollständigkeit ist, ebenso wie das teleologische Gelingen, eine Größe, die *relativ* zu einer gegebenen Menge von Lebensprojekten bestimmt ist. Auch die narrative Kohärenz eines Lebens, für die die Einheitlichkeit des jeweiligen Lebensstils und Charakters den Maßstab bildet, lässt sich nicht beliebig verdichten, ohne irgendwann in ein völlig monotones Dasein umzuschlagen, welches dann gewiss kein Exempel mehr für eine gute Lebensgeschichte liefern würde. Ein Optimierungslimit scheint schließlich auch für den eudaimonistischen Trend der Lebensgeschichte zu gelten. Zwar wäre nach dem weiter oben erörterten Kriterium der Verlauf einer Lebensgeschichte umso besser, je steiler der Anstieg der innerlebensgeschichtlichen Wohlfahrtskurve ausfällt. Dennoch gibt es für den Grad dieses Anstiegs eine Grenze. Denn zum einen setzt bereits das Überleben als solches ein Minimum an Bedürfnisbefriedigung voraus. Und zum anderen ist die Menge der positiven Lebensinhalte nur begrenzt zeitgleich maximierbar. Daher kann der punktuelle Level der innerlebensgeschichtlichen Wohlfahrt weder zu Beginn des Lebens beliebig niedrig noch gegen dessen Ende beliebig hoch liegen.

Betrachten wir schließlich noch das Konzept eines glücklichen Lebens, so wie es von uns in Anlehnung an Seel rekonstruiert wurde. Die Frage, ob es für die mögliche Steigerung von Lebensglück eine Obergrenze gibt, ist dieser Rekonstruktion zufolge in die Frage übersetzbar, ob es eine begriffliche Grenze für die Optimierung objektiv günstiger Lebensverläufe sowie für die positiv gestimmte Zufriedenheit des darauf bezogenen subjektiven Urteils gibt. Aus dem *relationalen* Verständnis des Begriffs eines günstigen oder vorteilhaften Lebensverlaufs, für das wir plädiert haben, folgt zunächst, dass es für den vorteilhaften Gang eines Lebens in der Tat eine derartige Obergrenze gibt. Dessen mögliches Optimum ist genau dann erreicht, wenn die innerlebensgeschichtliche sowie die lebensholistische Wohlfahrt den höchsten Level erreicht haben, der für die betreffende Person unter den gegebenen Rahmenbedingungen erreichbar ist. Ferner lässt sich plausiblerweise geltend machen, dass es für den Grad der positiven Gestimmtheit des retrospektiv-antizipierenden Urteils, das einem günstigen Lebensverlauf korrespondiert, ebenfalls eine begriffliche Obergrenze gibt, ab der gesunde Euphorie in eine Form des Wahnsinns umschlägt. Somit scheint es sich auch beim glücklichen Leben um eine gedeckelte Dimension lebensholistischer Wohlfahrt zu handeln.[75] Gegen ein Verständnis von Glück als einem nach oben offenen Prinzip spricht darüber hinaus die Tatsache, dass mit unserem Begriff des *Glücks* ein Begriff der *Glückseligkeit* korreliert ist, der einen gedeckelten Standard zum Ausdruck bringt: Wenn wir ein menschliches Leben als ein „glückseliges" Leben charakterisieren, konstatieren wir damit den – empirisch allerdings unwahrscheinlichen – Grenzfall eines nicht mehr weiter steigerbaren Lebensglücks.

Die Quintessenz der vorangehenden Überlegungen lautet also, dass wir es bei allen vier Dimensionen *lebensholistischer* Wohlfahrt, deren begriffliche Charakteristika hier eingehender analysiert wurden, mit *gedeckelten* Prinzipen zu tun haben. Im Gegensatz dazu scheint die Maximierung der *innerlebensgeschichtlichen* Wohlfahrt, deren unterschiedliche Teilbereiche Gegenstand der Analysen des vorangehenden Abschnitts waren, zumindest bei abstrakter Betrachtung ein *offenes* Prinzip darzustellen. Wenn sich innerlebensgeschichtliche Wohlfahrt grundsätzlich dadurch optimieren lässt, dass der Überschuss der positiven im Verhältnis zu den negativen Lebensinhalten ausgeweitet wird, so gibt es für die Steigerung der so erzielbaren Nettowohlfahrt offenkundig keine begriffliche Obergrenze. Je mehr *zusätzliche* positive Inhalte ein menschliches Leben enthält, desto besser fällt die innerlebensgeschichtliche Wohlfahrtsbilanz aus. Schon aus rein additionslogischen Gründen scheint ausgeschlossen, dass dabei irgendwann eine prinzipielle Schwelle erreicht sein könnte, jenseits deren zusätzlich hinzugefügte Lebensgüter die innerlebensgeschichtliche Gesamtwohlfahrt nicht noch weiter erhöhen. Dennoch unterliegt auch dieser rein quantitative Modus der Wohlfahrtsmaximierung einer einschränkenden Bedingung. Auf sie werden wir in Abschnitt 3.5.2 zu sprechen kommen.

3.4.4 Zum Verhältnis von innerlebensgeschichtlicher und lebensholistischer Besserstellung

Um das bisher entwickelte komplexe begriffliche Gesamtbild der unterschiedlichen Dimensionen und Steigerungsmöglichkeiten menschlichen Wohlergehens zu vervollständigen, ist es erforderlich, abschließend noch einmal auf die in Abschnitt 3.2.3 aufgeworfene Frage zurückzukommen, welches genaue systematische Verhältnis zwischen der möglichen *innerlebensgeschichtlichen Besserstellung* einer Person und ihrer möglichen *lebensholistischen Besserstellung* besteht. Dieses Verhältnis kann im Prinzip vier mögliche Formen annehmen. Ein innerlebensgeschichtlicher Wohlfahrtsgewinn könnte für ein in eudaimonistischer Hinsicht verbessertes Lebensganzes entweder

i) eine *notwendige* und *hinreichende* Bedingung sein, oder
ii) eine *notwendige*, aber *keine hinreichende* Bedingung, oder
iii) eine *hinreichende* aber *keine notwendige* Bedingung, oder schließlich
iv) *weder* eine *notwendige noch* eine *hinreichende* Bedingung.

In Abschnitt 3.4.2. wurden vier zentrale Dimensionen lebensholistischer Wohlfahrt untersucht und damit zugleich vier Bereiche beschrieben, innerhalb deren eine lebensholistische Besserstellung möglich ist. Auf dieser Grundlage kann jetzt die Beantwortung der Frage in Angriff genommen werden, welches der alternativen begrifflichen Bilder i) bis iv) zutrifft. Dabei bietet es sich an, in zwei Teilschritten zu verfahren. In einem ersten Schritt wollen wir überlegen, ob ein innerlebensgeschichtlicher Wohlfahrtsgewinn für ein besseres Lebensganzes *notwendig* ist. Im anschließenden zweiten Schritt werden wir dann erörtern, ob ein innerlebensgeschichtlicher Wohlfahrtsgewinn für ein besseres Lebensganzes *hinreichend* ist.

Was den ersten Schritt betrifft, so kann sich unsere Überlegung an folgendem Prinzip orientieren: Ein innerlebensgeschichtlicher Wohlfahrtsgewinn ist dann *keine* notwendige Bedingung für ein besseres Lebensganzes, wenn mindestens eine Dimension lebensholistischer Wohlfahrt existiert, innerhalb deren eine Besserstellung nicht notwendigerweise zugleich auch eine Verbesserung der innerlebensgeschichtlichen Wohlfahrtsbilanz impliziert.

Es ist nun leicht zu sehen, dass es sich tatsächlich so verhält. Beispielsweise ist von zwei Leben dasjenige das *erfülltere* und damit *ceteris paribus* das *im Ganzen bessere* Leben, das eine größere qualitative Bandbreite an Aktivitäten und Erfahrungen beinhaltet, die charakteristische Potenziale der menschlichen Lebensform realisieren. Diese Bedingung kann durchaus ein Leben erfüllen, das rein quantitativ betrachtet nicht *mehr* Dinge von vergleichbarem benefiziellem Wert beinhaltet. Es genügt vielmehr, dass die positiven Lebensinhalte in qualitativer Hinsicht breiter gestreut sind. Wenn etwa die Person A Malerei und Sport betreibt, Bücher liest, politisch aktiv ist sowie verschiedene Länder bereist, hat A in jedem Fall ein erfüllteres Leben als eine Person B, die sich stets die dieselbe Art von Konsumwünschen erfüllt und dieselbe Art von genussvollen Momenten erlebt. Dazu ist es weder erforderlich, dass As Leben eine insgesamt größere *Anzahl* intrinsischer Lebensgüter beinhaltet als Bs Leben, noch, dass der benefizielle *Gesamtwert* der A zuteil werdenden Lebensgüter höher liegt. Zum Inhalt des erfüllteren Lebens von A könnten im Vergleich zu Bs Leben sogar mehr schmerzhafte Erfahrungen und mehr unerfüllte Präferenzen gehören, wodurch As innerlebensgeschichtliche Wohlfahrtsbilanz insgesamt schlechter ausfiele.

Analoges gilt für das *gelungene* Leben. Das Gelingen eines Lebensganzen ist ebenfalls steigerbar, ohne dass damit automatisch eine verbesserte innerlebensgeschichtliche Wohlfahrtsbilanz einhergehen muss. Letzteres ist beispielsweise dann nicht der Fall, wenn eine Person durch eine kluge Lebensführung eine größere

Zahl ihrer wesentlichen Lebensziele erreicht, wenn jedoch der mit dem Erreichen der zusätzlichen Ziele verbundene Wohlfahrtsgewinn durch dazu erforderliche Entbehrungen im Bereich der hedonistischen Erfüllung wieder aufgehoben wird. Es ist nicht nötig, an dieser Stelle auch noch auf die beiden Dimensionen der Eunarrativität und des Glücks einzugehen. Denn aus den bisher gewonnenen Ergebnissen lässt sich bereits folgern, dass ein innerlebensgeschichtlicher Wohlfahrtsgewinn keine *notwendige Bedingung* für ein besseres Lebensganzes darstellt.

Es bleibt nun noch zu klären, ob ein innerlebensgeschichtlicher Wohlfahrtsgewinn für ein verbessertes Lebensganzes eine *hinreichende Bedingung* ist. Die Auffassung, dies sei nicht der Fall, wird in indirekter Form von verschiedenen zeitgenössischen Philosophen vertreten. So macht etwa Joseph Raz geltend, dass die Aussicht, einem bestimmten Gourmet-Restaurant einen zusätzlichen Besuch abzustatten, uns zwar einen guten Grund liefern kann, weiterzuleben, dass jedoch dadurch unser Leben als Ganzes betrachtet nicht zwangsläufig eine Verbesserung erfährt.[76] In eine ähnliche Richtung zielen auch Überlegungen von Avishai Margalit. Sie legen die Schlussfolgerung nahe, dass der wiederholte Genuss von Kaffee, den wir während der tagtäglichen Arbeit konsumieren, die Gesamtqualität unseres Lebens nicht tangiert, solange er nichts Wesentliches zur Fortentwicklung unserer Lebensgeschichte beiträgt.[77]

Die generelle begriffliche Intuition, die sich in diesen Beispielen artikuliert, lässt sich im Lichte der vorangehenden Analysen der unterschiedlichen Dimensionen lebensholistischer Wohlfahrt gut erklären. Ein zusätzlicher Kaffeegenuss oder ein zusätzlicher Restaurantbesuch, der unsere innerlebensgeschichtliche Wohlfahrtsbilanz aufbessert, wird im Normalfall unser Leben weder *erfüllter*, noch *gelungener*, noch *glücklicher* machen, noch die eudaimonistische *Qualität* unserer Lebens*geschichte* erhöhen: Denn ein solches Ereignis wird in der Regel weder die Diversifikation oder Vertiefung unserer Erfahrungen und Aktivitäten befördern, noch zum Erfolg beim Erreichen wesentlicher Lebensziele beitragen, noch die narrative Vollständigkeit oder Kohärenz unserer biographischen *story* steigern, noch dem Verlauf unseres Lebens insgesamt eine günstigere Tendenz verleihen, die Anlass zu gesteigerter subjektiver Zufriedenheit böte.

Natürlich mag es Ausnahmebedingungen geben, unter denen zum Beispiel ein zusätzlicher Restaurantbesuch dennoch zu einer lebensholistischen Besserstellung führt: etwa dann, wenn es sich bei der betreffenden Person um eine illustre Restaurantkritikerin handelt, zu deren zentralen Lebensprojekten der Besuch einer bestimmten weltumspannenden Liste von Luxusrestaurants gehört. Dies ändert jedoch nichts an der Tatsache, dass der mit einem Restaurantbesuch verbundene innerlebensgeschichtlicher Wohlfahrtsgewinn *per se* – also ohne die zusätzliche Erfüllung solcher spezieller Rahmenbedingungen – nicht dazu hinreicht, die Qualität eines Lebensganzen zu steigern.

Unser Resümee lautet daher wie folgt: Ein innerlebensgeschichtlicher Wohlfahrtsgewinn ist für ein besseres Lebensganzes im allgemeinen weder *notwendig* noch *hinreichend*. Mögliche Optimierungen in den beiden eudaimonistischen Sphären der innerlebensgeschichtlichen und der lebensholistischen Wohlfahrt gehorchen einer weitgehend voneinander unabhängigen Logik. Dieses Ergebnis steht allerdings unter einem einschränkenden Vorbehalt: Es gilt unter der Voraussetzung, dass mit den vier Aspekten der Erfülltheit, des Gelingens, der Eunarrativität und des Glücks bereits alle wesentlichen Dimensionen lebensholistischer Wohlfahrt in Betracht gezogen wurden.

3.4.5 Empirische Plausibilitätserwägungen

Im Anschluss an die vorangehenden begrifflichen Erläuterungen werden wir nun versuchen, die Frage zu beantworten, ob ein radikal verlängertes Leben die betroffenen Individuen nicht nur hinsichtlich ihrer *innerlebensgeschichtlichen* Wohlfahrt, sondern auch hinsichtlich der eudaimonistischen Qualität ihres *Lebensganzen* bevorteilen würde.

Zunächst ist es wichtig, sich noch einmal den Umstand in Erinnerung zu rufen, dass eine längere Lebensspanne per se keine intrinsisch guten Lebensinhalte garantieren kann, da der konkrete Inhalt einer Biographie von der individuellen Lebensgestaltung der jeweiligen Person und darüber hinaus von unkontrollierbaren äußeren Einflussfaktoren abhängt. Aus diesem Grunde haben wir uns bereits bei unserer Erörterung der möglichen innerlebensgeschichtlichen Wohlfahrtseffekte, die mit einer dauerhafteren Existenz verbunden wären, darauf beschränkt, zu überlegen, ob ein chronologischer Zugewinn den Betroffenen eine *gute Chance* böte, hinsichtlich ihrer innerlebensgeschichtlichen Wohlfahrt bessergestellt zu werden. Ebenso wenig kann nun ein bloßes Plus an Lebensjahren Lebensinhalte *garantieren*, die geeignet sind, eine Optimierung in einer der vier hier spezifizierten Dimensionen lebensholistischer Wohlfahrt herbeizuführen. Dementsprechend müssen wir uns an dieser Stelle ebenfalls darauf beschränken, zu untersuchen, ob Personen durch ein verlängertes Leben eine *gute Chance* erhielten, die eudaimonistische Qualität ihres Lebensganzen zu verbessern.

In Betracht gezogen werden sollen dabei alle vier zuvor erörterten Dimensionen, in denen die Qualität eines Lebensganzen steigerbar ist. Unsere Frage zergliedert sich somit in vier Teilfragen: Würde eine Verlängerung der Lebensspanne denjenigen Individuen, deren Alterungsprozess verlangsamt würde, die Chance bieten, a) ein erfüllteres, b) ein gelungeneres, c) ein narrativ wohlgeratneres und d) ein glücklicheres Leben zu haben? Diese vier Teilfragen sind ebenso *empirischer* Natur wie die im vorigen Abschnitt diskutierte Frage, ob ein Zugewinn an Lebenszeit einer Besserstellung in den verschiedenen Bereichen der *innerlebensgeschichtlichen* Wohlfahrt förderlich wäre. Daher bewegt sich die Antwort auch in diesem Fall nicht allein auf der Ebene begriffsanalytischer Reflexion, sondern besteht zu wesentlichen Teilen aus empirischen Plausibilitätserwägungen.

Bei diesen empirischen Überlegungen ist zunächst zu berücksichtigen, dass es sich bei Erfülltheit, Gelingen, Eunarrativität und Glück nicht um offene, sondern um *gedeckelte* Prinzipien handelt. Dies hat folgende wichtige Konsequenz: Eine Person kann durch eine Ausdehnung ihrer Lebensspanne überhaupt nur dann in die Lage versetzt werden, ihre lebensholistische Wohlfahrt in einer der vier genannten Dimensionen zu steigern, wenn gilt, dass sie in dieser Dimension im Falle einer nichtverlängerten Lebensspanne unterhalb der Schwelle des möglichen Optimums verbleiben würde. Diese Bedingung, dass noch ein Spielraum für weitere Verbesserungen besteht, soll im folgenden als *Optimierbarkeitsbedingung* bezeichnet werden. Nur unter der Prämisse, dass diese Bedingung erfüllt ist, macht es überhaupt Sinn, zu überlegen, ob ein Zugewinn an Lebenszeit eine entsprechende Optimierungs*chance* bieten würde.

Dementsprechend gliedern sich die folgenden Plausibilitätserwägungen methodisch in zwei Teilschritte. Zunächst müssen wir klären, ob ein Leben von natürlicher Dauer den Betroffenen in der jeweiligen Dimension lebensholistischer Wohlfahrt überhaupt noch wesentlichen Spielraum für Verbesserungen ließe. Sofern anzunehmen ist, dass dies zumindest bei einer größeren Zahl der

Betroffenen der Fall wäre, werden wir in einem zweiten Schritt überlegen, ob eine Verlängerung der Lebensspanne diesen Individuen eine gute Chance für eine entsprechende Optimierung bieten würde. Als sozioökonomische Rahmenbedingung soll dabei, ebenso wie bereits in Abschnitt 3.3.3, das hypothetische Szenario zugrunde gelegt werden, dass während der hinzugewonnenen Jahre keine Verschlechterung der externen Wohlstands- und Autonomiebedingungen eintritt.

a) Betrachten wir als erstes erneut die Steigerungsmöglichkeiten eines *erfüllten Lebens*. In dieser Dimension lebensholistischer Wohlfahrt ist die Optimierbarkeitsbedingung ganz offenkundig erfüllt. Denn es ist kaum vorstellbar, dass bereits im Laufe eines menschlichen Lebens von heute üblicher Durchschnittsdauer das Maximum dessen erreichbar ist, was ein erfülltes Leben bieten kann. Dazu sind die potenziellen Lebensinhalte, die einem kulturell sozialisierten Menschen durch die mögliche Vertiefung und Diversifikation menschlicher Aktivitäten und Erfahrungen offenstehen, einfach zu umfangreich und zu vielfältig. Nur innerhalb einer längeren als der heute üblichen Lebensspanne bestünde daher die Möglichkeit, dieses Potenzial bis zu dem weiter oben beschriebenen Deckel auszuschöpfen.

Besäßen nun Individuen, deren Leben verlängert würde, eine gute Chance, dieses Potenzial tatsächlich in entsprechend größerem Umfang zu verwirklichen und damit ihr Leben insgesamt zu einem erfüllteren Leben zu machen? Zunächst ist festzustellen, dass eine solche Chance in der Tat nur unter der hier angenommenen Voraussetzung bestünde, dass die externen Wohlstandsbedingungen unverändert blieben. Denn eine Vertiefung und Diversifikation von Lebensinhalten jenseits alltäglicher Routinen und unvermeidlicher Zwänge des Broterwerbs ist nur auf der Basis einer ausreichenden ökonomischen Wohlfahrt möglich, die ein ausreichendes Maß an individueller Freizeit einschließt. Ferner setzt die Diversifikation und Vertiefung von Lebensinhalten neben der Fähigkeit zur praktischen Autonomie einer eigenverantwortlichen Lebensführung auch ein ausreichendes Spektrum an Interessen voraus, wie beispielsweise das Interesse, fremde Länder zu bereisen und deren Kulturen kennen zu lernen, oder das Interesse, sich musikalisch, künstlerisch, intellektuell oder sozial zu engagieren. Viele derartige Interessen beruhen allerdings auf Bildungsvoraussetzungen. Daher wäre ein lebenslanges Bildungsangebot, das Anregungen sowohl für mögliche berufliche Neuorientierungen als auch für neuartige kreative Freizeitgestaltungen liefert, ebenfalls erforderlich, um den Betroffenen die Chance zu verschaffen, ihr Leben reichhaltiger und erfüllter zu gestalten. Dennoch würde sich diese Chance vermutlich nicht sämtlichen Betroffenen eröffnen. Eine Minderheit besonders unbegabter oder abgestumpfter Personen dürfte von der möglichen Vertiefung und Diversifikation menschlicher Aktivitäten und Erfahrungen ausgenommen bleiben. Für alle anderen würde jedoch gelten, dass ein substanzieller chronologischer Zugewinn sie befähigen würde, ihr Leben im Ganzen zu einem erfüllteren Dasein zu formen.

b) Wenden wir unseren Blick als nächstes dem *gelingenden Leben* zu. In der Dimension des Gelingens scheint die Optimierbarkeitsbedingung nicht im Falle sämtlicher Betroffenen erfüllt zu sein. Schließlich würden wir auch von einigen Menschen, die heute bereits leben oder die in der Vergangenheit gelebt haben und deren Lebensspanne nicht künstlich verlängert wurde, sagen, ihr Leben sei gemäß den weiter oben aufgestellten Kriterien in hohem Maße gelungen. Die Dauer ihres Lebens spielt für dieses Gelingen zunächst gar keine wesentliche Rolle. Denn die Kunst der richtigen Lebensführung besteht darin, erfolgreich und ohne Ambivalenz solche Ziele zu verfolgen, die im Rahmen einer vorgegebenen bzw. einer *rationalerweise zu erwartenden* Lebensdauer realistischerweise erreichbar sind, und sich dabei denjenigen unerwarteten Glücksmöglichkeiten zu öffnen, die das Leben während dieser gegebenen Zeitspanne bereithält. Somit ist relativ zu *jeder* vorhersehbaren Lebensdauer ein Optimum des Gelingens des Lebensganzen definierbar.

Daraus folgt zunächst, dass nicht für sämtliche möglichen Betroffenen einer radikalen Lebensverlängerung gilt, dass die Qualität ihres Lebensganzen in der Dimension des Gelingens noch wesentlich steigerbar wäre. Was nun jene Teilklasse der Betroffenen angeht, deren Leben im nichtverlängerten Modus tatsächlich bloß suboptimal gelingen würde, so gilt offensichtlich, dass ein Plus an Lebenszeit ihnen nicht per se bereits ein aussichtsreiches Mittel an die Hand gäbe, ein insgesamt gelungeneres Leben zu führen. Denn im Laufe der hinzugewonnenen Jahre könnten im Prinzip genauso wie während der vorangehenden Lebensphase unerreichbare oder ambivalente Zielsetzungen ausgebildet und Glücksmöglichkeiten verpasst werden. Das *relative* Verhältnis von geglückten und verfehlten Anteilen der Lebensführung bliebe daher gegebenenfalls unverändert.

Bestenfalls scheint ein schwacher und indirekter Zusammenhang zwischen einer längeren Lebensspanne und der Chance zu bestehen, ein gelungeneres Leben zu führen. Er ergibt sich daraus, dass Menschen diejenigen Kompetenzen, die unter den Begriff der „Lebensweisheit" fallen, gewöhnlich erst im fortgeschritteneren biographischen Alter ausbilden. Denn diese Kompetenzen verdanken sich einer allmählich gewachsenen Erfahrung sowie einer sukzessive vertieften Selbsterkenntnis. Eine insgesamt längere Lebensspanne würde daher die Gelegenheit bieten, einen längeren Abschnitt des Lebens im Lichte solcher gewachsener Lebensweisheit zu gestalten. Personen, die von diesem längerfristig wirksamen Background biographisch akkumulierter Lebensweisheit profitieren könnten, dürften jedoch eine verbesserte Chance besitzen, über einen längeren *relativen* Zeitraum des Lebens hinweg mehrheitlich solche Ziele zu verfolgen, die sowohl ihrer authentischen Selbstverwirklichung dienlich als auch realistischerweise erreichbar sind. Es lässt sich daher festhalten, dass ein radikal verlängertes Leben zwar nicht sämtliche Betroffenen, aber womöglich dennoch eine beträchtliche Zahl von ihnen zumindest *indirekt* befähigen würde, das Gelingen ihres Lebensganzen zu verbessern. Dies träfe freilich nur unter der Voraussetzung zu, dass ein ausreichendes Niveau an praktischer Autonomie sie in die Lage versetzen würde, Lebenserfahrungen und Selbsterkenntnisprozesse zu entscheidungswirksamer Lebensweisheit zu verarbeiten.

c) Was des weiteren die *Eunarrativität* eines menschlichen Lebensganzen betrifft, so ist davon auszugehen, dass auch in diesem Bereich lebensholistischer Wohlfahrt die Optimierbarkeitsbedingung nicht im Falle sämtlicher Menschen erfüllt wäre, die in den Genuss gesteigerter Langlebigkeit kämen. Denn narrative Vollständigkeit und narrative Kohärenz sowie ein lebensgeschichtlicher Aufwärtstrend des Wohlergehens sind biographische Charakteristika, die auch manches nichtverlängerte Leben bereits in einem Umfang aufweisen dürfte, der keine wesentliche Steigerung mehr zulässt. Welche Optimierungsmöglichkeiten würden sich jedoch für diejenigen Individuen ergeben, die dieses Maximum im Rahmen einer natürlichen Lebensdauer nicht erreichen?

Zunächst scheint für diese Personen zu gelten, dass die Vollendung längerfristiger Lebensprojekte und damit die *narrative Vollständigkeit* ihres Lebens durch ein bloßes chronologisches Surplus nicht zwangsläufig stärker gefördert würde. Wer etwa bei normaler Lebensdauer die geplante Weltreise im Ruhestand, für die er über Jahre hinweg sein Einkommen gespart hat, aufgrund einer unvorhergesehenen Erkrankung doch nicht mehr antreten kann, wäre nicht dagegen gefeit, dass ihm bei verdoppelter Lebensspanne im proportional höheren Rentenalter ein analoges Schicksal widerfährt.

Bei der *Verlaufsform der innerlebensgeschichtlichen Wohlfahrtskurve* ergibt sich ein gespaltenes Bild: Einerseits ist kein Grund erkennbar, warum ein verlängertes Leben die spezifische Chance bieten sollte, einen lebensgeschichtlichen Aufwärtstrend im Bereich des eigenen Wohlergehens dem *Grad* des Anstiegs nach weiter zu steigern. Zwar steht zu vermuten, dass äußere Wohlfahrtsgüter in der Zukunft aufgrund des andauernden technologischen Fortschritts in immer reichhaltigerem Umfang zur Verfügung stehen werden. Somit dürften Individuen, deren Leben verlängert würde, im fortgeschritteneren Alter durchschnittlich einen höheren Wohlstand genießen als ohne eine Ausdehnung ihrer Lebensspanne. Ein insgesamt steilerer Aufwärtstrend der lebensgeschichtlichen Wohlfahrtskurve käme jedoch nur unter der unwahrscheinlichen Bedingung zustande, dass erstens der äußere Wohlstand *exponentiell* anwüchse und dass zweitens mit diesem Zuwachs auch eine entsprechende Steigerung des tatsächlichen Wohl*ergehens* korreliert wäre. Auf der anderen Seite ist allerdings zu bedenken, dass die Möglichkeit, längerfristig an einem generellen Aufwärtstrend der ökonomischen Wohlfahrt zu partizipieren, die Chance erhöht, einen vorübergehenden Abwärtstrend der innerlebensgeschichtlichen Wohlfahrt *in the long run* umzukehren. Auch eine entsprechende Trendumkehr, die auf der Korrektur eigener Fehlentscheidungen bei der Lebensgestaltung beruht, wäre im Falle einer längeren Lebensdauer unter Umständen eher möglich. Insofern böte ein Zugewinn an Lebensjahren *einigen* Betroffenen vermutlich eine gewisse Chance, die biographische Verlaufsform ihrer innerlebensgeschichtlichen Wohlfahrtskurve zu verbessern.

Was hingegen die *narrative Kohärenz* eines menschlichen Lebens betrifft, so dürfte diese Kohärenz durch eine künstliche Ausdehnung der Lebensspanne kaum gefördert werden. Im Gegenteil ist damit zu rechnen, dass ein sehr viel längeres Leben tendenziell einem stärkeren Wandel von Lebensstil und Charakter Vorschub leisten würde. Die Folge wäre eine Verringerung der narrativen Kohärenz. Natürlich ist es schwierig, diese gegenläufigen Effekte, die im Falle hinzugewonnener Lebenszeit im Bereich der *Eunarrativität* zu erwarten wären, gegeneinander abzuwägen. Dennoch lässt sich unter dem Strich wohl festhalten, dass eine Ausdehnung der Lebensspanne den Betroffenen zumindest keine eindeutige Chance bieten würde, ein Leben zu führen, dessen narrative Wohlgeratenheit insgesamt in signifikantem Maße gesteigert wäre.

d) Betrachten wir abschließend noch die Dimension des *glücklichen Lebens*. Zunächst scheint klar, dass in diesem Bereich lebensholistischer Wohlfahrt die *Optimierbarkeitsbedingung* im Falle der allermeisten Menschen erfüllt sein dürfte. Denn die wenigsten Personen hätten wohl Grund, den Verlauf ihres nicht-verlängerten Lebens als derart *günstig* zu beurteilen, dass für sie, gemessen an ihren realistischen Möglichkeiten, weder im Bereich der innerlebensgeschichtlichen Wohlfahrt noch in den lebensholistischen Wohlfahrtsdimensionen der Erfülltheit, des Gelingens und der Eunarrativiät eine weitere Verbesserung denkbar wäre. Insofern existierte auf der Seite der *objektiven* Teilkriterien für ein glückliches Leben – sowie auch auf der Seite der korrespondierenden subjektiven Zufriedenheit – in jedem Fall ein Potenzial für Verbesserungen.

Wäre nun jedoch ein chronologischer Zugewinn dieser möglichen Steigerung des Lebensglücks systematisch förderlich? Um eine gute Chance für ein glücklicheres Leben zu bieten, müsste eine Ausweitung der zur Verfügung stehenden Zeitspanne die Chance eröffnen, dass erstens das eigene Leben *relativ* zu den eigenen realistischen Möglichkeiten objektiv *günstiger* verläuft und dass sich zweitens dieser günstigere Verlauf in einer wiederholten *subjektiven* Beurteilung und stimmungsmäßigen Bewertung widerspiegelt. Nun haben wir zwar gesehen, dass ein verlängertes Leben die Betroffenen in die Lage versetzen würde, eine *verbesserte innerlebensgeschichtliche Wohlfahrtsbilanz* zu erzielen, das Leben *erfüllter* zu gestalten, sowie gegebenenfalls auch ein *gelungeneres* Leben zu führen. Jedoch würden sich diese positiven Aussichten einem Eingriff in jene biologischen Rahmenbedingungen verdanken, die die *zu erwartende Lebensspanne* festlegen. Daher würde zugleich der Standard dafür verschoben, was in den Bereichen der innerlebensgeschichtlichen Wohlfahrt, der Erfülltheit und des Gelingens für die jeweiligen Individuen als *realistische Möglichkeit* zählt. Denn wie bereits an früherer Stelle hervorgehoben wurde, hängt dieser Standard unter anderem von der Lebenserwartung einer Person ab.

Aus diesem Grund wäre es begrifflich verfehlt, den Verlauf eines verlängerten Lebens, das insgesamt einen höheren Grad an Erfülltheit aufweisen oder mehr innerlebensgeschichtliche Wohlfahrtsgüter beinhalten würde, als objektiv günstiger zu charakterisieren als den Verlauf eines nichtverlängerten Lebens, in dem in diesen eudaimonistischen Bereichen derselbe *relative* Anteil des jeweils Möglichen auf einem *absolut gesehen niedrigeren* Niveau ausgeschöpft wird. Es gibt jedoch auch keinen Anhaltspunkt für die Annahme, dass ein verlängertes Leben die Chance böte, die durch den Zugewinn an Lebenszeit verbesserten Möglichkeiten *relativ* zu dem veränderten möglichen Optimum *umfassender* auszuschöpfen. Aus all dem lässt sich folgern, dass ein radikal verlängertes Leben *keine* spezifischen Aussichten eröffnen würde, dass das Leben insgesamt günstiger verläuft. Somit würde es auch *keine* signifikante Chance bieten, ein *glücklicheres* Leben zu führen, das in einer gesteigerten subjektiven Zufriedenheit über einen solchen objektiv günstigeren Lebensverlauf bestünde.

Fasst man die empirischen Plausibilitätserwägungen des vorliegenden Abschnitts zusammen, ergibt sich ein differenziertes Gesamtbild. Unter gleichbleibenden Wohlstands- und Autonomiebedingungen sowie unter der Voraussetzung lebensbegleitender Bildungsangebote würde ein verlängertes Leben einerseits viele der Betroffenen in zweierlei Hinsicht bezüglich ihrer lebensholistischen Wohlfahrt bevorteilen. Erstens würde es ihnen gute Aussichten eröffnen, ihr Leben *erfüllter* zu gestalten. Darüber hinaus würde es sie zweitens auch indirekt befähigen, ein insgesamt *gelungeneres* Leben zu führen.

Auf der anderen Seite könnten Individuen, denen mehr Lebenszeit zur Verfügung stünde, mit Blick auf zwei weitere Dimensionen lebensholistischer Wohlfahrt nicht maßgeblich profitieren. Weder würde ihnen eine spezifische Chance zuteil, ein *narrativ wohlgerateneres Leben* zu führen, noch erhielten sie eine nennenswerte Chance, ein im Ganzen *glücklicheres Leben* zu leben.

3.5 Schlussbetrachtungen

3.5.1 Ein differenziertes, für Ergänzungen offenes Gesamtresultat

Unser übergeordnetes Ziel in diesem Kapitel bestand darin, die Frage zu beantworten, ob ein radikal verlängertes Leben im objektiven Interesse derjenigen Individuen läge, deren Existenz eine temporale Ausdehnung erführe. Diese Antwort erforderte deshalb eine ausführlichere Untersuchung, weil ein verlängertes Leben grundsätzlich in zwei unterschiedlichen Hinsichten im objektiven

Interesse einer Person liegen könnte. Zum einen könnte ein Surplus an Lebenszeit einen Vorteil in Sachen *innerlebensgeschichtlicher* Wohlfahrt bedeuten. Zum anderen könnten hinzugewonnene Jahre aber auch Verbesserungschancen hinsichtlich der eudaimonistischen Qualität des *Lebensganzen* mit sich bringen.

Wie wir gesehen haben, sind Besserstellungen im Bereich der innerlebensgeschichtlichen Wohlfahrt und Besserstellungen im Bereich der lebensholistischen Wohlfahrt begrifflich voneinander unabhängig. Dem wurde im vorangehenden Text dadurch Rechnung getragen, dass für diese unterschiedlichen Aspekte des menschlichen Wohlergehens getrennte Überlegungen angestellt wurden. In den vorangehenden beiden Abschnitten wurden diese separaten Erörterungen jeweils noch einmal in mehrere Teilüberlegungen zergliedert, welche sich auf die verschiedenen Sektoren innerlebensgeschichtlicher Wohlfahrt sowie auf die verschiedenen Dimensionen lebensholistischer Wohlfahrt bezogen.

Die Ergebnisse dieser Betrachtungen fügen sich zu einem differenzierten Bild zusammen. Mit Blick auf die *innerlebensgeschichtliche* Wohlfahrt ist zunächst zwar hervorzuheben, dass ein verlängertes Leben in diesem Bereich keinen definitiven Wohlfahrtsgewinn *garantieren* könnte. Dennoch erscheint die empirische Annahme plausibel, dass ein Zugewinn an Lebenszeit unter geeigneten Rahmenbedingungen zumindest eine *gute Chance* böte, eine Besserstellung zu erzielen. Diese generelle Einschätzung lässt sich stichprobenartig anhand der verschiedenen Sektoren innerlebensgeschichtlicher Wohlfahrt belegen, die in Abschnitt 3.3.4 unter diesem Gesichtspunkt in den Blick genommen wurden.

Was die eudaimonistische Qualität des *Lebensganzen* betrifft, so fällt das Resultat unserer empirischen Prognose weniger homogen aus. Eine wirklich *gute* Aussicht auf eine *signifikante* Besserstellung bestünde nur in einer einzigen Dimension lebensholistischer Wohlfahrt. Menschen, deren Dasein zeitlich großzügiger bemessen wäre, hätten unter geeigneten Rahmenbedingungen eine gute Chance, ihr Leben insgesamt *erfüllter* zu gestalten. Anders verhält es sich jedoch beispielsweise in der Dimension des Lebens*glücks*, bei der es sich ebenfalls um eine zentrale Dimension lebensholistischer Wohlfahrt handelt. In diesem Bereich ließe eine längerfristige Existenz keine nennenswerte Besserstellung erwarten.

Dieses differenzierte Gesamtbild liefert eine zweiteilige Antwort auf unsere Ausgangsfrage: In *einer* wesentlichen Hinsicht, so lautet der erste Teil der Antwort, läge ein radikal verlängertes

Leben klarerweise *im objektiven Interesse* der Betroffenen. Individuen, deren Lebensspanne eine Ausdehnung erführe, erhielten eine gute Chance, ihre *innerlebensgeschichtliche* Wohlfahrtsbilanz zu verbessern. In einer *weiteren* wesentlichen Hinsicht, so lautet der zweite Teil der Antwort, läge ein radikal verlängertes Leben *ebenfalls im objektiven Interesse* der Betroffenen. Denn ein solcher chronologischer Zugewinn würde ihnen zusätzlich die Chance bieten, die Qualität ihres *Lebensganzen* zu steigern, indem er sie etwa zu einem erfüllteren Leben befähigen würde. Diesem zweiten Teil der Antwort ist allerdings einschränkend hinzuzufügen, dass in wichtigen anderen Dimensionen eines guten Lebensganzen durch den künstlichen Aufschub von Alter und Tod keine signifikante Besserstellung zu erwarten wäre. Insbesondere zählt dazu die Dimension des Lebensglücks, die für unser Urteil über die eudaimonistische Qualität eines Lebensganzen fraglos von zentraler Bedeutung ist.

Wie ist nun dieses zweiteilige Ergebnis in seiner Gesamtheit zu bewerten? Zunächst ist hervorzuheben, dass wir bei sämtlichen vorangehenden Überlegungen eine wichtige Frage offengelassen haben: die Frage nämlich, welches jeweilige Gewicht den hier unterschiedenen Formen eines möglichen Wohlfahrtsgewinns im Verhältnis zueinander zukommt. Ist beispielsweise ein *lebensholistischer* Wohlfahrtsgewinn als bedeutsamer einzustufen und liegt dementsprechend stärker im objektiven Interesse einer Person als ein Plus im Bereich der *innerlebensgeschichtlichen* Wohlfahrt? Und wie sind die Verhältnisse *innerhalb* des Bereichs der lebensholistischen Wohlfahrt gelagert? Muss z. B. einer Steigerung des situationsübergreifenden *Lebensglücks* ein größeres Gewicht zuerkannt werden als einer Qualitätsverbesserung des Lebensganzen in der Dimension der *Erfülltheit*? Auf diese schwierigen Probleme, die in den Gegenstandsbereich einer umfassenderen ethischen Theorie des guten Lebens fallen, können wir im Rahmen der vorliegenden Untersuchung nicht mehr näher eingehen.

Trotz dieser Lücke in unseren Überlegungen lässt sich allerdings die folgende Behauptung aufstellen: Aufgrund der Tatsache, dass Individuen durch mehr Lebenszeit in mindestens *einer* wesentlichen Hinsicht auch bezüglich der Qualität ihres *Lebensganzen* bevorteilt würden, liegt eine radikale Lebensverlängerung stärker in ihrem Interesse als es der Fall wäre, wenn sie dadurch lediglich die Chance erhielten, ihre *innerlebensgeschichtliche* Wohlfahrtsbilanz zu verbessern. Die zusätzliche Aussicht auf diesen lebensholistischen Wohlfahrtsgewinn verstärkt dementsprechend den prudentiellen Grund, der dafür spricht, eine Ausdehnung der eigenen Lebensspanne für wünschenswert zu halten und gegebenenfalls praktisch anzustreben. Insofern liefert jener Teil der Antwort auf unsere Ausgangsfrage, der die positiven Auswirkungen beschreibt, die eine gesteigerte Lebenserwartung auf die *lebensholistischen* Wohlfahrtschancen einer Person hätte, auch dann ein relevantes Ergebnis, wenn dessen relatives Gewicht vorerst unbestimmt bleibt.

Ebenso von Bedeutung ist jedoch auf der anderen Seite auch die Einschränkung, mit der dieser zweite Teil der Antwort versehen ist: die Erkenntnis nämlich, dass ein Zugewinn an Lebenszeit uns zwar in bestimmten Hinsichten befähigen würde, die Qualität unseres Lebensganzen zu verbessern, aber nicht in der *wesentlichen* Hinsicht, dass uns eine nennenswerte Chance zuteil würde, ein *glücklicheres* Leben zu führen. Diese Einschränkung schmälert die Tragweite der generellen Schlussfolgerung, dass eine dauerhaftere Existenz uns *auch* hinsichtlich der eudaimonistischen Qualität unseres *Lebensganzen* Vorteile brächte. Denn den denkbar stärksten prudentiellen Grund, eine Überwindung der biologisch vorgegebenen Befristung unseres Daseins für wünschenswert zu halten, besäßen wir vermutlich dann, wenn wir auf diese Weise in die Lage versetzt würden, unser Lebensglück zu steigern. Dementsprechend verringert umgekehrt die Einsicht, dass eben dies kaum zu erwarten wäre, das prudentielle Gewicht jenes objektiven Interesses, das wir gemäß den vorangehenden Analysen an einer entsprechenden Modifikation unserer gegenwärtigen *conditio humana* gleichwohl haben.

Schließlich seien an dieser Stelle noch einmal zwei allgemeine Vorbehalte in Erinnerung gerufen, die für sämtliche Ergebnisse unserer in diesem Kapitel angestellten Überlegungen gelten. Zum einen gingen diese jeweils von der hypothetischen Prämisse aus, dass zu den empirischen Rahmenbedingungen eines verlängerten Lebens ein unveränderter externer Wohlstand gehört sowie eine ungeschmälerte Entscheidungsfreiheit und Bildung, die die praktische Autonomie einer eigenverantwortlichen Lebensführung ermöglicht. Würde man stattdessen alternative empirische Rahmenbedingungen zugrunde legen, würde man womöglich zu ganz anderen Resultaten gelangen. Käme es zum Beispiel im Falle einer Ausdehnung der durchschnittlichen menschlichen Lebensspanne zu erheblichen Wohlstandseinbußen, könnte die Schlussfolgerung lauten, dass ein verlängertes Leben *nicht* im objektiven Interesse der Betroffenen läge. Im Rahmen einer ausführlicheren Debatte über die Wünschbarkeit seneszenzverlangsamender Technologien wäre es daher geboten, die voraussichtlichen Auswirkungen, die eine generalisierte Lebensverlängerung auf die Wohlstandsbedingungen unserer Gesellschaft hätte, einer fundierteren Analyse zu unterziehen, als dies hier geschehen konnte.

Der zweite systematische Vorbehalt, der für die Resultate der vorangehenden Erörterungen gilt und der bereits in Abschnitt 3.4.1 artikuliert wurde, sei hier ebenfalls noch einmal erwähnt. Er ergibt sich aus der Annahme, dass die begrifflichen Prämissen und konzeptuellen Normen, die bei der Beurteilung von Lebensqualität zum Einsatz kommen, nicht auf absolut verbindlichen grammatischen Grundlagen fußen, wie sie ein definitiv etablierter Sprachgebrauch zur Verfügung stellen würde. Dieser Betrachtungsweise zufolge mag es zu den hier vorgeschlagenen Explikationen der Common-Sense-Begriffe des *erfüllten*, des *gelungenen* und des *glücklichen Lebens* Alternativen geben, bei deren Zugrundelegung man womöglich andere Antworten auf die Frage erhielte, ob ein Zugewinn an Lebensjahren uns zu einem erfüllteren, gelungeneren oder glücklicheren Leben befähigen würde. Analoges gilt erst recht für den nicht in der alltäglichen Urteilspraxis vorfindbaren, sondern eher im Zuge philosophischer Theoriebildung konstruierten Begriff des *eunarrativen Lebens*.

Eine ähnliche begriffliche Unbestimmtheit und grammatische Offenheit zählt offenbar darüber hinaus zu den Charakteristika des *allgemeineren* Konzepts eines *im Ganzen guten Lebens*. Dieses Konzept ist zumindest teilweise ebenfalls ein theoretisch konstruierter Begriff. Seine Verwendung kann sich folglich nicht auf begriffliche Normen stützen, die unzweideutig einer normalsprachlichen Urteilspraxis entspringen. Somit schließt der Gebrauch, den wir hier von diesem Konzept gemacht haben, keineswegs ein mögliches erweitertes Begriffsverständnis aus, dem zufolge sich die kriteriale Basis für die Rede von einem im Ganzen guten Leben nicht allein in den evaluativen Paradigmen der Erfülltheit, des Gelingens, der narrativen Wohlgeratenheit und des Glücks erschöpft. So könnte man sich etwa auf den Standpunkt stellen, ein Leben, in dessen Verlauf sich eine Fülle genussvoller Erlebnisse und Präferenzerfüllungen akkumuliere, weise im Vergleich zu einem Leben, das weitgehend von Askese und Verzicht geprägt sei, nicht nur eine sehr viel bessere *innerlebensgeschichtliche Wohlfahrtsbilanz* auf, sondern lasse sich *aufgrund* dieser erheblich besseren Wohlfahrtsbilanz auch als ein *im Ganzen besseres Leben* charakterisieren.

Gemäß dieser Betrachtungsweise wäre ein ausreichend signifikanter Zuwachs an innerlebensgeschichtlicher Wohlfahrt neben gesteigerter Erfülltheit, gesteigertem Gelingen, gesteigerter Eunarrativität und gesteigertem Glück ein weiteres Kriterium für eine lebensholistische Besserstellung. Zwar wäre dadurch nicht die Gültigkeit des weiter oben verteidigten Prinzips in Frage gestellt, wonach ein innerlebensgeschichtlicher Wohlfahrtsgewinn für ein besseres Lebensganzes nicht automatisch eine hinreichende Bedingung ist. Denn nach wie vor träfe zu, dass durch eine zusätzliche Tasse Kaffee oder durch ein erneutes Abendessen in demselben Gourmetrestaurant unser Leben als Ganzes nicht bereits an Qualität gewänne. Anders verhielte es sich jedoch bei einer *Vielzahl* hinzukommender Tassen Kaffee oder Restaurantbesuche. Sofern durch eine größere Menge solcher genussvoller Erlebnisse die innerlebensgeschichtliche Wohlfahrt in wirklich erheblichem Umfang gesteigert würde, könnte das Leben aufgrund dieses nichtmarginalen Wohlfahrtsgewinns auch als Ganzes betrachtet als ein besseres Leben gelten.

Diese mögliche Sichtweise, die die Liste der Kriterien für ein gutes Lebensganzes um ein zusätzliches Kriterium anreichert, gäbe uns zugleich einen zusätzlichen Grund für die Schlussfolgerung an die Hand, dass ein radikal verlängertes Leben den Betroffenen eine gute Chance böte, ihre lebensholistische Wohlfahrt zu steigern. Denn die innerlebensgeschichtlichen Wohlfahrtsgewinne, zu denen eine signifikant verlängerte Lebensspanne Gelegenheit gäbe, wären gegebenenfalls ausreichend üppig, um die Erfüllung dieses zusätzlichen Kriteriums zu gewährleisten.

Wie bereits betont wurde, ergibt sich aus den unterstellten begrifflichen Spielräumen, denen sich die Möglichkeit dieser ergänzenden Überlegung verdankt, eine wichtige Konsequenz: Die Antwort auf unsere Ausgangsfrage, ob und in welchem Umfang ein verlängertes Leben im objektiven Interesse der Betroffenen läge, vermag sich nicht allein auf begriffliche Einsichten sowie auf mehr oder weniger gut begründete empirische Prognosen zu stützen. Vielmehr hängt sie unweigerlich auch von *begrifflichen Entscheidungen* ab, die wir bis zu einem gewissen Grade frei von Restriktionen fällen können, da uns für ihre Richtung kein verbindlicher grammatischer Rahmen vorgegeben ist. Die Erwartung, es ließe sich durch eine hinreichend genaue *objektive* Untersuchung herausfinden, wie die einzig mögliche korrekte Antwort lautet, wäre daher ein Stück weit eine Illusion.

3.5.2 Läge ein möglichst langfristiges Fortleben im Interesse der Betroffenen?

Um unsere Reflexionen zum Thema Lebensverlängerung zu vervollständigen, soll abschließend noch ein Punkt zur Sprache kommen, der bereits zu Beginn dieses Kapitels Erwähnung fand. Unter einer „radikalen" Verlängerung des menschlichen Lebens verstehen wir im Rahmen der vorliegenden begrifflichen und empirischen Erörterungen eine künstliche Ausdehnung der Lebensspanne, durch die Menschen ein Alter erreichen, das jenseits des heute möglichen Maximalalters von ca. 120 Jahren liegt. Gegenstand unserer bisherigen Untersuchung war die Frage, ob eine Steigerung der Lebensdauer *über* dieses Limit von 120 Jahren *hinaus* wünschenswert wäre. Wie in Abschnitt 2.6.1 hervorgehoben wurde, ist diese Frage von der Frage zu unterscheiden, ob eine *möglichst langfristige* Ausdehnung der menschlichen Lebensspanne erstrebenswert wäre. Auf diese zweite Frage, deren Beantwortung noch aussteht, wollen wir nun zurückkommen.

In den Abschnitten 3.3 und 3.4 wurde darauf verzichtet, genauer zu spezifizieren, wie viele Jahrzehnte dem Leben derjenigen Individuen hinzugefügt würden, deren objektives Interesse Gegenstand der dort angestellten Überlegungen war. Offenbar sind jedoch unsere bisherigen Plausibilitätserwägungen dann zutreffend, wenn man von dem Szenario einer maßvollen Ausweitung der menschlichen Lebensspanne ausgeht, die beispielsweise ein neues Höchstalter von 140 oder 150 Jahren ermöglicht. Ein Zugewinn an Lebensjahren, der innerhalb dieses zeitlichen Rahmens bliebe, läge sowohl unter dem Gesichtspunkt der innerlebensgeschichtlichen Wohlfahrt als auch unter dem Gesichtspunkt der lebensholistischen Wohlfahrt im objektiven Interesse der allermeisten Betroffenen, sofern die weiter oben vorausgesetzten sozialen und ökonomischen Rahmenbedingungen erfüllt wären.

Daraus folgt jedoch nicht, dass Menschen, deren Lebenserwartung bereits 140 oder 150 Jahre beträgt, auch Grund hätten, jede *weitere* zeitliche Ausdehnung ihres Lebens, die in Zukunft technisch möglich werden könnte, für wünschenswert zu halten. Oder anders ausgedrückt: Es folgt nicht, dass eine *möglichst langfristige* Existenz in ihrem objektiven Interesse läge. Zwar haben wir gesehen, dass beispielsweise in den eudaimonistischen Bereichen der Präferenzerfüllung oder der hedonistischen Erfüllung der Umfang des innerlebensgeschichtlichen Wohlfahrtsgewinns, der durch ei-

nen Aufschub des Todes erzielbar ist, von der Zahl der hinzuge-
wonnen Lebensjahre abhängt. Dennoch ist nicht ausgemacht, dass
ein immer weiterer Zugewinn an Lebenszeit uns in immer umfang-
reicherem Maße bevorteilen würde.

Zu einer skeptischen Haltung in dieser Frage mag man sich beispielsweise durch die Auffassung einiger existenzialistisch orien-
tierter Autoren veranlasst sehen. Dieser Auffassung zufolge käme
ein zeitlich unbefristetes Dasein einem gravierenden Übel gleich,
da es zwangsläufig sinnentleert, frei von jeglichem Ernst oder un-
erträglich langweilig wäre.[78] Zwar könnte man meinen, dass, sofern
diese Philosophen Recht hätten, das Streben nach radikaler Lebensverlängerung von diesem Problem nicht wirklich betroffen wäre.
Denn wie wir in Abschnitt 2.6.1 hervorgehoben haben, ist das Ziel
dieser Bestrebungen ja stets eine Ausweitung der *endlichen* Zeitspanne, die uns die Natur zur Verfügung gestellt hat, und nicht die
Schaffung eines irdischen Äquivalents zum „ewigen Leben". Diese
Überlegung greift jedoch zu kurz. Denn es wäre im Prinzip denkbar, dass eine unendliche Fortexistenz deshalb einem Übel gleich-
käme, weil die prognostizierten Erfahrungen der Langeweile und
des Sinnverlusts bereits in einem erheblich verlängerten *endlichen*
Leben auftreten und daher einem völlig unbefristeten Dasein lediglich *a forteriori* einen unheilvollen Charakter verleihen würden. In
diesem Fall wäre das Problem für unsere Frage, ob ein immer längeres Leben uns in eudaimonistischer Hinsicht in immer größerem
Umfang bevorteilen würde, durchaus von Belang. Träte nach 200
Jahren zwangsläufig eine völlige Sinnleere oder Langeweile ein, ergäbe sich dadurch fraglos ein Verlust an innerlebensgeschichtlicher
Wohlfahrt, der die meisten anderweitigen Wohlfahrtsgewinne auf-
wiegen dürfte, zu denen ein verlängertes Leben verhelfen würde.

Andererseits mag man vermuten, dass eine solche Prognose
nur auf jene Menschen zuträfe, die bereits im Rahmen der heute
üblichen Lebensdauer dazu neigen, sich zu langweilen. Oder, um
eine pointierte Formulierung von John Harris wiederzugeben:
„(...) only the terminally boring are in danger of being terminally
bored."[79] Strittig erscheint auf jeden Fall, ob die befürchtete Langeweile tatsächlich automatisch einträte.[80] Statt diesem Problem
weiter nachzugehen[81], soll jedoch im folgenden die Frage, ob es
für den Zugewinn an Lebenszeit ein Limit gibt, jenseits dessen ein
weiterer Aufschub des Todes für uns in eudaimonistischer Hinsicht nicht mehr von Interesse wäre, unter einem prinzipielleren
Gesichtspunkt erörtert werden. Diese Frage führt uns nämlich zu

dem bereits diskutierten Problem zurück, ob es für die mögliche Steigerung der innerlebensgeschichtlichen und lebensholistischen Wohlfahrt, zu der ein längeres Leben Gelegenheit böte, eine systematische Obergrenze gibt.

Betrachten wir, um diesen Zusammenhang zu verdeutlichen, zunächst den Modus der *lebensholistischen* Wohlfahrt. In diesem Bereich genügt es, den Blick auf die spezifische Dimension der *Erfülltheit* zu richten. Denn sie ist nach unseren vorangehenden Analysen die einzige Dimension lebensholistischer Wohlfahrt, in der überhaupt eine direkte Korrelation zwischen einer längeren Lebensspanne und einer wirklich guten Chance besteht, eine signifikante Besserstellung zu erreichen. Diese Korrelation wirft die Frage auf, ob wir durch ein *immer längeres* Leben auch die Chance erhielten, ein *immer erfüllteres* Leben zu führen. Aus unseren Überlegungen in Abschnitt 3.4.3 geht hervor, dass dies nicht der Fall sein kann. Denn das erfüllte Leben stellt – ebenso wie das gelingende, das eunarrative und das glückliche Leben – ein *gedeckeltes* Prinzip dar. Es existiert eine begriffliche Grenze, jenseits deren ein menschliches Leben nicht mehr wesentlich erfüllter zu werden vermag, da die mögliche Diversifikation und Vertiefung qualitativ verschiedenartiger Erfahrungen und Aktivitäten bereits einen Grad erreicht hat, der keine substanzielle Steigerung mehr zulässt. Auch wenn nun dieses Limit innerhalb einer menschlichen Lebensspanne von heute üblicher Dauer nicht erreichbar ist, da keine Möglichkeit besteht, das vielfältige Diversifikations- und Vertiefungspotenzial, das Menschen in ihrer Eigenschaft als kulturell geformte Wesen besitzen, innerhalb dieses begrenzten Zeitrahmens vollständig auszuschöpfen, gibt es daher auf jeden Fall eine *endliche* Lebensdauer x, die ausreicht, um ein maximal erfülltes menschliches Leben zu führen. Zwar soll hier nicht darüber spekuliert werden, welcher ungefähre Wert dabei für x einzusetzen ist. Gleichwohl zeigt die prinzipielle Überlegung, dass eine *möglichst langfristige* Ausdehnung der Lebensspanne jedenfalls nicht *aus dem Grunde* im objektiven Interesse der Betroffenen liegen kann, dass diese hinsichtlich der eudaimonistischen Qualität ihres *Lebensganzen* durch immer mehr verfügbare Lebenszeit immer stärker bevorteilt würden.

Werfen wir nun noch einen Blick auf den Bereich der *innerlebensgeschichtlichen* Wohlfahrt, in welchem ein chronologischer Zugewinn ebenfalls Steigerungsmöglichkeiten eröffnen würde, und überlegen wir, ob die Verhältnisse dort anders gelagert sind. Wie in Abschnitt 3.4.3 dargelegt wurde, handelt es sich bei der Maximierung innerlebensgeschichtlicher Wohlfahrt grundsätzlich um ein *offenes* und nicht um ein gedecktes Prinzip. Jedenfalls ist kein allgemeiner Grund erkennbar, warum für die immer weitere Verbesserung einer innerlebensgeschichtlichen Wohlfahrtsbilanz, die durch die Hinzufügung immer neuer positiver Lebensinhalte erfolgt – welche die ebenfalls hinzugefügten negativen Lebensinhalte jeweils an Wert überwiegen –, irgendein begriffliches Limit gelten sollte. Allerdings berechtigt das Zutreffen dieser abstrakten Überlegung nicht zu der Schlussfolgerung, dass ebenso wenig eine systematische Obergrenze für eine Maximierung der innerlebensgeschichtlichen Wohlfahrt *entlang der Zeitachse* existiert. Bei einer Wohlfahrtsmaximierung entlang der Zeitachse werden die zusätzlichen positiven Lebensinhalte den bisherigen Lebensgütern in temporaler Sukzession hinzugefügt. Mit einer solchen *diachronen* Form der Wohlfahrtsmaximierung hätte man es nicht nur *de facto* im Falle einer Ausweitung der Lebensspanne zu tun. Vielmehr stellt sie ab einem bestimmten bereits erreichten Wohlfahrtslevel für menschliche Wesen auch die einzige *mögliche* Form der weiteren Steigerung ihrer innerlebensgeschichtlichen Wohlfahrt dar. Denn eine jeweilige Lebenssituation kann *simultan* immer bloß eine *begrenzte* Menge intrinsisch positiver und negativer Elemente beinhalten.

Dies führt uns zu der Frage, ob es für diese *diachrone* Form der innerlebensgeschichtlichen Wohlfahrtsmaximierung ebenfalls ein systematisches Limit gibt. Es lässt sich zumindest *eine* Bedingung nennen, unter der dies der Fall wäre: Nämlich dann, wenn für die *diachrone Identität* der Person, deren jeweilige Wohlfahrt zur Debatte steht, ein temporales Limit gelten würde. Denn es ist diese diachrone personale Identität, die die verschiedenen, zeitlich auseinanderliegenden positiven und negativen Lebensinhalte zur Einheit *einer* innerlebensgeschichtlichen Wohlfahrt bündelt. Ließen sich beispielsweise bestimmte genussreiche Aktivitäten und Erfahrungen, die zweihundert Jahre später stattfinden als bestimmte vorangehende Aktivitäten und Erfahrungen, nicht mehr adäquaterweise als Inhalte des Lebens *derselben Person* beschreiben, wäre es auch nicht mehr möglich, diese späteren Lebensinhalte als Wohlfahrtsfaktoren zu betrachten, die Eingang in *dieselbe* innerlebensgeschichtliche Wohlfahrtsbilanz finden wie die früheren Lebensinhalte.

Aus dieser Überlegung folgt, dass Individuen durch eine immer weitere Fortsetzung ihres Lebens nur solange in immer größerem Umfang hinsichtlich ihrer innerlebensgeschichtlichen Wohlfahrt bevorteilt werden können, solange dabei ihre diachrone personale Identität erhalten bleibt. Dieselbe Einschränkung gilt natürlich – zusätzlich zu den zuvor erörterten begrifflichen Restriktionen – auch für mögliche *lebensholistische* Wohlfahrtsgewinne. Dementsprechend kann eine fortschreitende Verlängerung des Lebens in jedem Fall nur *solange* im *objektiven Interesse* der betroffenen Personen liegen, solange dieser Prozess die Grenzen der diachronen personalen Identität nicht transzendiert.

Soll eine definitive Antwort auf die Frage gegeben werden, ob man nicht nur ein über 120 Jahre hinausgehendes, sondern auch ein möglichst langfristiges Fortleben für wünschenswert halten sollte, gilt es daher zu klären, ob es für diachrone personale Identität ein temporales Limit gibt. Auf diese strittige Frage kann im Rahmen dieses Buches nicht mehr genauer eingegangen werden. Um ihre Relevanz zu illustrieren, sei hier lediglich noch einmal auf die auf John Locke zurückgehende und bereits in Kapitel 1 erwähnte These verwiesen, die diachrone Identität einer Person erstrecke sich nur so weit wie diejenige psychologische Verknüpfung, die durch deren Erinnerung gestiftet wird. Würden Personen, die über viele Jahrhunderte hinweg existieren, am Ende ihres Lebens kaum noch über Erinnerungen an ihre frühen Jahre verfügen, ginge nach diesem Kriterium bei einer allzu radikalen Lebensverlängerung die diachrone personale Identität verloren. Walter Glannon, der sich eine Version dieser Betrachtungsweise zu eigen macht, sieht durch sie die Behauptung gerechtfertigt, eine signifikante Ausdehnung der menschlichen Lebensspanne stelle kein wünschenswertes Ziel dar.[82] Diese Behauptung geht sicherlich zu weit. Denn auch Menschen, die 150 Jahre leben, dürften sich zumindest noch ähnlich bruchstückhaft an ihre früheren Lebensstadien erinnern können wie heutige Achtzig- oder Hundertjährige. In jedem Fall folgt jedoch aus dem fraglichen Identitätskriterium, dass durch ein Aufschieben des Todes nur solange ein innerlebensgeschichtlicher Wohlfahrtsgewinn zustande kommen könnte, wie innerhalb des verlängerten Lebens eine Fortdauer der Lebenserinnerungen gewahrt bliebe. Wie wir in Kapitel 1 gesehen haben, ist allerdings das Erinnerungskriterium für personale Identität gravierenden Einwänden ausgesetzt.[83] Viele zeitgenössische Philosophen vertreten daher alternative Kriterien, die entweder der leiblichen Kontinuität einer Person eine wesentliche Bedeutung beimessen oder auf Formen der psychischen Kontinuität Bezug nehmen, die keine übergreifende diachrone Erinnerung voraussetzen.[84]

Wir gelangen also zu folgendem Ergebnis: Obgleich eine radikale Lebensverlängerung, die über das bisherige biologische Maximum von 120 Jahren hinausgeht, durchaus im objektiven Interesse der meisten Menschen läge, wäre ein *möglichst langfristiges* Fortleben in *einer* zentralen Hinsicht *nicht* in ihrem Interesse: Es ist nicht der Fall, dass diese durch immer mehr Lebenszeit hinsichtlich der eudaimonistischen Qualität ihres *Lebensganzen* immer stärker bevorteilt würden. Die mögliche lebensholistische Besserstellung eines Menschen stößt vielmehr an eine interne Grenze, die innerhalb einer endlichen Zeitspanne erreicht wird. Im Gegensatz dazu wäre es zwar im Prinzip denkbar, dass eine immer weitere Ausdehnung der Lebensspanne in der *alternativen* Hinsicht im objektiven Interesse einer Person liegt, dass sich dadurch im Bereich der *innerlebensgeschichtlichen* Wohlfahrt immer weitere Zugewinne erzielen lassen. Diese Möglichkeit ist allerdings an die Bedingung geknüpft, dass der Fortbestand der diachronen personalen Identität zeitlich nicht limitiert ist.

Insgesamt leisten die Untersuchungen, die in diesem Kapitel angestellt wurden, nur einen sehr begrenzten Beitrag zu einer Beantwortung der vielschichtigen Frage, ob es sich bei dem biomedizinischen Zukunftsprojekt eines langfristigen Aufschubs des Todes um ein prinzipiell wünschens- und praktisch erstrebenswertes Ziel handelt. Wie komplex die Gemengelage der unterschiedlichen Gesichtspunkte ist, die dabei zu berücksichtigen sind, haben wir zu Beginn dargelegt. Unser Anliegen bestand hier darin, einen begrifflichen Rahmen auszuarbeiten, mit dessen Hilfe sich zunächst klären lässt, wie ein sehr viel längeres Leben aus der Perspektive der Interessen derjenigen Personen zu beurteilen wäre, deren Lebensdauer gesteigert würde. Andere Interessen, wie etwa die Interessen der gegenwärtig existierenden Generationen oder die Interessen der Gesellschaft im Ganzen, haben wir dabei ebenso wenig berücksichtigt wie interessenunabhängige Normen oder Werte. Eine Erörterung, die diese wichtigen zusätzlichen Gesichtspunkte ebenfalls in die Betrachtung einbeziehen wollte, müsste sehr viel umfangreicher ausfallen und wäre sehr viel schwieriger durchzuführen. Auch wenn wir hier argumentiert haben, dass eine längere Lebensspanne in mancherlei Hinsicht durchaus dem prudentiellen Interesse der Betroffenen entspräche, bestünde die Möglichkeit, dass eine solche umfassendere Untersuchung nach Abwägung aller relevanten Gesichtspunkte zu dem Urteil gelangt, es sei *all things considered* besser, auf die Entwicklung lebensverlängernder Technologien zu verzichten.

Auf jeden Fall erscheint es sinnvoll und geboten, die philosophische Erschließung dieses komplexen Problemfelds weiter voranzutreiben. Wie wir eingangs hervorgehoben haben, ist der Zeitpunkt dafür, trotz des vorläufig noch hypothetischen Charakters der zugrunde liegenden Technologien, nicht verfrüht. Jedenfalls ist nicht auszuschließen, dass die biomedizinischen Fortschritte der kommenden Jahre uns Menschen schon sehr bald nötigen werden, uns in begrifflich fundierter und ethisch verantwortungsvoller Weise in diesem Problemfeld zu orientieren.

Anmerkungen

Einleitung

1 Vgl. auch den Überblick über die antike Diskussion in: Weinrich (2004): 15-27
2 Weinrich (2004): 19; Cicero (1997): Buch III, Abschn. 69.
3 Epikur (1980), Briefe
4 Siehe besonders den *Phaidon* (Platon 1991).
5 Siehe besonders *De Longitudine et Brevitate Vitae* und *De Juventute, Senectute, Vita, et Morte*, die Teile von Aristoteles' so genannten „Kleinen naturwissenschaftlichen Schriften" (*Parva Naturalia*) bilden (Aristoteles 1997).
6 King (2001)
7 Aristoteles (1995): 412a-413b
8 Bacon (1982): 43f.; Condorcet (1976): 219f.
9 Descartes (1986): 82f.
10 Kierkegaard (1952): 173-205; Wesche (2003)
11 Heidegger (1986[16]): 241-267
12 Dies ist lediglich in einem *weiten* Sinne eine materialistische Position. Sie beinhaltet nicht notwendigerweise die *reduktionistische* These, mentale Zustände seien auf Zustände des Gehirns zurückführbar.
13 Vgl. Wittgenstein (1984): §§ 244-315; Strawson (1972): 126-133; Tugendhat (1979): 5. u. 6. Vorlesung.
14 Williams (1978)
15 McMahan (2002)
16 Zu letzterem Problem vgl. Fukuyama (2004); Bostrom (2005).
17 Z.B. Quante (2002); Ford (1988)

Kapitel 1

1 Locke (1975): Buch II, Kap. 27, §4
2 Geach (1967)
3 Wiggins (2001)
4 Rapp (1995); Wilson (1999)
5 Rapp (1995); Schark (2005)
6 Locke (1975): Buch II, Kap. 27
7 Dieses Problem ist schon seit dem 18. Jh. bekannt, siehe dazu Behan (1979).
8 Shoemaker (1984)
9 Parfit (1971)
10 Für die folgenden Überlegungen siehe Quante (2002): 19-26.
11 Locke (1975), Buch II, Kap. 27, §4
12 Siehe Hawley (2001) für den Drei- und Vierdimensionalismus sowie für eine dritte Alternative.
13 Quante (2002), 140; McMahan (2002), 6f.
14 Williams (1990)
15 Quante (2002): 63f.

16 Beecher (1968)
17 Jonas (1985)
18 Kuhn (1970)
19 McMahan (2002): Kap. 5
20 Z.B. Gervais (1986)
21 z.B. Lamb (1985)
22 Z.B. Harris (1983); Warnock (1983)
23 Quante (2002): 106; Olson (1997): 4
24 Quante (2002): Kap. 2
25 Ebd., 56
26 Ebd., 69
27 Ebd., 132
28 Laubichler and Rheinberger (im Erscheinen)
29 Schaffner (1998)
30 Quante (2002): 90
31 Ebd., 52
32 Wie Quante antizipiert (ebd., 49).
33 Cartwright (1983)
34 Mayr (1982): 45-47; 480
35 Dupré (1993): 60-84; Waters (1998)
36 McLaughlin (2001) bietet eine gute Übersicht.
37 Ruse (1982)
38 Cummins (1975)
39 Weber (2005)
40 Krebs (1959)
41 Auf dieses Problem hat uns Matthias Haase aufmerksam gemacht.
42 Siehe hierzu auch Thompson (1995).
43 Das Schiff des Theseus fährt regelmäßig zur See. Bei jedem Besuch des Heimathafens werden ihm einige Planken entnommen und durch neue ersetzt. Die entnommenen Planken werden zum Bau eines strukturgleichen Schiffs verwendet. Zu guter Letzt stehen zwei typgleiche Schiffe im Hafen – welches der beiden ist mit Theseus' ursprünglichem Schiff identisch?
44 Man beachte, dass der zelluläre Aufbau aller Lebewesen Aristoteles noch nicht bekannt war. Auch neuere aristotelische Konzeptionen organismischer Persistenz tragen ihm nicht Rechnung, z.B. Schark (2005). Schark ist der Auffassung, dass metaphysische Analysen nur auf unser Alltagsverständnis von biologischen Wesen zurückgreifen dürfen, weil sie von den Inhalten naturwissenschaftlichen Wissens unabhängig bleiben sollen. Wir halten das für gekünstelt; auch Aristoteles selbst – der bekanntlich unter anderem auch ein exzellenter Naturforscher und Biologe war – wäre kaum für ein solches Projekt zu gewinnen gewesen. Metaphysik sollte vom besten verfügbaren naturwissenschaftlichen Wissen Gebrauch machen und nicht auf unseren alltäglichen Vorstellungen beruhen.
45 *Metaphysik* Δ: 1016a
46 Ebd.
47 Simons (1987): 325
48 Ebd., 331
49 Dupré (1993): bes. Kap. 1 & 11

Kapitel 2

1   Siehe Masoro (2006) für den Versuch einer Gesamtdarstellung. Hervorragende populärwissenschaftliche Darstellungen finden sich in Kirkwood (2000) und Rose (2005).

2   Siehe etwa Rose (2005); Gems (2009); Rose (2009); Freitas (2009).

3   Vielleicht der erste Philosoph und Naturwissenschaftler, der dies verstanden hat, war Aristoteles, dessen Metaphysik eine der einflussreichsten überhaupt ist.

4   Das griechische Wort *soma* bezeichnet ursprünglich einen (organischen) Körper; seit August Weismann wird es aber vor allem als Gegenbegriff zu den Keimzellen verwendet.

5   Wehner and Gehring (2007): 299

6   Ackermann, Stearns and Jenal (2003)

7   de Sousa (2000)

8   Weismann (1882)

9   Kirkwood (2005)

10   Haldane (1941), Fisher (1930); siehe auch Charlesworth (2000).

11   Einen guten Überblick der Erklärungsleistungen von Fishers Gleichungen aus heutiger Sicht bietet Stearns (1992).

12   Medawar (1952)

13   Williams (1957)

14   Partridge and Gems (2006); Rose (1991); Rose (2005)

15   Kirkwood (1977); Kirkwood and Austad (2000)

16   Ricklefs/Cadena (2007); Reznick et al. (2004)

17   Gould and Lewontin (1979)

18   Darwin (1871)

19   Wynne-Edwards (1962)

20   Williams (1966)

21   Lack (1947)

22   Sober/Wilson (1998)

23   Mitteldorf (2004)

24   Goldsmith (2008)

25   Harley/Futcher/Greider (1990); Blasco (2007)

26   Harman (1956)

27   Golden et al. (2006)

28   Balaban/Nemoto/Finkel (2005)

29   Martinou (1999)

30   Koshland (1993).

31   Lane (1992)

32   Gatza et al. (2006)

33   Man beachte, dass das p53-Gen damit einen klassischen Fall eines Gens mit antagonistisch-pleiotropem Effekt darstellt (vgl. Abschn. 2.4).

34   Maynard Smith (1962)

35   Gems (2009)

36   Beatty (1998)

37   Kellert, Longino and Waters (2006)

38   Salmon (1989)

39   Van Fraasen (1980)

40   Mayr (1961)

41   Obwohl sie sowohl terminologisch als auch der Sache nach ein wenig an Aristoteles' Begriff der *Causa finalis* erinnern, sollten Mayrs ultimate Ursachen nicht

so verstanden werden. Sowohl proximate als auch ultimate Ursachen sind reine Wirkursachen ohne teleologische Konnotationen. Die Terminologie sollte außerdem nicht dazu verleiten, an lineare Kausalketten mit näheren (proximaten) und ferneren (distalen) Gliedern zu denken. Wie wir noch zeigen werden, handelt es sich bei den proximaten und ultimaten Ursachen im von Mayr intendierten Sinn vielmehr um verschiedenartige Ursachen, die durch unterschiedliche Fragekontraste gekennzeichnet sind.

42 Diese Vorstellung liegt der logisch-positivistischen Idee einer Einheit der Wissenschaften zu Grunde, siehe z.B. Oppenheim and Putnam (1958).

43 Diese Form des Pluralismus ist die am meisten verbreitete; sie wird etwa von Kellert/Longino/Waters (2006) sowie von Kitcher (2001) vertreten.

44 Eine solche Form von Pluralismus vertrat etwa Paul Feyerabend (1983).

45 Mitchell (1992)

46 Fehr (2006)

47 Nach einer Figur in Lewis Carrolls fantastischer Geschichte *Alice in Wonderland*.

48 Austad (2004a, 2004b); Bredesen (2004a, 2004b)

49 Austad (2004a)

50 Bredesen (2004b)

51 Austad findet den Fall der Semelparie speziell, weil das post-reproduktive Altern anscheinend durch Hormone ausgelöst wird. Dies verweist somit auf die Frage nach der Regulation des Alterns, die wir im folgenden Abschnitt besprechen.

52 Mitteldorf (2004)

53 Austad 2004a: 249

54 Rosenberg (2006): Kap. 3

55 Kirkwood (2000): Kap. 12

56 Sinclair and Horowitz (2006)

57 Sinclair (2005)

58 Zu der Unterscheidung zwischen diesen beiden Modi der Lebensverlängerung vgl. auch Binstock/Post (2004): 3.

59 Statistische Schätzungen gehen davon aus, dass die durchschnittliche Lebenserwartung im Falle einer völligen Stillstellung der biologischen Seneszenz aufgrund der genannten vier Risikofaktoren zwischen 1.000 und 5.000 Jahren liegen würde. Vgl. De Grey (2004): 38. B. Best nennt 1.200 Jahre als Durchschnittswert. Vgl. Best (2004): 236.

60 Für einen systematischen Überblick über diese Debatte sowie ausführliche Literaturhinweise vgl. Schöne-Seifert (2005): 750-60. Ein weiterer wesentlicher Unterschied besteht natürlich darin, dass das zuletzt genannte medizinethische Problem der Lebenserhaltung Entscheidungen über eine mögliche Fortdauer des Lebens betrifft, die die zeitlichen Grenzen unserer bisherigen biologischen Lebensspanne nicht überschreitet.

61 Gems (2009)

62 Stearns (1992)

63 Klass (1983); Gems (2009)

64 Brown-Borg et al. (1996)

65 Rose/Matos/Passananti (2004)

66 Partridge and Gems (2002)

67 Es scheint, dass manche dieser Mutationen quasi die Effekte der kalorischen Restriktion imitieren (Vijg and Campisi 2008).

68 Weber (2005): Kap. 6; Steel (2008)

69 Darunter versteht man DNA-Sequenzen, die sich im Laufe der Evolution während vielen Millionen von Jahren nur sehr wenig verändert haben und deshalb auch bei phylogenetisch und taxonomisch sehr weit voneinander entfernten Lebewesen wie Insekten, Nematoden und Säugetieren eine große Ähnlichkeit aufweisen

70 Homologe Gene sind Gene, deren DNA-Sequenz so ähnlich ist, dass man davon ausgehen muss, dass sie eine gemeinsame evolutionäre Abstammung besitzen. Häufig ist auch ihre Funktion dieselbe geblieben (siehe auch die vorangehende Fußnote).

71 Hayflick (2000)

72 Rose (2009)

73 Olshansky/Hayflick/Carnes (2002)

74 Miller et al. (2002)

75 Auf eine ähnliche Weise etwa argumentiert Kass (2004).

76 So etwa Beatty (1995).

77 Dies ist eine stärkere These als die, dass biologische Gesetze Ausnahmen zulassen, denn es könnte sein, dass die Gesetze zwar nicht ausnahmslos gelten, aber diese Gesetze dennoch nicht anders aussehen könnten, falls die Evolution anders verlaufen wäre (siehe auch Weber 2007).

78 Beatty behauptet sogar, dass die Evolution *unter identischen Bedingungen* ganz anders hätte ablaufen können. Diese stark indeterministische These (die vermutlich korrekt, aber schwer zu belegen ist) bezeichnet er als „high-level contingency" und nennt als Quelle den bekannten Paläontologen und Essayisten Stephen J. Gould.

79 Waters (1998)

80 Man muss etwa Sebastian Rödl beipflichten, wenn er schreibt, dass diese Debatte „nicht vom Fleck kommt" (Rödl 2003).

81 Woodward (2003)

82 Die Idee, dass man kausale Relationen mittels kontrafaktischer Abhängigkeiten beschreiben kann, geht im Wesentlichen auf David Hume zurück und wurde im 20. Jahrhundert durch die analytischen Philosophen David Lewis (1973) und John L. Mackie (1980) wiederbelebt.

83 Das Beispiel mit dem Donohue-Syndrom ist etwas komplizierter; dort liegt eine Interaktion zweier Variablen vor. Woodwards Theorie kann damit gut umgehen, wir werden dies aber hier nicht vorführen.

84 Hoyningen-Huene (1989)

85 Vgl. Buchanan et al. (2000)

86 Harris (2009)

87 Ehni and Marckmann (2009)

88 Murphy (2008)

89 Siehe z.B. Boorse (1977); Schramme (2007)

90 Kitcher (1996): Kap. 9

91 Siehe Schramme (2009) für eine weiterführende Behandlung.

92 Gems (2009)

93 Nach manchen Krankheitstheorien wird Krankheit relativ zum statistisch normalen Funktionieren biologischer Funktionen in einer Referenzklasse definiert (Boorse 1977). Dies ist nicht unbedingt ein Problem für die Auffassung des Alterns als Funktionsversagen, denn die Referenzklasse kann beliebig gewählt werden. Wir können sie z.B. so wählen, dass sie auch reale oder hypothetische Populationen von Organismen enthält, die durch Mutationen oder aus anderen Gründen länger leben.

Kapitel 3

1 Vgl. De Grey (2004a); ders. (2004b); Freitas (2009); Kurzweil/Grossmann (2005): Chs. 1 & 2.
2 Kurzweil/Grossmann (2005): Ch. 2.
3 Vgl. Schirrmacher (2004): 15ff., 54ff.
4 Für eine historische Darstellung entsprechender alchemistischer Praktiken vgl. Stederoth (2004): 123-128.
5 Vgl. The President's Council on Bioethics (2003).
6 Vgl. Fukuyama (2004): 92; Arking (2004): 196.
7 Vgl. die übersichtliche Darstellung dieser Maßnahmen in: Der Spiegel. „Die Abschaffung des Sterbens" (2005).
8 A. a. O., 111ff.
9 De Grey (2004b) : 265
10 Freitas (2009); Kurzweil/Grossmann (2005): 27ff.
11 De Grey (2004a): 34; Kurzweil/Grossmann (2005): Chs. 1. u. 2. Das Bild der Fluchtgeschwindigkeit stammt von de Grey.
12 De Grey stellt etwa die Diagnose, dass der bisher nicht vorhandene gesellschaftliche Wille, den Alterungsprozess gezielt zu bekämpfen und diesen Kampf finanziell zu subventionieren, dazu führt, dass die biogerontologische Forschung nicht in dem Tempo vorankommt wie dies möglich wäre. Vgl. De Grey (2005). Eine Untersuchung der Gründe für diese Hindernisse liefert Miller (2004).
13 Vgl. Harris (2009): 176.
14 Vgl. Jonas (1984): 49f.
15 Fukuyama (2004): 100f.
16 Vgl. Singer (2009): 170.
17 Gordijn (2004): 180f.; Harris (2009). Zusätzliche Gerechtigkeitsprobleme erörtert Chapman (2004).
18 Vgl. dazu Kass (2004): 304ff.
19 Vgl. Hippokrates (1994): 192; Cicero (1997): Buch III, Abschn. 69. Vgl. auch den Überblick über die antike Diskussion in: Weinrich, (2004): 15-27
20 Weinrich (2004): 19; Cicero (1997): Ebd.
21 Vgl. Harris (2000); The President's Council on Bioethics (2009): 89, 96; Callahan (1987): 73f.; Singer (2009): 155. Eine gewisse Ausnahme stellt das Buch von Overall dar, bei dem die entsprechenden Argumente zugunsten eines längeren Lebens jedoch in recht unübersichtlicher Form über die verschiedenen Buchkapitel verstreut sind. Vgl. Overall (2003).
22 Vgl. The President's Council on Bioethics (2009); Callahan (1997) ; Singer (1991).
23 Vgl. z. B. Best (2005).
24 Eine Ausnahme scheinen bestimmte postmortale Widerfahrnisse wie z. B. eine postmortale Ehrung oder Rufschädigung darzustellen. Wir wollen jedoch diese Sonderfälle im vorliegenden Kontext außer Acht lassen. Denn es ist in der philosophischen Literatur umstritten, ob man von derartigen Vorkommnissen wirklich sinnvollerweise sagen kann, dass sie gut oder schlecht *für* die verstorbene Person sind. Vgl. Nagel (1984): 18-20; Feinberg (1984): 83-89; Sumner (1995): 127.
25 Komplementär dazu lässt sich auch der Begriff eines innerlebensgeschichtlichen Wohlfahrts*verlusts* definieren.

26 Von dieser eudaimonistischen Qualität eines diachronen Lebensganzen ist bei-
    spielsweise dessen *ästhetische* oder *moralische* Qualität zu unterscheiden. Vgl.
    dazu Sumner (1995): 20-25.
27 Die gegenteilige Auffassung, nach der dem bewussten Lebensvollzug per se ein
    positiver Wert zukommt, wird u. a. von Thomas Nagel vertreten. Vgl. Nagel
    (1984): 15f.. Für eine Kritik an dieser Sichtweise vgl. Raz (2001): 77-123; sowie
    Rosenberg (1983): 133-136.
28 Vgl. Bentham (1970): 100; Mill (1976): 13ff.; Singer (1994): 29-31; für einen
    historischen Überblick über utilitaristische Positionen vgl. Sumner (1995): Kap.
    4 und 5.
29 Vgl. Griffin (1986): 8
30 Vgl. Nozick (1974): 42; Baggini (2005): 97-101
31 Vgl. Sumner (1995): 129f.
32 Vgl. Searle (1987): 24.
33 Zu dieser Bezeichnung vgl. Parfit (1984): 466f., 493ff.
34 Vgl. Nussbaum (1999); Aristoteles (1985): Erstes Buch.
35 Vgl. Krebs (1998); Nussbaum (1998). Auf Nussbaums Liste findet sich zusätz-
    lich noch die Kategorie Spiel, Humor und Entspannung, die hier jedoch der
    Übersichtlichkeit halber vernachlässigt werden soll. Auch Martin Seel, der seine
    Theorie des guten Lebens zwar nicht als eine Objektive-Listen-Theorie, son-
    dern als eine „reflektiert subjektivistische" Konzeption begreift, listet mit Ge-
    sundheit, Sicherheit und Freiheit verschiedene Faktoren auf, die er als anthro-
    pologisch universale objektive Voraussetzungen für ein gutes Leben betrachtet.
    Vgl. Seel (1995): 61f., 83-86. Für eine etwas anders ausgestaltete objektive Liste
    vgl. außerdem Finnis (1980): ch. IV.
36 Momente der Freude und des Genusses können dieser Auffassung zufolge zu-
    gleich Gegenstand vorangehender Präferenzen sein; sie können sich aber auch
    völlig unerwartet und unbeabsichtigt einstellen.
37 Soll man beispielsweise die Ausübung praktischer Autonomie als ein intrinsi-
    sches Gut betrachten, oder nur praktische Fremdbestimmung als intrinsisches
    Übel? Haben Besonderung sowie soziale Zugehörigkeit einen intrinsischen be-
    nefiziellen Wert für Menschen oder sind bloß der Verlust von Individualität und
    soziale Isolation intrinsisch schlecht?
38 Ein begriffliches Bild romantischer Liebe, das zwischenmenschliche Liebe nicht
    wesentlich als ein angenehmes oder euphorisches Gefühl, sonder als dialogische
    Praxis versteht, entwirft Krebs (2005). Für eine ausführliche Kritik an Objekti-
    ve-Listen-Theorien vgl. Sumner (1995): Kap. 3.
39 Der Begriff des *äußeren* Wohl*standes* ist dabei nicht mit dem für die vorliegende
    Untersuchung zentralen Begriff der Wohl*fahrt* zu verwechseln, der die Gesamt-
    heit der intrinsisch guten Lebensinhalte sowie die eudaimonistische Qualität des
    Lebensganzen bezeichnet.
40 Gewichtigere Präferenzen sind solche Wünsche und Ziele, die für das Selbstbild
    der jeweiligen Person prägend sind und deren Erfüllung oder Erreichen diese als
    wesentlichen Bestandteil ihrer *Selbstverwirklichung* betrachten würde. Die Ge-
    genstände solcher gewichtiger Präferenzen lassen sich mit H. G. Frankfurt auch
    als Dinge charakterisieren, die uns am Herzen liegen ("things we care about").
    Vgl. Frankfurt (1988a): 80-94.
41 Viele dieser Präferenzen würden überhaupt erst während der Surplusphase aus-
    gebildet, so dass die absolute Zahl der im Leben erfüllten Präferenzen zunähme.
42 Zur Analyse ageistischer Vorurteile vgl. Overall (2003): Kap. 2 u. 3.

43 Natürlich müsste ein vollständigere Typologie noch allerlei Zwischenformen berücksichtigen, die wir hier vernachlässigen.

44 Zur Konzeptualisierung von Liebesbeziehungen als Formen einer geteilten Gefühls- und Handlungswelt vgl. Krebs (2005).

45 Für Partnerschaften, die sich an dem Ideal der lebenslangen Ehe orientieren, mag bei einem radikal verlängerten Leben allerdings ein erhöhtes Risiko des Scheiterns bestehen: Womöglich würden Liebesbeziehungen innerhalb einer sehr viel längeren als der heute üblichen Lebensspanne irgendwann einen Punkt der Erschöpfung erreichen, an dem die Partner nicht mehr imstande wären, sich noch gegenseitig zu bereichern oder noch gemeinsam zu wachsen. Verhielte es sich so, bestünde ein untergründiger Zusammenhang zwischen einer gelungenen „großen" Liebe und einem rechtzeitigen Tod.

46 Insgesamt trifft diese Überlegung freilich nur unter der Prämisse zu, dass das Involviertsein in emotionale Nahbeziehungen tatsächlich ein Gut ist, das sich in der hier unterstellten Manier im Fortgang eines Lebens vermehren lässt. Eine alternative mögliche Sichtweise bestünde etwa darin, Liebesbeziehungen als eine *absolute Erfüllungsgestalt* des guten menschlichen Lebens zu betrachten, bei der es allein darauf ankommt, ob sie einmal realisiert wird oder nicht. Die längere *Dauer* einer Liebesbeziehung würde in diesem Fall einem Leben keinen eudaimonistisch relevanten Inhalt hinzufügen. Diesen kritischen Hinweis verdanken wir A. Krebs.

47 Im Fall des Faktors soziale Zugehörigkeit sind allerdings zusätzlich politische Rahmenbedingungen vonnöten, die soziale Diskriminierung in Form einer Ausgrenzung spezifischer Personengruppen vom gesellschaftlichen Leben verhindern.

48 Zu dem generellen Problem der Komparabilität und Kommensurabilität von Werten vgl. Chang (1997): Einleitung.

49 Ein solcher minimalistischer Begriff diachroner Lebensqualität kann etwa unter Bezugnahme auf die weiter oben angeführte objektive Liste eudaimonierelevanter Lebensinhalte gebildet werden, die Nussbaum und Krebs aufstellen. Diese Lebensinhalte lassen sich so verstehen, dass sie Minimalbedingungen eines *im Ganzen* guten Lebens definieren. Vgl. Krebs (1999); Nussbaum (1998).

50 Dafür spricht sowohl die lange Historie der kontroversen philosophischen Auslegung dieser Begriffe als auch die Tatsache, dass man bei der spontanen Befragung von Zeitgenossen auf unterschiedliche Verständnisse ihres Inhalts stößt.

51 Vgl. McMahan (2002): 174ff.; Velleman (1991); Dworkin (1994): 205; Margalit (2002): 131-139.

52 Für eine Darstellung des historischen Wandels im Verständnis des eng verwandten Begriffs des "successful life" vgl. Ferry (2005): 6ff., 29ff. Zwei unterschiedlich akzentuierte zeitgenössische Explikationen des Begriffs des gelungenen bzw. des „erfolgreichen" Lebens sind zu finden bei Seel (1995): 119-127, 136, und bei Raz (1986): Kap. 12.

53 Dieser begriffliche Aspekt unterscheidet das Konzept des gelingenden Lebens von den beiden anderen hier erörterten Common-Sense-Konzepten des erfüllten und des glücklichen Lebens. Denn es liegt nicht im Begriff eines erfüllten oder eines glücklichen Lebens, dass eine Person für ihr erfülltes oder glückliches Leben selbst verantwortlich ist.

54 Zum Begriff der „wholeheartedness" vgl. Frankfurt (1988b): 159-176.

55 Zum Begriff des Lebensplans vgl. Rawls (1979): 445-454.

56 Seel (1995): 88-100.

57 Seel (1995): 101-113. Seel selbst trifft allerdings in seiner Studie nicht überall jene klare Unterscheidung zwischen Glück und Gelingen, die hier vorgeschlagen wird. Sowohl das teleologische Gelingen als auch die spontane Offenheit für Glückserfahrungen betrachtet er als Elemente der komplexen Struktur eines *glücklichen* Lebens.

58 Vgl. Taylor (1996): 94-104; MacIntyre (1987): Kap. 15; Malpas (1998).

59 Dworkin (1994): 210f.; McMahan (2002): 175.

60 McMahan, (2002): 175-177; Dworkin (1994): 211f. Bei diesem Teilkriterium der narrativen Vollständigkeit überlappt sich das Konzept des eunarrativen Lebens ein Stück weit mit dem des gelingenden Lebens, wenngleich allerdings der erfolgreiche Abschluss von Projekten nicht zwangsläufig Resultat einer selbstverantworteten klugen Lebensführung zu sein braucht, sondern sich auch einfach glücklichen Umständen verdanken kann.

61 McMahan (2002): 177.

62 Velleman (1991): 49f.; Margalit (2002): 137.

63 Velleman (1991): 49f.

64 McMahan (2002): 175, 498ff.

65 Vgl. Steele (2004): Kap. 2. u. 3.; Frey (1998): Kap. 4; Gesing (2004): 21f.

66 Sumner (1995): 142-147.

67 Seel (1995): 64, 72f.; Sumner (1995): 145f.; Birnbacher (2006): 10. Bei Birnbacher gilt diese Charakterisierung nicht für das augenblicksimmanente, sondern lediglich für das auf das ganze Leben bezogene Glück.

68 Sumner (1995): 140; Birnbacher (2006): 12f.

69 Seel (1995): 56f., 59. Vgl. auch Tatarkiewicz (1984): 25.

70 Seel (1995): 57, 73.

71 Seel (1995): 59, 72, 78f.

72 Diese Sichtweise stützt sich zum Teil auf McMahans Konzeption eines *fortunen Lebens* („fortunate life"). Vgl. McMahan (2002): Kap. 2., Abschn. 5., insb. 145f., 150, 154.

73 Vgl. dazu auch McMahan (2002): 149ff. McMahan betrachtet allerdings allein Restriktionen der *geistigen* Fähigkeiten einer Person als relevant.

74 Vgl. Raz (2000): 70ff. Raz selbst spricht anstatt von „gedeckelten" von „erfüllbaren" Prinzipien.

75 Zu derselben Schlussfolgerung gelangt aus anderen Erwägungen heraus auch Raz. Vgl. Raz (2000): 77-79.

76 Raz (2001): 119-121.

77 Margalit (2002): 131-134.

78 Vgl. Kierkegaard (1952); Kierkegaard (2005); S. de Beauvoirs literarische Illustration dieser These in: De Beauvoir (1970); Williams (1978).

79 Harris (2007): 64.

80 Für konträre Auffassungen hierzu vgl. Williams (1978): 147, 162; Nagel (1992): 387.

81 Vgl. hierzu Knell (2009): 142-144; Gesang (2007): 144ff.

82 Vgl. Glannon (2002).

83 Vgl. dazu auch Gordijn (2004): 174-177.

84 Zu der neueren Debatte über die Kriterien für diachrone personale Identität vgl. z. B. die von M. Quante herausgegebenen Texte in Quante (1999), sowie die zugehörige Einleitung: 9-29; ferner Williams (1978): 7-46, 78-104.

Bibliografie

Ackermann, M. / Stearns, S. C. / Jenal, U. (2003): „Senescence in a Bacterium with Asymmetric Division", in: *Science,* 300, 1920-1920.

Allard, M. et al. (1998): *Jeanne Calmont: From Van Gogh's Time to Ours, 122 Extraordinary Years,* New York: W.H. Freeman&Company.

Das Methusalem-Projekt (2006), in: GEO Heft 2/2006, Hamburg: Gruner & Jahr, 126-143.

Die Abschaffung des Sterbens (2005), in: DER SPIEGEL 30/2005, Hamburg: SPIEGEL-Verlag, 110-113.

Aristoteles (1985): *Die Nikomachische Ethik,* G. Bien (Hrsg.), Hamburg: Meiner.

Aristoteles (1989): *Metaphysik,* H. Seidel (Hrsg.), Hamburg: Meiner.

Aristoteles (1995): *Über die Seele,* H. Seidel (Hrsg.), Hamburg: Meiner.

Aristoteles (1997): *Kleine naturwissenschaftliche Schriften,* E. Dönt (Hrsg.), Stuttgart: Reclam.

Arking, R. (2004): „Extending Human Longevity. A Biological Probability", in: R. H. Binstock / St. G.Post, *The Fountain of Youth,* New York: Oxford University Press, 177-200.

Austad, S. N. (2004a): „Is Aging Programed?" in: *Aging Cell,* 3, 249-51.

Austad, S. N. (2004b): „Rebuttal to Bredesen: ‚The Non-existent Aging Program': How Does it Work?" in: *Aging Cell,* 3, 253-254.

Austad, S. N. (1997): *Why We Age. What Science is Discovering About the Body's Journey Through Life,* New York: Wiley.

Austad, S. N. (2002): „Session1: Adding Years to Life: Current Knowledge and Future Perspectives", *Transcripts of the President's Council of Bioethics,* http//:bioethicsprint.bioethics.gov/transscripts/dec02/session1.html, Washington.

Bacon, F. (1982): *Neu-Atlantis,* Stuttgart: Reclam.

Baggini, J. (2005): *What's It All About? Philosophy & the Meaning of Life,* New York: Oxford University Press.

Balaban, R. S. / Nemoto, S. / Finkel, T. (2005): „Mitochondria, Oxidants, and Aging", in: *Cell,* 120, 483-495.

Beatty, J. (1998): „Why Do Biologists Argue Like They Do?" in: *Philosophy of Science (Proceedings),* 64, S432-S443.

Beatty, J. (1995): „The Evolutionary Contingency Thesis", in: G. Wolters / J. Lennox / P. McLaughlin, (Hrsg.), *Concepts, Theories, and Rationality in the Biological Sciences. The Second Pittsburgh-Konstanz Colloquium in the Philosophy of Science,* University of Pittsburgh Press, 45-81.

Beecher, H. K. (1968): „A Definition of Irreversible Coma. Report of the Ad Hoc Committee of the Harvard Medical School to Examine the Definition of Brain Death", in: *Journal of the American Medical Association,* 205, 337-340.

Behan, D. (1979): „Locke on Persons and Personal Identity", in: *Canadian Journal of Philosophy,* 9, 53-75.

Bentham, J. (1970): „An Introduction to the Principles of Morals and Legislation",
in: *Collected Works of Jeremy Bentham*, J. H. Burns / H. L. A. Hart (Hrsg.),
London: Athlone Press.

Best, B. (2004): „Some Problems with Immortalism", in: R. H. Binstock / St. G.
Post, *The Fountain of Youth*, Oxford: Oxford University Press, 233-238.

Best, B. (2005): „Why Life Extension?", www.benbest.com/lifeext/whylife.html.

Binstock, R. H. / Post, S. G. (Hrsg.) (2004): *The Fountain of Youth. Cultural, Scientific, and Ethical Perspectives on a Biomedical Goal*, Oxford: Oxford University
Press.

Birnbacher, D. (2006): „Philosophie des Glücks", in: *Information Philosophie*,
1/2006, 7-22.

Blasco, M. A. (2007): „Telomere Length, Stem Cells and Aging", in: *Nature Chemical Biology*, 3, 640-649.

Boorse, C. (1977): „Health as a Theoretical Concept", in: *Philosophy of Science*, 44,
542-573.

Bostrom, N. (2005): „In Defence of Posthuman Dignity", in: *Bioethics* 19(3), 202-214.

Bredesen, D. E. (2004a): „Rebuttal to Austad: ‚Is Aging Programmed?'" in: *Aging
Cell*, 3, 261-2.

Bredesen, D. E. (2004b): „The Non-existent Aging Program: How Does it Work?"
Aging Cell, 3, 255-259.

Brown-Borg, H. M. et al. (1996): „Dwarf Mice and the Ageing Process", in: *Nature*,
384, 33.

Buchanan, A. / Brock, D. / Daniels, N. / Wikler D. (2000): *From Chance to Choice.
Genetics and Justice*, Cambridge: Cambridge University Press.

Callahan, D. (1987): *Setting Limits: Medical Goals in an Ageing Society*, New York:
Simon & Schuster.

Cartwright, N. (1983): *How the Laws of Physics Lie*, Oxford: Clarendon.

Chang, R. (Hg.) (1997): *Incommensurability, Incomparability, and Practical Reason*,
Cambridge Mass.: Harvard University Press.

Chapman, A. R. (2004): „The Social and Justice Implications of Extending the Human Lifespan", in: H. Binstock / St. G. Post, *The Fountain of Youth*, New York:
Oxford University Press, 340-61.

Charlesworth, B. (2000): „Fisher, Medawar, Hamilton and the Evolution of Aging",
in: *Genetics*, 156, 927-931.

Cicero, M. T. (1997): *Gespräche in Tusculum*, Stuttgart: Reclam Verlag.

Condorcet, Marquis de (1976): *Entwurf einer historischen Darstellung der Fortschritte des menschlichen Geistes*, Frankfurt/M.: Suhrkamp.

Cummins, R. (1975): „Functional Analysis", in: *Journal of Philosophy*, 72, 741-765.

Darwin, C. (1871): *The Descent of Man*, London: John Murray.

De Beauvoir, Simone (1970): *Alle Menschen sind sterblich*, Reinbek: Rohwolt Verlag.

De Grey, A. (2004a): „War on Ageing", in: S. Sethe (Hg.), *The Scientific Conquest of
Death. Essays on Infinite Lifespans*, Buenos Aires: LibrosEnRed, 29-46

De Grey, A. (2004b): „An Engineer's Approach. To Developing Real Anti Ageing
Medicine", in: St. G. Post / R. H. Binstock, *The Fountain of Youth. Cultural,
Scientific, and Ethical Perspectives on a Biomedical Goal*, Oxford: Oxford University Press, 249-267

De Grey, A. (2005): „Resistance to Debate on How to Postpone Ageing is Delaying
Progress and Costing Lives", in: *EMBO Reports*, 6, 49-53.

De Sousa, R. (2000): „What Aristotle Didn't Know About Sex and Death", in: D. Sfendoni-Mentzou, et al. (Hrsg.), *Aristotle and Contemporary Science, Vol. I.* Berlin: Peter Lang.

Descartes, R. (1986): „Discours de la Methode", in: *Ausgewählte Schriften,* I. Frenzel (Hrsg.), Frankfurt/M.: S. Fischer Verlag 1986.

Dupré, J. (1993): *The Disorder of Things: Metaphysical Foundations of the Disunity of Science,* Cambridge, Mass.: Harvard University Press.

Dworkin, R. (1994): *Life's Dominion. An Argument about Abortion, Euthanasia, and Individual Freedom,* New York: Vintage Books

Ehni, H.-J. / Marckmann, G. (2009): „Die Verlängerung der Lebensspanne unter dem Gesichtspunkt distributiver Gerechtigkeit", in: S. Knell / M. Weber (Hrsg.), *Länger leben? Philosophische und biowissenschaftliche Perspektiven,* Frankfurt am Main: Suhrkamp, 264-286.

Epikur (1980): *Briefe, Sprüche, Werkfragmente,* H.-W. Kraus (Hrsg.), Stuttgart: Reclam.

Fehr, C. (2006): „Explanations of the Evolution of Sex: A Plurality of Local Mechanisms", in S. Kellert / H. E. Longino / C. K. Waters (Hrsg.), *Scientific Pluralism. Minnesota Studies in Philosophy of Science,* Volume XIX. Minneapolis: University of Minnesota Press, 167-189.

Feinberg, J. (1984): *Harm to Others,* New York: Oxford University Press.

Ferry, L (2005): *What is the Good Life?,* Chicago: University of Chicago Press.

Feyerabend, P. K. (1983): *Wider den Methodenzwang,* Frankfurt/M.: Suhrkamp.

Finnis, J. (1980): *Natural Law and Natural Rights,* Oxford: Clarendon.

Fisher, R. A. (1930): *The Genetical Theory of Natural Selection,* Oxford: Clarendon.

Ford, N. N. (1988): *When Did I Begin?,* Cambridge: Cambridge University Press.

Frankfurt, H. G. (1988a): „The Importance of What We Care About", in: ders., *The Importance of What We Care About,* Cambridge: Cambridge University Press, 80-94.

Frankfurt, H. G. (1988b): „Identification and Wholeheartedness," in: ders., *The Importance of What We Care About,* New York: Cambridge University Press, 159-176.

Freitas, R. A. (2009): „Nanomedizin", in S. Knell / M. Weber (Hrsg.), *Länger Leben? Philosophische und biowissenschftliche Perspektiven,* Frankfurt/M.: Suhrkamp, 63-73.

Frey, J. N. (1998): *Wie man einen verdammt guten Roman schreibt,* Köln: Emons Verlag.

Fukuyama, F. (2004): *Das Ende des Menschen,* München: Deutscher Taschenbuch Verlag.

Gatza, C. et al. (2006): „P53 and Mouse Aging Models", in: E. J. Masoro (Hrsg.), *Handbook of the Biology of Aging,* Amsterdam: Elsevier, 149-180.

Geach, P. T. (1967): „Identity", in: *Review of Metaphysics,* 21, 3-12.

Gems, D. (2009): „Eine Revolution des Alterns. Die neue Biogerontologie und ihre Implikationen", in S. Knell / M. Weber (Hrsg.), *Länger leben? Philosophische und biowissenschaftliche Perspektiven,* Frankfurt/M.: Suhrkamp-Verlag, 25-45.

Gervais, K. (1986): *Redefining Death,* New Haven: Yale University Press.

Gesang, B. (2007): *Perfektionierung des Menschen,* Berlin u. New York: Walter de Gruyter.

Gesing, F. (2004): *Kreativ Schreiben,* Köln: Dumont Verlag.

Glannon, W. (2002): „Identity, Prudential Concern, and Extended Lives", in: *Bioethics* 16, 266-283.

Golden, T. R. et al. (2006): „Mitochondria: A Critical Role in Aging", in E. J. Masoro (Hrsg.), *Handbook of the Biology of Aging*, Amsterdam: Elsevier Academic Press, 124-148.

Goldsmith, T. C. (2008): „Aging, Evolvability, and the Individual Benefit Requirement: Medical Implications of Aging Theory Controversies", in: *Journal of Theoretical Biology*, 252, 764-768.

Gordijn, B. (2004): *Medizinische Utopien. Eine ethische Betrachtung*, Göttingen: Vandenhoeck & Ruprecht.

Gould, S. J. / Lewontin, R. C. (1979): „The Spandrels of San Marco and the Panglossian Paradigm: A Critique of the Adaptionist Programme", *Proceedings of the Royal Society of London*, B 205, 581-598.

Haldane, J. B. S. (1941): *New Paths in Genetics*, London: Allen & Unwin.

Hall, S. (2003): *Merchants of Immortality*, Boston u. New York: Houghton Mifflin Company.

Harley, C. B. / Futcher, A. B. / Greider, C. W. (1990): „Telomeres Shorten During Ageing of Human Fibroblasts" in: *Nature*, 345, 458-60.

Harman, D. (1956): „Aging: A Theory Based on Free Radical and Radiation Chemistry", *Journal of Gerontology*, 11, 298-300.

Harris, J. (1983): „In Vitro Fertilization: The Ethical Issues (I)", in: *The Philosophical Quarterly*, 33, 217-237.

Harris, J. (2009): „Anmerkungen zur Unsterblichkeit: Die Ethik und Gerechtigkeit lebensverlängernder Therapien", In: S. Knell / M. Weber (Hrsg.), *Länger leben? Philosophische und biowissenschaftliche Perspektiven*, Frankfurt/M: Suhrkamp, 174-209.

Harris, J. (2000): „Intimations of Immortality", in: *Science*, 288, 59.

Harris, J. (2002): „Identity, Prudential Concern, and Extended Lives. A Response To Walter Glannon", *Bioethics* 16(3), 284-91.

Harris, J. (2007): *Enhancing Evolution*, Princeton: Princeton University Press.

Hawley, K. (2001): *How Things Persist*, Oxford: Oxford University Press.

Hayflick, L. (2000): „The Future of Ageing", in: *Nature*, 408, 267-269.

Heidegger, M. (1986¹⁶): *Sein und Zeit*, Tübingen: Max Niemeyer Verlag.

Hippokrates (1994): *Ausgewählte Schriften*, Stuttgart: Reclam Verlag.

Hoyningen-Huene, P. (1989): „Naturbegriff - Wissensideal - Experiment: Warum ist die neuzeitliche Naturwissenschaft technisch verwertbar?" *Zeitschrift für Wissenschaftsforschung*, 5, 43-55.

Jonas, H. (1985): *Technik, Medizin und Ethik. Zur Praxis des Prinzips Verantwortung*, Frankfurt/M: Insel-Verlag.

Jonas, H. (1984): *Das Prinzip Verantwortung*, Frankfurt/M.: Suhrkamp Verlag.

Kass, L. (2004): „L'Chaim and its Limits. Why not Immortality?", in: H. Binstock / St. G. Post, *The Fountain of Youth*, New York: Oxford University Press, 304-320.

Kellert, S. H. / Longino, H. E. / Waters, C. K. (2006): „Introduction: The Pluralist Stance", in: S. Kellert / H. E. Longino / C. K. Waters (Hrsg.), *Scientific Pluralism. Minnesota Studies in Philosophy of Science*, Volume XIX. Minneapolis: University of Minnesota Press, vii-xxix.

Kierkegaard, S. (1952): „Rede an einem Grabe", in: ders., *Erbauliche Reden 1843/44*, Bd. II, Düsseldorf: Eugen Dietrichs, 173-205.

Kierkegaard, S. (2005): „Der Unglücklichste", in: ders., *Entweder/Oder*, München: Deutscher Taschenbuch Verlag, 255-269.

King, R. A. H. (2001): *Aristotle on Life and Death*, London: Duckworth.

Kirkwood, T. (1977): „Evolution of Aging", in: *Nature*, 270, 301-304.

Kirkwood, T. (2000): *Zeit unseres Lebens*, Berlin: Aufbau-Verlag.

Kirkwood, T. (2000): „Gene, Sex und Altern", in: E. P. Fischer / K. Wiegand (Hrsg.), *Evolution. Geschichte und Zukunft des Lebens*, Berlin: Fischer TB Verlag, 236-46

Kirkwood, T. (2005): „Understanding the Odd Science of Aging" in: *Cell*, 120, 437-447.

Kirkwood, T. / Austad, S. N. (2000): „Why Do We Age?" in: *Nature*, 408, 233-238.

Kitcher, P. (1996): *The Lives to Come: The Genetic Revolution and Human Possibilities*, New York: Simon and Schuster.

Kitcher, P. (2001): *Science, Truth, and Democracy*, Oxford: Oxford University Press.

Klass, M. R. (1983): „A Method for the Isolation of Longevity Mutants in the Nematode *Caenorhabditis elegans* and Initial Results", in: *Mechanisms of Ageing and Development*, 22, 279-86.

Knell, S. (2009): „Sollen wir sehr viel länger leben wollen? Reflexionen zu radikaler Lebensverlängerung, maximaler Langlebigkeit und biologischer Unsterblichkeit", in: S. Knell / M. Weber, *Länger leben? Philosophische und biowissenschaftliche Perspektiven*, Frankfurt/M.: Suhrkamp Verlag, 117-151.

Knell S. / Weber M. (Hrsg.) (2009), *Länger leben? Philosophische und biowissenschaftliche Perspektiven*, Frankfurt/M.: Suhrkamp Verlag.

Koshland, D. E., Jr. (1993): „Molecule of the Year", in: *Science* 262: 1953.

Krebs, A. (1998): „Werden Menschen schwanger? Das gute menschliche Leben und die Geschlechterdifferenz", in: H. Steinfath (Hrsg.), *Was ist ein gutes Leben?*, Frankfurt/M.: Suhrkamp Verlag, 235-247.

Krebs, A. (2005): „Der tote Sohn hat uns noch einmal zusammengeführt: Liebe als geteilte Praxis", in: Th. Rentsch (Hrsg.), *Einheit der Vernunft? Normativität zwischen Theorie und Praxis*, Paderborn: mentis, 284-300.

Krebs, H. A. (1959): „Rate-limiting Factors in Cell Respiration", in: G. E. W. Wolstenholme / C. M. O'Connor (Hrsg.), *Regulation of Cell Metabolism*, London: Churchill, 1-10.

Kuhn, T. S. (1970): *The Structure of Scientific Revolutions*, Chicago: University of Chicago Press.

Kurzweil, R. / Grossmann, T. (2005): *Fantastic Voyage. Live Long Enough to Live Forever*, New York: Plume Books.

Lack, D. (1947): „The Significance of Clutch Size", *Ibis*, 89, 302-52.

Lamb, D. (1985): *Death, Brain Death, and Ethics*, Albany: State University of New York Press.

Lane, D. P. (1992): „Cancer. p53, Guardian of the Genome", *Nature*, 358, 15-6.

Laubichler, M./H.-J. Rheinberger (Hg.) (im Erscheinen): *The Concept of Regulation and the Origins of Theoretical Biology*, Cambridge, Mass.: MIT Press.

Lewis, D. (1973): *Counterfactuals*, London: William Clowes and Sons Ltd.

Locke, J. (1975): *An Essay Concerning Human Understanding*, P. Nidditch (Hrsg.). Oxford: Clarendon.

Ludwig, F. C. (1991): *Life Span Extension. Consequences and Open Questions*, Berlin u. New York: Springer.

MacIntyre, A. (1987): *Der Verlust der Tugend: Zur moralischen Krise der Gegenwart*, Frankfurt/M.: Campus Verlag

Mackie, J. L. (1980): *The Cement of the Universe. A Study of Causation*, Oxford: Oxford University Press.

Malpas, J. (1998): „Death and the Unity of a Life", in: J. Malpas / R. C. Solomon (Hrsg.), *Death and Philosophy*, London: Routledge, 120-134.

Margalit, A. (2002): *The Ethics of Memory*, Cambridge Mass.: Harvard University Press.

Martinou, J.-C. (1999): „Apoptosis: Key to the Mitochondrial Gate", *Nature*, 399, 411-412.

Masoro, E. J. (2006) (Hg.): *Handbook of the Biology of Aging*, Amsterdam: Elsevier Academic Press.

Mayr, E. (1961): „Cause and Effect in Biology", *Science*, 134, 1501-1506.

Mayr, E. (1982): *Die Entwicklung der biologischen Gedankenwelt*, Berlin: Springer.

McLaughlin, P. (2001): *What Functions Explain: Functional Explanation and Self-Reproducing Systems*, Cambridge: Cambridge University Press.

McMahan, J. (2002): *The Ethics of Killing. Problems at the Margins of Life*, Oxford: Oxford University Press.

Medawar, P. (1952): *An Unsolved Problem of Biology*, London: Lewis.

Mill, J. S. (1976): *Der Utilitarismus*, Stuttgart: Reclam Verlag.

Miller, R. A et al. (2002): „Longer Life Spans and Delayed Maturation in Wild-Derived Mice", *Experimental Biology and Medicine*, 227, 500-508.

Miller, R. A. (2004): „Extending Life. Scientific Perspectives and Political Obstacles", in: H. Binstock / St. G. Post, *The Fountain of Youth*, Oxford: Oxford University Press, 228-48.

Millikan, R. G. (1984): *Language, Thought, and Other Biological Categories: New Foundations for Realism*, Cambridge, Mass.: MIT Press.

Mitchell, S. (1992): „On Pluralism and Competition in Evolutionary Explanations", *American Zoologist*, 32, 135-144.

Mitteldorf, J. (2004): „Ageing Selected for its Own Sake", *Evolutionary Ecology Research*, 6, 1-17.

Murphy, D. (2008): „Concepts of Disease and Health", in: E. N. Zalta (Hrsg.), *The Stanford Encyclopedia of Philosophy*, Stanford: The Metaphysics Resaerch Lab, Center for the Study of Language and Information, Stanford University.

Nagel, T. (1984): „Tod", in: ders., *Über das Leben, die Seele und den Tod*, Königstein/Ts.: Hain Verlag, 15-24.

Nagel, T. (1992): *Der Blick von Nirgendwo*, Frankfurt/M.: Suhrkamp Verlag.

Nozick, R. (1974): *Anarchy, State, and Utopia*, New York: Basic Books.

Nussbaum, M. C. (1998): „Menschliches Tun und soziale Gerechtigkeit. Eine Verteidigung der aristotelischen Essentialismus", in: H. Steinfath (Hrsg.), *Was ist ein gutes Leben?*, Frankfurt/M.: Suhrkamp Verlag, 196-234.

Nussbaum, M. C. (1999): „Der aristotelische Sozialdemokratismus", in: dies., *Gerechtigkeit oder das gute Leben*, H. Pauer-Studer (Hrsg.), Frankfurt/M.: Suhrkamp Verlag, 24-85.

Olshansky, S./ Hayflick, L. / Carnes, B. A. (2002): „No Truth to the Fountain of Youth", in: *Scientific American*, 286, 92-95.

Olson, E. T. (1997): *The Human Animal Personal Identity Without Psychology*, Oxford: Oxford University Press.

Oppenheim, P. / Putnam, H. (1958): „The Unity of Science as a Working Hypothesis", in H. Feigl / M. Scriven / G. Maxwell (Hrsg.), *Concepts, Theories and the Mind-Body Problem. Minnesota Studies in the Philosophy of Science,* Vol. II. University of Minnesota Press, S. 3-36.

Overall, C. (2003): *Ageing, Death, and Human Longevity: A Philosophical Inquiry*, Berkeley: University of California Press.

Parfit, D. (1971): Personal Identity. *Philosophical Review* 80: 3-27.

Parfit, D. (1984): *Reasons and Persons*, New York: Oxford University Press.

Partridge, L. / Gems, D. (2002): „Mechanisms of Ageing: Public or Private?" *Nature Reviews Genetics*, 3, 165-75.

Partridge, L. / Gems, D. (2006): „Beyond the Evolutionary Theory of Ageing. From Functional Genomics to Evo-Gero", in: *Trends in Ecology & Evolution*, 21, 334-340.

Platon (1991): *Phaidon*, B. Zehnpfennig (Hrsg.), Hamburg: Meiner.

Quante, M. (2002): *Personales Leben und menschlicher Tod. Personale Identität als Prinzip der biomedizinischen Ethik*, Frankfurt am Main: Suhrkamp.

Quante, M. (Hg.) (1999): *Personale Identität*, Paderborn: Schöningh Verlag.

Rapp, C. (1995): *Identität, Persistenz und Substantialität: Untersuchung zum Verhältnis von sortalen Termen und aristotelischer Substanz*, München: Karl Alber.

Rawls, J. (1979): *Eine Theorie der Gerechtigkeit*, Frankfurt/M.: Suhrkamp Verlag.

Raz, J. (1986): *The Morality of Freedom*, Oxford: Clarendon Press.

Raz, J. (2000): „Strenger und rhetorischer Egalitarismus, in: A. Krebs (Hrsg.), *Gleichheit oder Gerechtigkeit. Texte der neuen Egalitarismuskritik*, Frankfurt/M.: Suhrkamp Verlag, 50-80.

Raz, J. (2001), *Value , Respect, and Attachment*, Cambridge: Cambridge University Press.

Reznick, D. N., et al. (2004): „Effect of Extrinsic Mortality on the Evolution of Senescence in Guppies", in: *Nature*, 431, 1095-1099.

Ricklefs, R. E. / Cadena, C. D. (2007): „Lifespan is Unrelated to Investment in Reproduction in Populations of Mammals and Birds in Captivity", in: *Ecology Letters*, 10, 867-72.

Rödl, S. (2003): „Norm und Natur", in: *Deutsche Zeitschrift für Philosophie*, 51, 99-114.

Rose, M. R. (1991): *Evolutionary Biology of Aging*, Oxford: Oxford University Press.

Rose, M. R. (2005): *The Long Tomorrow: How Advances in Evolutionary Biology Can Help Us Postpone Aging*, Oxford University Press, USA.

Rose, M. R. (2009): „Realismus in Sachen Anti-Aging", in: S. Knell / M. Weber (Hrsg.), *Länger leben? Philosophische und biowissenschaftliche Perspektiven*. Frankfurt/M: Suhrkamp, 46-62.

Rose, M. R. / Matos, M. / Passananti, H. B. (2004): *Methuselah Flies: A Case Study in the Evolution of Aging*, Singapore: World Scientific Publishing Company.

Rosenberg, A. (2006): *Darwinian Reductionism*, Chicago: The University of Chicago Press.

Rosenberg, J. F. (1983): *Thinking Clearly about Death*, Englewood Cliffs, New Jersey: Prentice-Hall.

Ruse, M. (1982): „Teleology Redux", in: J. Agassi / R. S. Cohen (Hrsg.), *Scientific Philosophy Today. Essays in Honor of Mario Bunge*, Dordrecht: Reidel, 299-309.

Salmon, W. C. (1989): „Four Decades of Scientific Explanation" in: P. Kitcher / W. C. Salmon (Hrsg.), *Scientific Explanation. Minnesota Studies in the Philosophy of Science, Vol. XIII*. University of Minnesota Press, 43-94.

Schaffner, K. F. (1998): „Genes, Behavior, and Developmental Emergentism: One Process, Indivisible?" in: *Philosophy of Science*, 65, 209-252.

Schark, M. (2005): *Lebewesen versus Dinge: Eine metaphysische Studie*, Berlin u. New York: Walter de Gruyter.

Schirrmacher, F. (2004): *Das Methusalem-Komplott*, München: Karl Blessing Verlag.

Schöne-Seifert, B. (2005): „Medizinethik", in: J. Nida-Rümelin (Hrsg.), *Angewandte Ethik. Die Bereichsethiken und ihre theoretische Fundierung*, Stuttgart: Kröner Verlag, 690-802

Schramme, T. (2007): „A Qualified Defence of A Naturalist Theory of Health", in: *Medicine, Health Care and Philosophy* 10: 11-17.

Schramme, T. (2009): „Ist Altern eine Krankheit?" in: S. Knell / M. Weber (Hrsg.), *Länger leben? Philosophische und biowissenschaftliche Perspektiven*, Frankfurt/M: Suhrkamp Verlag, 235-263.

Searle, J. (1987): *Intentionalität*, Frankfurt/M.: Suhrkamp Verlag.

Seel, M. (1995): *Versuch über die Form des Glücks*, Frankfurt/M.: Suhrkamp Verlag.

Sethe, S. (Hg.) (2004): *The Scientific Conquest of Death. Essays on Infinite Lifespans*, Buenos Aires: LibrosEnRed.

Shoemaker, S. (1984): „Personal Identity: A Materialist's Account", in S. Shoemaker / R. Swinburne (Hrsg.), *Personal Identity*, Oxford: Blackwell, 67-132.

Simons, P. (1987): *Parts. A Study in Ontology*, Oxford: Oxford University Press.

Sinclair, D. A. (2005): „Toward a Unified Theory of Caloric Restriction and Longevity Regulation, in: *Mechanisms of Ageing and Development*, 126, 987-1002.

Sinclair, D. A. / Horowitz, K. T. (2006): „Dietary Restriction, Hormesis, and Small Molecule Mimetics", in E. J. Masoro (Hrsg.), *Handbook of the Biology of Aging*. Amsterdam: Elsevier, 63-104.

Singer, P. (1991): „Die Erforschung des Alterns und die Interessen gegenwärtiger Individuen, zukünftiger Individuen sowie der Spezies", in: S. Knell / M. Weber (Hrsg.), *Länger leben? Philosophische und biowissenschaftliche Perspektiven*, Frankfurt/M.: Suhrkamp, 152-173.

Singer, P. (1994) *Praktische Ethik*, Stuttgart: Reclam Verlag.

Smith, J. M. (1962): „Review Lectures on Senescence: I. The Causes of Ageing", in: *Proceedings of the Royal Society of London, Series B, Biological Sciences*, 157, 115-127.

Sober, E. / Wilson, D. S. (1998): *Unto Others: The Evolution and Psychology of Unselfish Behavior*, Cambridge, Mass.: Harvard University Press.

Stearns, S. C. (1992): *The Evolution of Life Histories*, Oxford: Oxford University Press.

Stederoth, D. (2004): „Todesangst und Elixiere", in: H.-J. Höhn (Hrsg.), *Welt ohne Tod – Hoffnung oder Schreckensvision?*, Göttingen: Wallstein Verlag, 111-165.

Steel, D. (2008): *Across the Boundaries. Extrapolation in Biology and Social Science*, Oxford: Oxford University Press.

Steele, A. (2004): *Creative Writing. Romane und Kurzgeschichten schreiben*, Berlin: Autorenhaus-Verlag.

Strawson, P. F.(1972): *Einzelding und logisches Subjekt*, Stuttgart: Reclam Verlag.

Sumner, L. W. (1995): *Welfare, Happiness, and Ethics*, Oxford: Clarendon Press.

Tatarkiewicz (1984): Über das Glück, Stuttgart: Klett Cotta.

Taylor, C. (1996): *Quellen des Selbst*, Frankfurt/M.: Suhrkamp Verlag.

The President's Council on Bioethics (2003): *Beyond Therapy: Biotechnology and the Pursuit of Happiness*, New York: Regan Books.

The President's Council on Bioethics (2009): „Körper, die nicht altern", in: S. Knell / M. Weber (Hrsg.), *Länger leben? Philosophische und biowissenschaftliche Perspektiven*, Frankfurt/M.: Suhrkamp Verlag, 77-116.

Thompson, M. (1995): „The Representation of Life", in: R. Hursthouse / G. Lawrance / W. Quinn (Hrsg.), *Virtues and Reasons. Philippa Foot and Moral Theory*. Oxford: Clarendon, 247-296.

Tugendhat, E. (1979): *Selbstbewusstsein und Selbstbestimmung*, Frankfurt/M.: Suhrkamp Verlag.

Van Fraassen, B. C. (1980): *The Scientific Image*, Oxford: Clarendon.

Van Inwagen, P. (1990): *Material Beings*, Ithaca: Cornell University Press.

Velleman, D. (1991): Well-Being and Time, in: *Pacific Philosophical Quarterly*, 72, 48-77.

Vijg, J. / Campisi, J. (2008): „Puzzles, Promises and a Cure for Ageing", in: *Nature*, 454, 1065-71.

Warnock, M. (1983): „In Vitro Fertilization: The Ethical Issues (II)" in: *The Philosophical Quarterly*, 33, 238-249.

Waters, C. K. (1998): „Causal Regularities in the Biological World of Contingent Distributions", in: *Biology and Philosophy*, 13, 5-36.

Weber, M. (2005): „Holism, Coherence, and the Dispositional Concept of Functions", in: *Annals in the History and Philosophy of Biology*, 10, 189-201.

Weber, M. (2005): *Philosophy of Experimental Biology*, Cambridge: Cambridge University Press.

Weber, M. (2007): „Evolutionäre Kontingenz und naturgesetzliche Notwendigkeit", in: B. Falkenburg (Hrsg.), *Natur - Technik - Kultur: Philosophie im interdisziplinären Dialog*, Paderborn: mentis, 125-138.

Wehner, R. / Gehring, W. (2007): *Zoologie*, 24. Auflage, Stuttgart: Thieme.

Weinrich, H. (2004): *Knappe Zeit. Kunst und Ökonomie des befristeten Lebens*, München: Beck Verlag.

Weismann, A. (1882): *Über die Dauer des Lebens*, Jena: G. Fischer.

Wesche, T. (2003): *Kierkegaard. Eine philosophische Einführung*, Stuttgart: Reclam Verlag.

Wiggins, D. (2001): *Sameness and Substance Renewed*, Cambridge: Cambridge University Press.

Williams, B. (1990): „Who Might I Have Been?", in: D. Chadwick (Hrsg.), *Human Genetic Information: Science, Law and Ethics*, Chichester: John Wiley & Sons, 167-179.

Williams, B. (1978): „Die Sache Makropoulos. Reflexionen über die Langeweile der Unsterblichkeit", in: ders., *Probleme des Selbst*, Stuttgart: Reclam Verlag, 133-162.

Williams, G. C. (1957): „Pleiotropy, Natural Selection, and the Evolution of Senescence", in: *Evolution*, 11, 398-411.

Williams, G. C. (1966): *Adaptation and Natural Selection*, Princeton: Princeton University Press.

Wilson, J. (1999): *Biological Individuality. The Identity and Persistence of Living Entities*, Cambridge: Cambridge University Press.

Wittgenstein, L. (1984): *Philosophische Untersuchungen*, Frankfurt/M.: Suhrkamp Verlag.

Woodward, J. (2003): *Making Things Happen: A Theory of Causal Explanation*, Oxford: Oxford University Press.

Wynne-Edwards, V. C. (1962): *Animal Dispersion in Relation to Social Behaviour*, Edinburgh: Oliver ad Boyd.

Namensregister

Sachregister

www.ingramcontent.com/pod-product-compliance
Lightning Source LLC
Chambersburg PA
CBHW060313100426
42812CB00003B/771